건 축 학 개 론

이재국, 박덕규
조남두, 이용범 공저

SEOWOO
PUBLICATIONS

머리말

건축에 대한 일반적인 이야기를 할 때 "도대체 내가 알고 있는 것은 무엇인가?"라는 질문과 "나는 지금 건축에 대해 얼마큼 깊이 알고 있는가?"라는 질문을 스스로에게 던져 보면 막막해짐을 느낍니다.

그만큼 건축은 알면 알수록 범위도 넓어지지만 깊이도 깊어져서 결국은 아무 것도 알 수 없다는 것을 깨닫게 됩니다. 하지만, 그럼에도 불구하고 깊지는 않지만 전반적으로 건축에 대해 살펴볼 수 있는 기회를 갖기 위해 지금껏 노력해 왔던 것 같습니다. 그 결과의 소산물로 이 책이 나오게 되었습니다.

건축총론에 관해서는 굉장히 다양하고 많은 분야가 다루어지게 됩니다. 따라서 강의하시는 분이나 내용에 따라 다양한 형태의 이야기가 전개되는 것이 총론의 특징이기도 합니다.

아무 것도 아닌 것 같지만 그래도 누구나 쉽게 건축의 전반적인 사항에 대해 살펴볼 수 있는 내용을 집어넣기 위해 지내 왔습니다. 타고난 게으름 탓에 많은 자료와 보충설명이 없어 독자들에게 죄송할 따름이며 새로운 내용보다는 그동안 알고 싶었고 알려주고 싶었던 내용을 옮겨 싣기도 하고 쓰기도 하였습니다. 전문적인 분야에서는 상당수의 자료문헌(인터넷 자료와 칼럼)을 인용하여 보충하였습니다. 많은 부분에 있어서 자신의 내용보다는 선학들의 내용을 옮겨 수정한 부분이 적지 않아 내용의 미흡함을 느끼면서 계속해서 보충하고 수정하고 보완해 나갈 생각입니다.

건축이란 무엇인지, 어떻게 형성되어서 지역과 문화별로 어떠한 차이가 있는지, 미래에는 어떠한 건축의 흐름이 될 것인지, 건축과 다른 분야와의 관계는 어떠한지, 공간디자인은 무엇인지, 색채와 건축과는 무슨 관계가 있는지, 건축과 법과의 관계는 어떠한지, 건축에 관련된 부동산과의 관계는 어떠한지에 관해 개략적으로 설명하려고 했습니다.

그동안 음으로 양으로 도와주신 많은 분들의 눈길이 있기에 앞으로의 길도 열심히 걸어가도록 하겠습니다. 끝으로 이 책이 나올 수 있도록 도와주신 서우 이서한 사장님과 편집 및 교정에 힘써주신 많은 분들께 감사의 말씀을 전합니다.

저자 씀

Contents

제3장 미래의 건축

제4장 건축과 他장르와의 관계

A survey to Architecture

제5장 건축과 공간디자인

제6장 건축과 색채

Contents

제7장 건축재료

8장 건축과 법

제 1 장

건축이란 무엇인가?

1. 건축의 개요
2. 건축과 관련된 학문
3. 건축과 직업
4. 건축의 미래

1 건축의 개요

1.1. 건축의 어원

"인간은 혼자서는 살 수 없는 동물이다."

건축(建築)이라고 하는 것은 인간의 여러 가지 생활을 담기 위한 그릇이며, 기술 · 구조 및 기능을 수단으로 하여 이루어지는 공간예술의 총체(總體)라 할 수 있다. 다시 말해, 예술의 분야인 미술, 음악 등의 총집합인 것이다. 그만큼 건축은 미술과 따로 분리해내 생각해낼 수 없으며, 오래전부터 시대흐름을 같이해온 가족과 같은 존재라 할 수 있다. 원시시대서부터 현재에 이르기까지 미술과 건축은 그 시대의 사회적 상황과 흐름 속에서 성장해왔다. 그래서 시대별로 미술과 건축은 양식(style), 주의(ism)라는 단어를 붙이면서 함께 성장해 온 것이다. 인간이 혼자서는 살 수 없는 동물인 것처럼 건축도 그 주변 분야와 함께 성장해왔다고 할 수 있는 것이다.

'건축(Architecture)' 의 어원은 그리스어의 Architekton, 또는 라틴어의 architectura로서 어느 것이나 〈Archi=大, 원리(原理), 수령, 우두머리〉 〈Tectura=기술(技術)〉을 의미한다. 따라서 건축이란 "모든 것을 종합적으로 계획하고 구축하는 커다란 기술"이라고 말 할 수 있다. 또한 건축가, 즉 Architect는 원래 기술을 총합하는 사람이었다고 한다. 로마 비트루비우스(Vitruvius)[1]의 시대에서 Architect는 천문, 지리, 의술 등 여러 가지 기술을 다루어 왔다. 그 후에 문명이 발달하고 기술이 다방면으로 분화(分化)되어 가기 시작하면서 건축가는 집을 짓는 것만을

1) 이탈리아의 베로나에서 태어났다. 본명은 마르쿠스 비트루비우스 폴리오(Marcus Vitruvius Pollio). 카이사르와 아우구스투스 황제 시대에 활약하였고 《건축서》(10권)를 썼다. 그의 이론은 건축가로서의 경험과 동시에 고대그리스, 특히 헬레니즘의 문헌에 근거한 것이 많다. 이 책은 르네상스의 고전 연구에 따라 1415년경에 재발견되었으며, 1484년에 로마에서 초판이 간행되었다. 그 후로 유럽 건축가에게 커다란 영향을 주었으며, 오늘날에도 고대건축 연구상의 귀중한 자료가 되고 있다.

그림 1 - 1. 움집복원추정모형

목적으로 하게 되었다.

건축의 시초라 할 수 있는 원시 건축은 대체로 땅을 원형으로 파고 상부를 나뭇가지로 원뿔형으로 엮어서 동물 가죽 또는 나뭇가지와 나뭇잎을 덮어 비, 바람으로부터 피하도록 만든 것이 대부분이었다.*(그림 1-1, 1-2)* 주거의 평면형태를 보면 사각형 주거형태는, 통나무를 땅바닥에 박아 굴립주(掘立柱:초석없이 기둥뿌리를 땅에 박은 기둥)를 세운 다음에 벽면을 구성한 형식, 통나무를 수평으로 겹쳐 쌓아 벽체를 구성한 형식, 기둥과 보를 결합하여 만든 가구식이 있고 ㅁ자 중정형은 중정을 중심으로 ㅁ자형의 평면으로 만든 구조로 주로 동북아시아에서 사용했다.

그림 1 - 2. 신사시대 생활 노형

건축은 용도에 맞는 적합성을 찾기 위해 노력해야 하며, 적절한 재료를 가장 합리적인 형식을 취하여 안전하게 이룩되어야 한다. 이로써 건축의 본질은 쾌적하고도 안전한 생활의 영위를 위한 기술적인 전개와 함께, 공간 자체가 예술성을 띤 창조적인 의미를 가진다. 이 공간예술을 다루는 작가, 즉 건축가의 입장에 있어서 건축의 공간은 실용적 대상이고, 3차원의 지각적(知覺的) 대상이며, 자기인식의 실존적 대상이라 할 수 있을 것이다. 이때 단순한 건조기술(建造技術)을 구사하여 만들어진 결과로서의 구축물을 건물(building)이라 하고, 공간을 이루는 작가의 조형의지(造形意志)가 담긴 구축의 결과를 건축(architecture)으로 표현하고 있다.

대다수의 많은 사람들이 페브스너의 말을 인용하여 건축에 대한 정의를 내리곤 한다. N. 페브스너(N. Pevsner)는 건축과 건물이라는 의미를 차고와 대성당을 예로 들어 설명하고 있다.

그림 1 - 3. 링컨대성당
건축을 하는 사람의 조형의지가 강하게 담긴 건축물은 Building이 아닌 Architecture라고 한다.

"자전차고(車庫)는 건물이고, 링컨 대성당(大聖堂)은 하나의 건축이다. 사람이 들어가는 데 충분한 넓이를 갖춘 것은 모두 건물(Building)이지만, 건축(Architecture)이라는 말은 미적 감동을 목표로 설계된 건물에만 사용된다."

-Nikolaus Pevsner : 〈Europe 건축서설〉

그의 말속에서 분명 건물과 건축의 차이를 느낄 수 있지만, 반드시 건물과 건축을 구별해야 할 필요는 없다. 건축이 내재하고 있는 의미는 보다 포괄적이어서 아무나 정의할 수 있지만 누구도 확신할 수 없는 것이기 때문이다. 중요한 것은 건축이란 표현을 갖는 공간이라는 점이다. 같은 견해가 다른 경우에도 보여 진다. 영국의 브리태니카(Britanica)사전에는 "Building이란 것은 순 실용적인 목적을 위해서 세워지는 것이다. Architecture는 단순한 Building은 아니고 조화에 대한 배려가 되어 미(美)가 만들어지는 것이다."라고 쓰여 있다. 독일의 마이어 백과사전에도 Architecktur와 Bauwerk(구축 · 가옥)를 구별해서 페브스너와 같은 견해를 보이고 있다.

1.2. 건축의 목적

"인간에게 감동을 줄 수 있어야 한다."

건축은 미적인 감동을 목적으로 건물의 구조와 디자인에서 나타나는 과학적이고 예술적이며 특정한 용도를 위하여 인간 생활을 담는 물리적 그릇으로서의 공간을 창조하고 연구하는 법을 배운다. 이는 예술적 질서를 주어진 환경에 부여하는 창조의 작업으로 인간의 주생활에 관한 제반문제를 조형예술 및 공학적 측면에서 다루는 종합응용예술이며, 작게는 쾌적한 주거환경의 창조에 관한 분야부터 크게는 도시 설계에 이르는 매우 방대한 전문분야이다.

건축의 목적을 한마디로 정의한다는 것은 매우 어려운 일이다. 하지

그림 1 - 4. 자연과 일체화된 건축

인간에게 감동을 준다는 것은 자연과 동화된다는 말과도 통한다. 우리나라 뿐만아니라 이처럼 자연과 함께 한 건축을 보고 감동받지 않는다면 그것은 건축이라고 할 수 없을 것이다.

만 적어도 건축은 인간을 둘러싸고 있는 모든 분야에서 영향을 미치는 만큼 인간의 생활과 직접적인 관계가 있다는 것은 확실하다고 할 수 있다. 때문에 인간의 생활을 보다 풍요롭고 아름답게 하기 위한 예술적 의미의 공간형태를 구성하는 효과적인 방법을 체득함으로써 그러한 목적을 이룰 수 있다.

건축을 이루는 요소는, 매우 다양한 결합으로 나타나게 되나, 대체로 다음의 3가지로 정의할 수 있다.

–안전하고 튼튼한 구조기술(構造技術 : 구조)

–편리함과 다기능을 가진 공간(便利性 : 기능)

–예술적 감동을 주는 공간형태(空間形態 : 미)

다만 이와 같은 3가지 요소가 각각 개별로 존재한다면 건축이라는 말 자체가 공간예술로서의 가치를 잃게 되었을 것이다. 따라서 이 건축의 3요소는 서로가 상호 보완적인 관계로서 톱니바퀴처럼 돌아가는 종합적인 관계인 것이다. 인간생활과 공간 및 기능을 엮어내는 작업을 설계(設計)라 하며, 이 설계 작업 자체도 역시 건축의 3요소를 종합적으로 결합시키는 작업이다. 그러므로 아름다운 것만으로, 기능적인 것만으로, 또는 구조적인 것만으로는 건축을 이해할 수 없고, 이 요소들의 종합적인 해석을 통해서 이해되어야 한다.

특히 건축의 예술성이란 단순히 아름다움을 목적으로 하는 것이 아니라, 오히려 상당히 복합적인 의미로서의 조형(造形)을 통해 그 목적이 달성된다. 이는 성능이 좋은 공간, 구조기술의 솔직한 표현, 소재가 가진 본연의 아름다운 성질, 그리고 이들의 종합으로 이루어지는, 균일한 관계로써 이루어진다고 볼 수 있다.

궁극적으로 건축은 공공예술의 성격을 가지고 있으므로, 항시 사회·문화적인 존재로서 생각되어야 한다. 이런 의미에서 건축은 건축주의

그림 1-5. 백두산 천지
아름다움이란 모두에게 감동을 주고 이러한 감동에서 건축은 시작된다.

소유가 아니며, 건축가 자신의 것도 아닌 역사와 사회의 것임을 인식할 필요가 있다. 더욱이 건축은 그 자신의 개체적인 건축성(建築性)뿐만 아니라, 그 주변의 환경적 요소들과 조화되므로, 감흥적(感興的)이어야 한다는 입장을 벗어날 수 없다. 하나의 거리를 구성하고 있는 건축은 개개의 조형성이 뛰어나면서도, 거리 전체에 대해 균일한 태세에 있지 않으면 안 되는 것과 마찬가지이다. 건축의 수명은 몇 세기에 걸쳐서 유지될 수 있는 역사적 대상이며, 이로써 건축은 개체적인 존재의 의의와 사회적인 존재로서의 의의를 동시에 갖추도록 하여야 한다는 사회적인 책임이 뒤따르는 것이다.

1.3. 건축의 범위

"태초에 자연이 있었다."

건축이란 자연에 대하여 인공의 환경을 만드는 것이다. 때문에 건축에서 가장 중요한 주제 중의 하나는 자연과의 관계이다. 자연에 존재하는 모든 것은 제각각의 쓰임새와 목적이 있다. 건축에 있어서 이러한 존재성에 의미를 주는 것은 형태의 완성이라는 과정을 통해서 이루어진다.

주거(住居)라는 것은 자연과 도시에 대해서 사람을 보호하고(refuge), 편안하게 하고(shelter), 인간답게 하는(symbol, showcase) 것을 말한다.

프랭크 로이드 라이트[2](Frank Lloyd Wright)에 의해 설계되어진

2) 1867 미국 위스콘신주 리릴랜드센터에서 목사이자 음악가인 아버지 윌리엄 라이트와, 웨일즈출신의 안나 로이드 라이트 사이에서 장남으로 태어났다.
1885 위스콘신대학에 입학, 건축과가 없어 토목과에 다니다가 토목과 교수인 알렌 D. 코노버교수 밑에서 제도사로 익하며 "구조는 수단이고 건축은 결과이다. 건축가가 구조 계획할 때에는 재료를 성질에 따라 써야 한다."라는 것을 깨우쳤다.
1887 대학은 중퇴하고 시카고의 레이만 실비스 사무소에서 일했다가 일년도 못되어(8개월만에) 퇴사하고 유럽의 낡은 방식을 모방하는 것이 아닌 자연스런 형태를 지향하는 건축을 만들어내는 루이스 헨리 설리반 사무소에 들어가게 되고, 그를 평생 스승으로 생각하게 된다.
1893 자신의 사무소를 시카고에 개설하며 시카고에서 만국박람회가 열렸을 때, 시카고 박람회는 스승 설리반 이외의 모든 외부로부터의 영향을 부정하던 라이트에게 신선한 충격을 주었고, 특히 일본과 동양의 건축에 관심을 갖는 계기가 되었다.
18931910에 이른바 라이트의 제 1황금시대(사무소 개설시 부터 1910년까지)에 그는 200개 가까운 건물을 설계했다. 소위 자연과 대지에 융합한 전원주택을 설계한 시기이며 주요 작품은 윈슬로우(Winslow)주택(1893), 로비(Robie)주택(1909), 라킨 빌딩(1904), 유니티 교회(1906)가 있다.

그림 1 - 6. Frank Lloyd Wright

그림 1 - 7. 낙수장

Frank Lloyd Wright가 68세 되던 해에 지은 이 주택은 폭포위에 지은 집이다. 주거의 목적을 잘 충족하면서도 역사적으로 훌륭한 평가를 받는 이집은 그 위대함에도 불구하고 주거로서의 역할은 다소 떨어지는 듯 하다. 주거의 요건 중 편안함에 있어서 한밤중의 떨어지는 폭포의 물소리는 마치 전쟁터의 총소리와도 같은 소음의 효과를 내기도 한다. 현재 이 주택은 주거가 아닌 기념관으로서 사용되어지고 있다.

낙수장(Falling House)은 사람을 보호하고, 인간다움을 충족케 하는 예이다. 단지 편안함에 있어서는 단순히 은신처의 기능은 하지만 폭포 위라는 단점 때문에 물소리가 자연의 소리가 아닌 소음으로 인식되어져 주거의 기능으로 다소 부족한 느낌이 있다. 하지만 적어도 모든 면에서 위대한 작품이라는 것만은 틀림없다.*(그림 1–7)*

라이트가 68세되던 해 지어진 이 집은 주말주택용으로 지어졌다. 주인(Kaufmann)이 바라던 위치는 폭포 밑이었다. 이용하던 바위는 거실 바닥이 되었고 떨어지는 폭포는 이 집을 상징하는 상징물이 되었다. 바라보는 것이 아니라 삶의 한 부분으로 자리잡게 된 것이다.

비단 낙수장뿐만 아니라 한국의 전통건축에는 이러한 개념들을 간직한 예가 무수히 많다. 회재 이언적(晦齋 李彦迪)의 개인별당으로 사용되었던 계정(溪亭)은 계곡에 위치하고 있어 수평과 수직의 대비가 뚜렷하며 자연과 일체가 되어 건축이 곧 자연이라는 것을 실감하게 된다.*(그림 1–8)*

그림 1 - 8. 계정

수평과 수직의 조화, 자연과 건물의 일체를 보여주는 좋은 예이다.
우리 옛 건물의 특성이 '어떻게 지었느냐' 보다 '얼마나 주변과 어울리게 지었느냐' 에 있다는 것을 확실하게 보여주는 건물이다.

계정(溪亭)은 독락당의 별채로서 방 한 칸과 마루 두 칸짜리 작은 정자인데 계곡의 반석 위에 기둥을 세워 쪽마루를 덧대고 계자 난간을 둘렀다. 우리 옛 건물의 특성이 '어떻게 지었느냐' 보다 '얼마나 주변과 어울리게 지었느냐' 에 있다는 것을 확실하게 보여주는 건물이다.

건축이란 살아있는 사람뿐만 아니라 죽은 이를 위해서도 존재한다.

특히 우리나라에서는 풍수지리의 영향으로 땅을 고르는 택지에서부터 미래에 후손들에게 끼칠 영향까지도 고려하는 양택(陽宅)과 음택(陰宅)의 간지법이 있는데 무덤이든 집이든 풍수상 공통적으로 좋은 위치에 대한 차이는 거의 없는 편이다. 또한 인위적으로 자연을 조성하기도 하는데 창덕궁내 낙선재의 가산과 대조전 뒤뜰은 지형을 이용해 조성한 예이다.*(그림 1-9, 1-10)*

그림 1-9. 낙선재 뒤
인위적으로 가산을 형성해 자연과의 조화를 꾀한 건축물의 사례.

그림 1-10. 창덕궁 대조전 뒤 굴뚝
지형의 경사를 이용해 가산을 형성한 선조들의 지혜가 엿보이는 사례.

2 건축과 관련된 학문

2.1. 법학과 의학

"인간의 생명을 담보로 한다."

건축과 비슷한 성격의 학문을 꼽자면 법학과 의학을 들 수 있다. 건축과 법학, 의학은 모두 인간의 생명을 담보로 하고 있다는 공통점을 가지고 있다. 하지만 건축에서 인간의 생명만을 중요시했다면 건축공학 즉 구조공학만이 남아 있을 것이다. 여기에 인간의 미를 추구하고자 하는 욕망이 작용하여 건축이라는 학문이 생겨난 것이다.

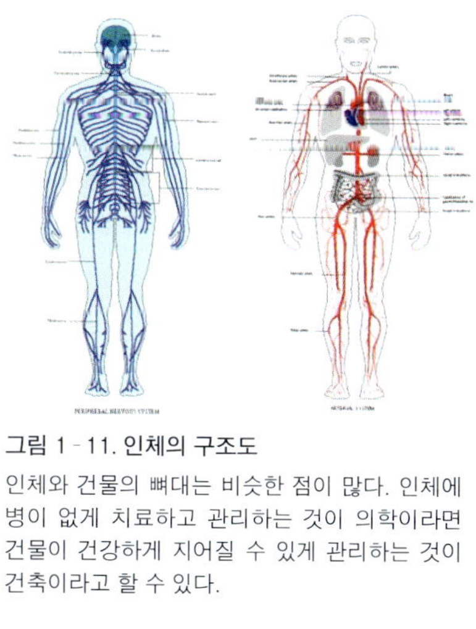

그림 1-11. 인체의 구조도
인체와 건물의 뼈대는 비슷한 점이 많다. 인체에 병이 없게 치료하고 관리하는 것이 의학이라면 건물이 건강하게 지어질 수 있게 관리하는 것이 건축이라고 할 수 있다.

의학은 잘못 다루어질 경우 인간의 생명에 치명적인 위협이 된다. 법학도 마찬가지로 한 생명을 구할 수도 살릴 수도 있다. 때문에 공부하는 과정도 어렵지만 일에 대한 보람도 그만큼 크다고 할 수 있다. 건축 또한 인간의 생명과도 직결되기 때문에 긍지나 가치는 그 어떤 학문에 비견될 수 없을 것이다. 뿐만 아니라 건축은 예술적인 측면에서도 미술, 음악 등과 같은 학문과도 밀접한 관련을 가지고 있다. 이 외에도 역사, 지리, 물리, 수학, 환경, 철학, 문학 등 많은 다수의 학문들을 통해 종합적으로 통찰할 수 있는 학문이 바로 건축이다. 때문에 건축은 모든 학문에 있어서의 출발점이자 귀결점이라고 할 수 있다.

법학과 의학과 건축은 발전과정에서도 비슷한 점이 많다. 법학이나 의학 모두 인간의 외적인 모습뿐만 아니라 내적인 면에서의 건강함을 추구하고 있다. 마찬가지로 건축도 뼈대를 튼튼하게 잡고 외적인 모습을 아름답게 하려는 노력에 의해서 많은 발전을 보여 왔다.

학부제에 있어서는 약간의 차이가 있다. 인간의 생명을 직접적으로 다루고 있는 의학의 경우 6년이라는 시간이 필요하다. 그러나 건축과 법학은 통상 4년의 과정을 거쳐 왔다. 그러나 최근에 와서 건축과의 경우 5년제나 그 이상으로 과정을 연장시키려는 움직임이 보이고 있다. 이는 실무와 결합된 인간생명 및 환경을 조성코자 하는 욕구의 발현이라고 할 수 있다. 건축과에서 세부적으로 건축디자인과 같은 건축설계부분과 건축구조와 같은 건축공학의 개념으로 분리하여 과정을 늘리고자 하는 것이다.

과정을 배우는 시간이 4년이든 5년이든, 어찌 됐든 건축은 사회에 나가서 인간의 생명과 직결된 일을 함과 동시에 또한 사람들에게 즐거움을 주는 것만은 분명하다.

2.2. 왜 건축인가?

"의(衣) · 식(食) · 주(住)"

인간에게 있어서 살아가는데 가장 중요한 세 가지를 뽑으라고 한다면 의、식、주를 들 수 있을 것이다. 입는 것, 먹는 것, 사는 것이야말로 인간생활을 하는데 반드시 필요한 세 요소일 것이다.

그런데 아무렇지도 않은 이 의식주라는 말의 순서가 어떻게 정해졌는지에 대해선 누구도 쉽게 말하지 못할 것이다. 입는 것보다는 아무래도 생존에 필요한 식(食)이나 사는 것에 대한 주(住)가 우선순위가 되어야 할 것인데 입는 것(衣)이 맨 앞에 나왔다는 것은 무슨 이유일까.

입고, 먹고, 사는 것의 순서가 특별히 중요하지는 않겠지만 우리의 일상생활의 순서라 생각하면 이해가 갈 것이다. 사람마다 이견(異見)이 있을 수 있겠지만, 보통 통상적으로 아침에 일어나서 제일먼저 하는 것은 옷을 입는 것이다.(옷을 벗고 잘 경우) 그런 다음 씻고 식사를 하고 일을 하러 집 밖으로 나간다. 저녁이 되어 집으로 돌아오면 옷을 갈아입고 밥을 먹고 옷을 벗고 다시 잠을 잔다. 이러한 순서대로 본다면 옷을 입고(衣), 씻고, 먹고(食), 일하고, 잠을 자기 위해 집(住)으로 들어오게 된다.

인간이 인간으로 불리 울 수 있는 이유는 사고와 사회생활을 한다는 점이다. 물론 사회생활을 이루는 동물과 곤충집단이 있기는 하지만 인간의 사회생활과는 차이가 있다. 동물들의 사회생활은 단지 계급만 존재하지만 인간의 사회생활은 사회적인 체면도 작용한다는 점이다. 물론 기후와 문화의 차에 의해 순서는 조금씩 차이가 있을 것이다. 적도 지방과 같이 기후가 온난하여 의생활에 신경을 거의 쓰지 않는 곳에서는 먹는 것이 가장 중요할 수도 있고 극지방과 같이 기후가 추운 곳에서는 입는 것이 가장 중요할 수도 있다. 또한 풍토가 좋지 않거나 사회적인 이유로 먹는 것이 가장 시급한 곳에서는 식생활이 우선순위가 될 수도 있을 것이다. 예를 들어 북한과 같은 곳에서는 의식주가 아닌 식의주의 순서

그림 1-12. 의·식·주
의식주의 순서에 치우치기 보다는 건강한 삶을 누리기 위한 방법을 생각해 보면 순서는 그리 크게 중요하지는 않다.

로 말하기도 한다.

언제부터 의식주의 순서가 정해져서 말해져 왔는지는 불분명하지만 인간의 생활 중 가장 중요한 의생활, 식생활, 주생활은 전 인류를 통해 가장 중요한 사항이기 때문에 유기적으로 서로 상호 보완관계에 있다고 할 수 있는 것이다.

2.3. 건축과 관련된 한자

"용어는 건축의 쓰임을 짐작케 한다."

주택을 비롯한 건축물에 대한 명칭은 각각 다르다. 이러한 건물의 이름은 각자의 의미가 있다고 할 수 있다.

건축물을 의미하는 한자(漢字)의 명칭을 살펴보면 대략 궁(宮), 실(室), 가(家), 택(宅), 사(舍), 사(榭), 옥(屋), 모(茅), 하(廈), 원(院), 정(亭), 대(臺), 관(館), 각(閣), 루(樓), 주(廚), 점(店), 당(堂), 랑(廊), 무(廡), 전(殿), 각(閣), 재(齋), 암(庵), 호(戶), 방(房) 등이 있다.

이것은 규모, 형태, 용도, 기능에 의해 각기 분류된다고 할 수 있다. 집의 규모에 따라 작은 경우는 당(堂), 정(亭), 재(齋), 실(室), 사(舍) 등의 글자를 쓰고, 규모가 크면 전(殿), 각(閣), 원(院) 등의 글자를 쓴다. 또 용도에 따라 임금이 사는 집(宮과 闕), 정자(亭子), 일반서민이 사는 집(民家), 회랑으로 연결된 집(廊, 廡)등을 들 수 있다. 집의 형태에 관해선 글자의 유래로 그 연원을 알 수 있는데 집 가(家)자를 예를 들면 가(家)는 집 면(宀)자와 돼지 시(豕)자가 결합되어 형성된 글자이다. 이에 대한 연원에 대해서는 사람마다 약간의 견해차가 있다. 돼지가 새끼를 많이 낳는데서 사람이 모여 사는 집이라는 설(說)과 중국 사람들이 집에서 돼지고기를 즐겨먹었기 때문이라는 설(說) 등이 있다. 그러나 초기주거의 형태가 움집에서 지상주거로 변화하면서 고상주거(高床住居)가 생기게 되었는데 이때 사람에게 해가 되는 동물 중 뱀과 같은 독물들의 위협 때문에 뱀의 천적인 돼지를 집 밑에 놓아기르게 되면서 이러한 글자가 생졌다는 설이 가장 타당해 보인다. 이와 같이 초기의 집에 관련된 문자는 형태의 유사성으로부터 비롯되었음을 알 수 있다. 이러한 집 가(家)자를 통해 알 수 있는 것은 이 글자가 생겼을 당시의 사회와 문화상을 엿볼 수 있다는데 그 명칭을 살펴보는 중요한 의의가 있다. 먼저 돼지가 집 밑에 있는 모양으로 당시의 주거는 고상주거(高床住居)형태임을 알 수 있고, 돼지라는 가축의 등장으로 농경과 가축을 기르는 사회형태가 정착되었음을 알 수 있다.

규모에 따른 한자의 표기

규모	용도	기능	형태
사(舍), 정(亭), 루(樓) 등	궁(宮), 궐(闕) 등	랑(廊), 무(廡) 등	사(舍), 가(家) 등

궁합(宮合)이라는 말을 우리는 자주 쓴다. 궁합이란 결혼을 앞둔 이들에겐 미래를 점칠 수 있는 자료로 사용되곤 하는데 궁합에서 궁(宮)자는 집 면(宀)자와 입 구(口)자 2개가 모여(合) 만들어졌다는 의미이다.

입이란 한사람을 말하고 두 사람이 집에서 모여 산다는 의미이니 한 가정을 이루는 데 있어서 중요할 수밖에 없을 것이다. 건축도 이와 마찬가지로 어느 하나의 분야만으로 이루어질 수 없다. 설비와 환경과 구조와 설계 그밖에 모든 분야가 총체적으로 조화를 이루어 구조물을 완성했을 때 비로소 참다운 건축이 되는 것이다. 또한 콘크리트와 철근처럼 궁합이 잘 맞는 재료들도 있다.

3 건축과 직업

3.1. 건축과에선 무얼 배우나

"건축은 종합예술이다."

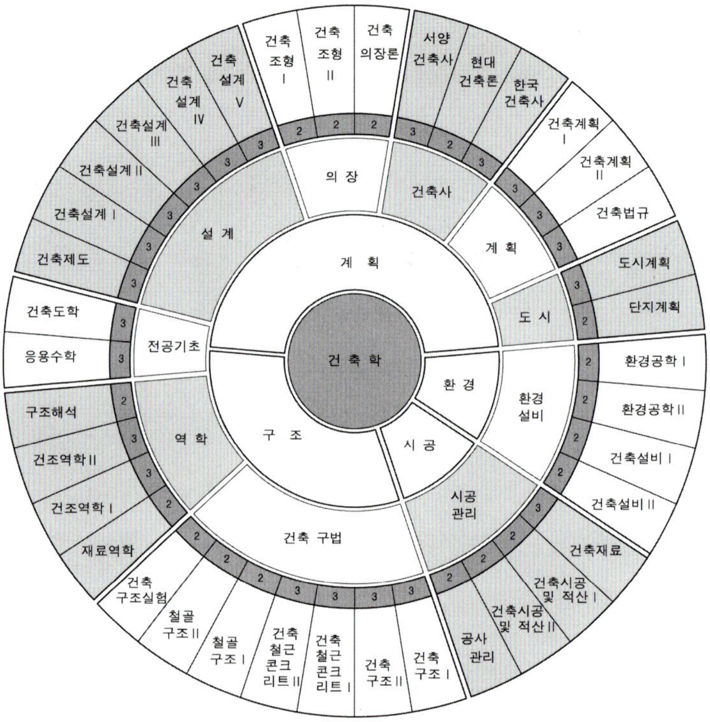

그림 1 - 13. 건축과 교육과정 범위

건축과에서 다루는 교과과정은 크게 4분야로 나눌 수 있다. 계획, 구조, 시공, 환경이 그것이고 각기 세분화되어 많은 전문분야를 가지고 있다.*(그림 1-13)*

먼저 계획 분야는 계획, 설계, 의장, 건축사, 도시계획에 관련된 항목을 다룬다. 구조분야는 역학과 건축구법에 관한 사항으로 세분할 수 있다.

시공 분야는 CM과 시공 및 적산, 재료로 세분화된다. 환경 분야는 설비와 환경공학으로 세분할 수 있다.

전국의 대학교, 대학을 통틀어 건축과는 200개가 넘는다. 다양한 과목을 배우면서 서로가 경쟁을 통해 보다 나은 생활을 하여야 함은 분명하다.

이 밖에도 건축과에서는 모든 학문과 밀접한 관계가 있다. 설계와는 미술, 음악, 철학, 문학, 역사가 구조와는 물리, 수학이 환경과는 지리, 지구과학이 서로 관련이 있다. 다시 말해 건축을 전공한다는 것은 모든 학문의 기초를 닦는 것이라 할 수 있는 것이다.

건축관련학과 세부분류

건축관련 세부관련학과
건설및환경공학과, 건축학부(건축공학전공), 건축공학전공, 건설시스템공학부, 건설환경공학부, 건축공학부, 건축설비소방학과, 철도건설시스템학과, 건설환경공학전공, 건설시스템공학과, 건설환경공학과, 건축.토목설계학부, 건축공학.리모델링전공, 건축공학 · 실내건축전공, 건축공학과, 건축설비공학과, 건축시스템공학전공, 건축토목공학부, 공간환경시스템공학부, 도시건축공학과, 철도건설환경공학과, 철도시설공학과, 건설공학군 건설시스템공학과, 건설환경 · 철도공학과, 건축공학부 건축공학전공, 건축공학부 건축학전공, 건축공학전공/건축공학부, 건축도시환경공학부 건축시스템공학전공, 건축도시환경공학부(건축시스템공학전공, 건축디자인전공, 도시환경공학전공), 건축설비공학전공, 건축토목공학부(건축공학전공,토목공학전공), 건축학부 건축공학전공, 건축학부(건축공학), 공학부

3.2. 건축 관련 직업

"잘나가는 건축가?"

건축의 분야는 매우 다양하다. 건축과 관련된 학과는 건축과, 건축공학과, 실내인테리어과, 실내디자인과, 주생활학과, 주거학과, 건축설비과 등 매우 다양하고 졸업 후의 진로 또한 여러 방면으로 길이 있다고 할 수 있다.

보통 건축과에서는 구조, 계획, 시공, 설계의 분야로 세부화되어있고 대학원에서의 세부전공 또한 이와 같다. 이외에 학계나 연구소 쪽에 진출하는 방법도 있다.

최근 우리 사회의 직업형태는 보다 다양해지고 세분화되어 가고 있다.

건축 분야도 예전에는 설계나 시공이 주류를 이루었지만 건축 관련

그림 1 - 14. 룸앤데코의 대표 양진석
건축인으로서의 직업과 방송인으로서의 직업을 성공적으로 결합시킨 사람 그 누구도 땀흘려 노력하지 않은 사람은 없다. 표면상의 이유만으로 건축인을 선망한다면 그 사람은 틀림없이 후회할 것이다.
사진출처:http://blog.empas.com/okjjang1/34815

활동이 활성화되고 건축을 인식하는 일반인들의 생각이 달라지면서 설계나 시공 외에도 공사 감리, 인테리어, 안전진단, 그래픽 등 건축에 관련된 직업의 종류도 훨씬 다양해졌다.

특히 우리나라는 80년대 이후 중동 건설붐과 국내 아파트건설 경기 활성화 등으로 건축 기술자 수급의 불균형이 국가 시책의 문제가 될 정도였고 건축 교육이 예술적인 창의성을 중시하기보다는 유능한 기술자 양성에 치우쳤고, 건축을 공부하면서 당연히 기술자가 되는 것으로 인식되었던 때도 있었다.

그러나 생활수준이 향상되고 사회가 급변함에 따라 이제는 건축이 단순한 기술이 아닌 예술적인 창의력을 바탕으로 인간의 주생활이나 사회생활을 위한 쾌적한 도시 환경의 조성을 비롯한 건축물의 미적인 조형과 편리하고 정서적인 내외 공간을 창출해 내는 예술로서의 인식이 확산되어 이에 따른 건축 관련 직업도 훨씬 다양해 졌다.

이에 건축을 공부하는 사람들은 예전처럼 설계 회사나 건설회사로만 진출하려는 생각에서, 보다 많은 분야에 대한 관심과 자신의 적성이나 장래성 등을 고려하여 직업을 선택할 때가 되었다고 생각한다.

그러므로 건축을 공부하는 사람이나 건축 활동을 하는 전문인들의 사고방식도 예전처럼 경직된 사고에서 벗어나 보다 넓고 진취적인 생각으로 전환하여 자신들의 적성에 맞는 영역을 넓혀 자아실현을 통한 보다 큰 성취감을 얻도록 해야 할 것이다.

예전에는 각종 대중매체를 통해 건축을 전공하는 사람들의 좋은 모습만을 보고 건축 관련과에 진학하는 사람들이 꽤 많았다. 그러나 드라마 속에 나오는 건축인들은 극소수의 사람만이 누릴 수 있는 환경과 조건에서 일하는 사람들이다. 충분한 책임감과 각오가 없고 막연한 기대 속에 건축과만 졸업하면 누릴 수 있는 환경을 기대한다면 절대로 그들 속에 낄 수 없을 것이다.

지금도 많은 사람들이 소위 잘나가는 건축가를 꿈꾸지만, 그 꿈을 이루기 위해서 피땀 흘리는 노력을 하고 있다는 사실을 우리는 깨달아야 한다.

건축과 관련된 직업으로는 건축사, 건축구조기술사, 실내건축가(기사), 교수, 건축시공기술사, 실내건축기능사, 건축기사(산업기사), 건축공무원(기술고시), 연구원, 건축소프트웨어 프로그래머, 그래픽전문가, 건축전문통역사, 설비기술사, 전기기술사, 안전기술사(기사), 모형전문가, 투시도 전문가, ISO 컨설팅전문가, 안전진단가, 감정평가가, 도시계획가, 조명기사, 조경기사 등이 있다.

3.3. 올바른 직업관

"평생직장 NO, 평생직업 YES"

지금은 평생직장이란 말은 없어진지 오래이다. 직장은 있다가도 없고, 없다가도 있을 수 있는 반면, 본인이 가지고 있는 실력과 능력은 그 누구도 없애거나 생기게 할 수 없는 고유의 것이기도 하다. 때문에 자신의 능력을 키우는데 전력을 기울여야 함은 물론이다.

모든 직장인이 각기 맡은 바 직무를 성실히게 그리고 능률적으로 수행할 때 전체 직장의 발전은 물론 직장인 각자도 보람 있는 생활을 영위할 수 있다.

사람의 모든 행동이 마음가짐에 따라 이루어지듯이 직장 생활 역시 직장인의 마음가짐에 따라 성패가 좌우된다. 마음가짐이란 일에 임하는 가치관을 말한다. 다시 말해 직장 생활은 직업관과 깊은 관련을 맺고 있다. 요컨대 바람직한 직장 생활은 직장인의 올바른 직업관이 정립될 때 비로소 이루어진다.

한때 우리 사회에는 더럽고(Dirty), 힘들고(Difficult), 위험한(Dangerous)일은 하지 않으려는 이른바 3D 업종 기피 풍조가 만연했던 적이 있다. "직업에는 귀천이 없다"는 고전적 직업관을 가지고 이것저것 가리지 않고 열심히 일하는 사람들이 볼 때 아쉬운 감이 없진 않을 것이다. 물론 깨끗하고, 쉽고, 편안한 것을 좋아하는 것은 인지상정이다. 문제는 3D업종 기피 풍조로 인해 직업으로 사람을 평가하는 풍조의 만연과 더 나아가 기피하는 분야의 국가 경쟁력이 떨어지는 데 있다. 이러한 까닭에 올바른 직업윤리 의식이란 무엇인지 살펴보고자 한다.

- 직업을 특정한 가치를 얻어내는 수단으로만 생각한다면 어떠한 직업에서도 만족을 느낄 수 없다. 직업은 인생의 목적을 성취 시켜주는 수단이기도 하지만 한편으로는 직업 활동 자체가 곧 인생의 목적이다.
- 일정한 직업에 오래도록 종사하려는 마음가짐이 필요하다. 말하자면 하늘의 뜻에 따르고 하늘이 나에게 준 직업에 최선을 다하겠다는 천직의식을 가져야 한다.
- 모든 직업은 평등하다는 가치관이 필요하다. 어떤 직업이든 그 나름대로 국가 사회에 기여하는 바가 있다.
- 직업은 경제적 수단일 뿐 아니라 일을 통한 자아 발견 및 실현의 터전이다.

배움을 통하여 자아를 발견하고 실현함으로써 마음껏 보람을 느끼고 멋진 인생을 꾸려 나간다면 그것이 사는 기쁨일 것이다.

기업에서 신입사원을 뽑을 때 기준은 학벌에 의해 좌우된다. 이는 대학이 수능성적에 의해서만 학생들을 선발할 수 있는 조건에 기인한다. 만약에 학벌이 아닌 개인의 능력과 실력에 대한 평가기준이 마련된다면 이러한 사회 불평등에 대한 사항은 줄어들 것이다. NSS[3](National Skill Standard), KSS(Korea Skill Standard)라고 하는 국가기술표준이란 의미에서 되새겨볼 만하다.

3) 국가적인 차원에서 직업생활 영위에 필요한 업무수행을 위해서 요구되는 표준화된 "지식, 기술, 소양 그리고 이것의 평가"에 관한 사항을 산업부분별, 수준별로 체계적으로 조직화한 내용을 NSS라고 한다.

4 건축의 미래

4.1. 장소의 한계성

"집지을 땅이 없다?"

건축물은 기본적으로 대지를 필요로 한다. 땅이라는 것은 움직이거나 옮길 수 있는 것이 아니고 고정되어 있는 것이다. 때문에 건축이 필요로 하는 넓이는 한계가 있을 수 밖에 없다.

우리나라 국토는 70%가 산지지형으로 구성되어 있다. 그러나 한반도는 오랜 기간 동안 안정된 상태에서 침식을 받아왔기 때문에 대체적으로 저산성 산지로 되어있다. 이러한 우리나라의 지형적 특징은 국토개발에 좋은 여건을 제공해 주고 있다. 남서부 평야지역에는 차별침식에 의한 잔구성 산지가 존재한다. 전체적으로 보면 북동부 지역은 높고 험준한 산지지형이 분포하며 남서부 지역은 구릉성 산지가 발달해 있다. 그 사이에는 저산성 산지가 폭 넓게 분포한다. 위도별로 보면 북위 40도 이북에 2000m 이상의 고산이 분포하며 그 이남은 저산성 산지로 되어

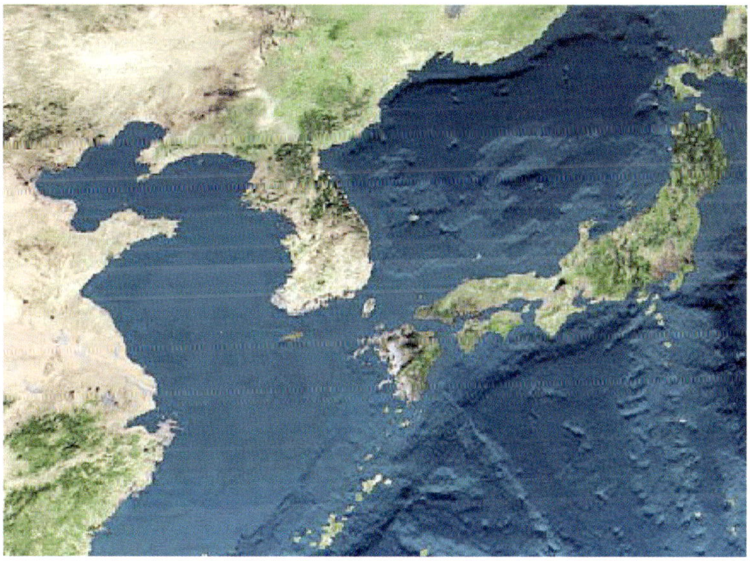

그림 1-15. 우리나라의 국토

아무리 공사현장이 많더라도 아직까지 개발할 수 있는 땅은 여전히 존재한다. 다만 균등한 개발이 아닌 집중적, 편중적인 개발이 문제가 되는 것이다.

있다. 한반도 평균 고도는 482m인데 이는 아시아 평균고도 960m에 비하면 매우 낮은 편이다.

위도상으로 남쪽 끝은 제주도 남제주군 마라도 남쪽 끝 북위 33도 07분이고, 북쪽 끝은 함북 온성군 유포진 맨 북쪽 의 북위 43도 01분이며, 서쪽 끝은 평북 용천군 마안도 맨 서쪽의 동경124도 11분이고, 동쪽 끝은 경북 울릉군 독도 맨 동쪽의 동경 131도 53분이다.

길이 약 1,000㎞에 달하는 반도와 3,200여개의 도서로 구성되어 있으며, 한반도의 총면적은 22만천㎢이고 이중 남한은 총면적의 45%인 9만9천㎢를 차지하고 있다.

간석지를 포함한 대륙붕은 약 50만㎢(이중 남한은 34.5만㎢)로 국토면적의 2배가 넘으며 이중 약 80%가 서해안에 분포해 있다.

국토의 면적 : 99,461㎢ (2000년 현재)

1991	1992	1993	1994	1995	1996	1997	1998	1999	2000
99,300	99,314	99,392	99,394	99,268	99,313	99,373	99,408	99,434	99,461

※ 국토면적의 추이 (자료: 통계청)

이처럼 넓지 않은 면적이지만 그 안에서 사는 우리에게 다가오는 땅은 그 의미가 매우 크다. 매년 어느 도시나 공사장처럼 변한지 오래이다 보니 공사현장이 일상생활처럼 되어 왔고, 어느 순간 우리의 주거형태를 바꿔놓은 아파트의 건설은 이이 서울지역에선 한계점에 와 있는 상황이다. 그러나 수도권이 아닌 전국의 국토면적을 비교하자면 아직도 집 지을 땅은 있다. 문제는 건설현장이 전국에 걸쳐 골고루 분포되는 것이 아니라 수도권에 집중된다는데 있다.

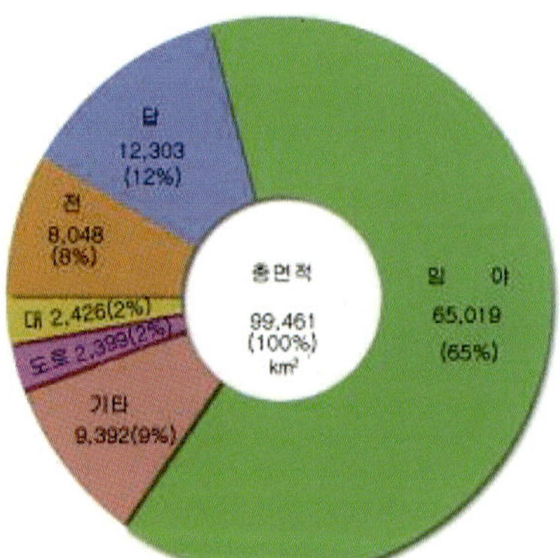

그림 1 - 16. 국토의 면적 이용비

국토의 이용면적 구성비만 놓고 본다면 개발할 수 있는 땅은 아직도 많다.*(그림 1-16)*

오래 전부터 주택을 많이 짓는 것이 능사가 아니라는 지적이 있어왔다. 그러나 주거 상황을 개선할 마땅한 대안은 제시되지 않았다. 이제 그 대안을 찾을 때가 되었고 또 그 대안의 핵심은 '분배의 개선' 이 되어야 한다고 주장하고 싶다. 이 주장은 그토록 많은 집을 지었으면서도 주택시장은 여전히 불안한 상태이며 주거생활에 위협을 느끼는 가구가 오히

그림 1 - 17. 반포아파트 지구
주택보급율은 높지만 실제로 집을 소유하고 있는 소유주는 극히 일부이고 대부분이 전세 및 임대를 하고 있는 것이 오늘날 우리의 실정이다.

려 늘어나고 있다는 사실에 기초한다.

통계청의 '인구 및 주택 총조사' 결과에 의하면 1990년에는 전국의 주택 총수는 735.7만호, 주택 보급률은 72.4%였다. 그 이후 '주택 200만호 공급계획(1988~1992)'을 비롯한 대량공급정책에 힘입어 주택 수가 크게 증가하였다. 2000년에는 전국의 총 주택 수는 1147.2만호, 주택 보급률은 96.2%로 상승하였다. 주택 수, 주택 보급률이 높아졌으므로 주거 상황이 호전된 것처럼 보인다.

그러나 그 집들을 누가 차지했는가 하는 분배 측면에서 살펴보면 상황은 오히려 악화되었음을 알 수 있다. 이를 총 주택 중 집주인이 사는 비중, 즉 소유자 거주율이 지난 30년간 어떻게 변해 왔는지를 기준으로 살펴 보면, 1970년의 소유자 거주율이 전국 90%, 서울 87%였다.

즉 그때는 열 채의 집이 있다면 아홉 채 꼴로 집주인이 차지한 셈이나. 한 지붕 세 가족이 사는 경우가 허다했지만 그 집에 집주인들도 함께 살았다. 그러나 소유자 거주율은 그 이후 크게 낮아져 2000년에 이르러 전국 56%, 서울 53%로 떨어졌다. 이제 열 집 중 대여섯 집꼴로 집주인이 차지하고 있을 뿐이다. 나머지는 집 가진 자가 또 차지하여 전·월세를 놓고 있는 셈이 된다. 최근의 경우도 마찬가지이다.

주택 공급이 절정을 이루었던 1990~2000년 사이 주택 수는 411.5만호가 늘었지만 자기 집에 사는 가구는 고작 208.6만가구가 증가하는데 그쳤다. 그만큼 주택 분배는 가진 자에게 더욱 편중된 것이다.

연도별 주택 보급율 추이 (단위 : %, 천가구, 천호)

연도	전국			수도권			서울		
	보급율	주택수	가구수	보급율	주택수	가구수	보급율	주택수	가구수
70	78.2	4,360	5,576	64.5	1,057	1,638	56.8	584	1,029
75	74.4	4,734	6,367	62.1	1,293	2,081	56.3	744	1,321
80	71.2	5,319	7,470	60.2	1,646	2,732	56.1	968	1,724
85	69.8	6,105	8,750	59.7	2,089	3,502	55.3	1,176	2,126
90	72.4	7,357	10,167	63.3	2,798	4,423	57.9	1,458	2,518
95	86.0	9,570	11,133	76.7	3,860	5,032	68.0	1,728	2,541
96	89.2	10,113	11,335	79.0	4,102	5,193	69.7	1,787	2,563
97	92.0	10,627	11,542	81.9	4,335	5,288	71.4	1,864	2,610
98	92.4	10,867	11,761	82.2	4,428	5,388	70.7	1,880	2,659
99	93.3	11,181	11,984	83.2	4,568	5,490	71.0	1,923	2,710
00	96.2	11,472	11,928	86.1	4,731	5,494	77.4	1,973	2,548
01	98.3	11,892	12,099	88.6	4,966	5,605	79.7	2,032	2,550
02	100.6	12,358	12,286	91.6	5,239	5,719	82.4	2,103	2,551
03	101.2	12,669	12,515	92.8	5,431	5,855	86.3	2,203	2,553

*보급률 전망 – 전국 보급률 '12년 115%(매년 50만호 건설 가정)
– 수도권 보급률 '06년 100%(매년 30만호 건설 가정)
*선진국 보급률 – 미국 111.2('97), 일본 113.3('98), 프랑스 121.2('96), 영국 105.6('96)
출처 : 주택업무편람 (건설교통부 2004)

선진국에서도 주택 보급율은 100%를 넘지만 자기 집을 가진 가구의 비율은 50~70%에 그치고 있다. 그러나 이런 나라들은 공식적 임대주택의 비중이 매우 높다. 모든 임대주택은 건축허가 단계에서 임대주택으로 허가받고 이를 변경할 수 없다. 그래서 임대아파트는 통째로 거래는 되어도 개별주거단위로 거래될 수 없다. 그리고 공공임대주택은 노인아파트 등과 같이 주로 복지정책의 일환으로 공급된 것이므로 용도 변경은 특수한 경우를 제외하고는 불가능하다. 그래서 내집을 갖지 않더라도 임대주택 물량이 확보되어 있기 때문에 주거불안을 느끼지 않게 된다.

그러나 우리나라는 진정한 의미의 임대주택이 거의 없다. 대부분의 민간 임대주택은 임대용과 소유용의 구분이 없으며 그것도 임대자와 임차자 간의 임대차 계약에 의해 성립되는 사설 임대주택시장이다. 공공임대주택도 분양을 전제로 일정 기간 임대해 주는 일시적 임대에 불과하다. 이렇게 보면 같은 50%대의 소유자 거주율이라도 우리나라의 주택분배 상황은 선진국들과 크게 다른 것이다.

이처럼 공식적 임대주택을 확보하지 않으면서 분배문제를 소홀히 한

주택의 대량 공급은 주택 소유의 편중 현상을 심화시켜왔다. 더욱 큰 문제는 이것이 주거불안계층의 확대라는 새로운 형태의 주거문제를 낳고 있다는 점이다. 바로 전세가구로 특징지어지는 중산층의 주거불안이다.

주택가격이 많이 오른 가운데 장기적 저금리로 인한 전세보증금의 폭등은 전세입 가구들의 주거불안을 가중시키고 있다. 과거에는 주거불안 계층이라 함은 저소득 서민층을 떠올렸지만 이제는 1억원이 넘는 현금을 전세보증금으로 가지고 있으면서 천정부지로 오른 추가적인 전세보증금을 조달할 수 없는 무주택 중산층이 포함되게 되었다. 이들은 수백만호의 주택이 공급되었지만 주거생활은 더욱 불안해지는 그야말로 풍요 속의 빈곤을 느끼는 소외된 계층으로 전락한 것이다. 주택문제는 많이 짓기만 하면 저절로 해결될 것이라는 단순한 정책발상이 이러한 분배문제를 심화시킨 것이다.

우리나라도 주택보급률 100%시대에 들어선 것으로 간주하고 있다. 그래서 가구 수와 주택 수를 대비한 양적 지표는 이제 정책지표로서는 수명을 다했다고 할 수 있다. 이제부터는 공급된 주택이 누구에게 돌아가고 있으며, 분배상 문제가 있다면 어떻게 개선해야 하는지에 정책의 초점을 맞추어야 할 때라고 생각한다.

그림 1 - 18. 영흥대교 전경

인천광역시 옹진군 영흥면 영흥도(靈興島)와 선재도를 잇는 길이 1,250m, 너비 0.5m의 왕복 2차로이며, 국내 기술진에 의해 최초로 건설된 해상 사장교(斜張橋, 탑에서 비스듬히 친 케이블로 거더를 단 다리)인 영흥대교도 어떻게 보느냐에 따라 건축물일수도 있고 건축물이 아닐 수도 있다. 법적인 개념에 의하면 공작물이지만 하나의 구조물로서는 건축이라고 할 수 있는 것이다.

넓은 면적에 관하여 이야기할 때 그 기준이 되는 여의도의 면적은 얼마인가?

여의도가 위치한 서울 영등포구청 자료에 '"행정구역상 여의동의 면적은 8.40㎢(≒254여만평: 한강둔치 및 하천바닥까지 포함)이고 윤중제 제방 안쪽 신시가지 면적은 2.95㎢(≒89여만평: 현 실측면적으로 국내외의 주요 땅 면적 비교시 활용)"라는 설명이 나오지만 2.9㎢라고 할 때는 윤중로 안쪽의 거주지, 상업지구 일대 등만 가리키는 것인 만큼, 여의도 면적=8.4㎢로 쓰는 게 적절하며 비교 기준도 이 면적으로 하는 게 타당해 보인다는 해석도 있다.

4.2. 무엇이 건축물인가?

"관점(觀點)은 현상(現狀)을 지배한다."

건축물이라고 하는 것은 기술력을 사용하여 만들어진 결과물이라고 할 수 있다. 이에 비해 건축은 보다 넓은 의미에서의 포괄적인 내용을 담고 있다고 할 수 있다.

관점(觀點)에 따라서 하나의 구조물을 볼 때 건축물이냐 아니냐를 판단하는 기준은 약간 차이가 있다. 법적인 해석에 의한 건축물이라 함은 토지에 정착하는 공작물 중 지붕과 기둥 또는 지붕과 벽이 있거나 건축물에 부수되는 대문과 담장 같은 구조물 등을 통칭한다.

이러한 관점에서 본다면 성수대교와 같은 다리나 평화의 문 같은 기념물은 건축물이 아닌 셈이 된다. 그러나 일반적으로 다리나 기념탑과 같은 대형 구조물을 건축물이 아니라고 생각하는 사람은 거의 없다. 하나의 구조물(構造物) 또는 건조물(建造物)을 어떤 관점에서 바라보느냐에 따라 건축인지 아닌지가 결정되는 것이다.

세계7대 불가사의 건축도 조경물이냐 건축물이냐를 떠나서 일반적으로 우리는 하나의 건축으로 인지한다. 그것은 구조물들이 그 시대 인간의 생활과 행동을 지배하는 대표적인 건조물(建造物)이기 때문이다.

중국의 호남, 산서, 협서, 감숙성에서는 약 1천만명이 황토를 파낸 지

그림 1 - 19. 평화의 문 전경
1988년 올림픽을 기념하여 올림픽 공원 내에 조성한 기념물이다. 이러한 기념물들은 기념건축의 예에 포함된다.

하주택에서 살고 있다. 지상에서 보면 아무것도 안보이는 이러한 공간을 우리는 건축이라 부른다. 중요한 것은 눈에 보이지 않는 것이라 할지라도 건축물은 존재하며 인간의 행위는 건축물뿐만 아니라 행동양식까지도 지배한다는 것이다.

4.3. 가까운 미래의 건축동향

"무너뜨리는 것보다는 리모델링을"

시대는 계속 변하고 있다. 인간의 생활, 생각, 습관 이러한 모든 것들이 변함에 따라 의 · 식 · 주의 생활도 변화되어 갈 것이다. 뿐만 아니라 과학기술의 발달은 인간생활의 편리를 추구하고자 하는 방향으로 급속도로 전환하고 있다. 우리는 흔히 미래의 건축을 이야기 할 때 영화 속에서 나온 미래의 모습을 이야기하곤 한다. 영화 속 미래는 약30년에서 50년 정도의 미래를 예측한다고도 하고 있을 정도로 그간 영화가 보여준 미래는 실제와 비슷한 면모를 보이고 있다. 그 중에서도 건축은 아주 상반된 양식을 나타낸다. 어둡고 암울하고 칙칙한 모습과 밝고 활기차

그림 1 - 20.
세계7대 불가사의건축
- 로마 원형경기장
- 피사의 사탑
- 영국의 스톤헨지
- 중국의 만리장성
- 이집트의 피라미드
- 이스탄불의 성소피아사원
- 앙코르와트유적

그림 1 - 21. 조선총독부건물의 파괴

과연 파괴만이 전부였을까 하는 의문이 들게 만드는 건물이다. 없애야 한다는 것에는 이견이 없지만 다른 곳에 옮겨서 후세에게 남겨줄 수 있는 아량도 필요했으리라 본다.

고 맑은 모습 두 가지로 미래의 건축은 우리에게 다가오고 있다. 어떤 모습의 양상이 될지는 그 누구도 알지 못한다. 하지만 분명한 것은 지금 현재의 건축그대로는 아니라는 점이다.

지상의 건축이 공중이나 지하로 갈 수도 있고 수상이나 수중으로 갈 수도 있고 우주로 향할 수도 있는 것이다. 적어도 장소와 양식의 변화가 있을 것이라는 점만은 명확하다. 그것을 증명하는 것이 초고층건축이다. 대지의 효율을 극대화시킨다는 면도 있지만 초고층 건축은 인류과학기술의 총체라 할 수 있다.

IBS(Intelligent Building System)라 불리 우는 인공지능형 시스템과 자연의 힘에 버틸 수 있는 구조와 환경 등을 구비한다는 점에서 예측 가능한 시스템의 한 형태라고 할 수 있다. 또한 환경적인 면에서 폐자재와 공기오염 등의 비자연적 요소에서 벗어나 친자연적인 재료 및 환경을 조성하는 면도 극대화되어질 것이다. 모든 것이 자동화 되어가면서 잊혀져 가는 인간성에 대한 문제도 있을 것이다.

이러한 모든 것들을 극복하기 위해서 아마 우리는 과거로의 생활로 돌아가야 할지도 모른다. 어떠한 모습이든지 지금의 우리들의 노력이 없이는 절대로 영화 속 이야기처럼 밝고 맑고 활기찬 미래는 없을 것이라는 점만은 확실하다.

현재 우리가 살고 있는 이 시대 이 땅에는 금방 허물어질 것 같은 건물도 있는 반면 수십 년이 흘렀는데도 끄덕없는 건물도 있다. 건물도 사람처럼 생명의 주기가 있다. 태어나서 성장하고 소멸한다. 조선총독부 건물과 같이 이념에 의해 파괴되어지는 건물도 있고*(그림 1-21)*, 세계무역센터(WTC)처럼 테러에 의해 파괴되는 경우도 있고*(그림 1-22)*, 청계천처럼 없어졌던 터를 복원하는 작업도 한다.*(그림 1-24, 1-25)*

그림 1 - 22. 9.11테러에 의한 WTC건물의 피격

건물의 생명은 정치적 이념이나 또는 테러에 의해 파괴되어지기도 한다.

보다 나은 생활을 하기 위해서 건물의 선(先) 파괴 후(後) 창조가 아니라 구조가 튼튼한 건물을 새로이 단장하여 사용할 수 있게 만드는 것도 하나의 방편일 것이다.

이러한 면에서 리모델링은 앞으로의 건축동향에 많은 영향을 끼칠 것이다.

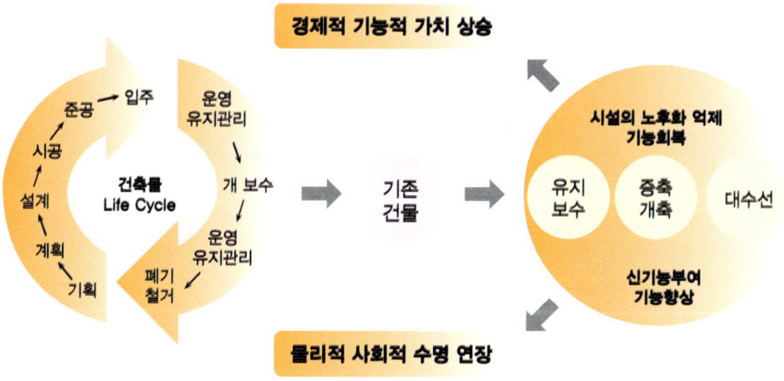

그림 1-23. 리모델링의 개념

리모델링(Remodeling)이란 건물의 기능과 성능을 고도화하는 대규모의 개보수 공사를 말한다. 시간이 흘러 노후 된 건물에 재투자를 해서 부동산 가치를 극대화하는 건축기법으로서 "제2의 건축"이라고 부른다. 리노베이션(Renovation) 리폼(Reform) 리모델링(Remodeling), 리해빌리테이션(Rehabilitation), 모더니제이션(Modernization) 등 관련 개념들이 혼재(混在)하고 있으나 가장 넓은 의미로 쓰이는 것이 리모델링이다. 리모델링은 주거용 건물뿐만 아니라 상업과 업무시설 등 다양한 용도의 건물을 개조대상으로 삼고 범위도 안팎의 마감재에서부터 설비, 전기의 개·보수까지 포함한다

그림 1 – 23. 현재의 청계천 모습

모든 건물은 시간의 경과에 따라 구조체나 마감재의 노화, 사용상의 불편함, 건물의 이미지 퇴조, 수익성의 하락 등 복합적인 이유로 인해 점차적으로 경제적 가치가 떨어지게 되며 이를 보완하기 위해 적절한 쇄신을 필요로 한다. 요즈음과 같은 경제침체기에 이러한 건물의 종합적인 가치상승을 위한 효율적인 방법으로 리모델링이 일반적인 경향으로 환영받고 있으며 앞으로도 다양한 방법의 대안이 강구되어질 것으로 보인다.

리모델링은 기존 건물은 헐지 않고 편의성, 실용성, 수익성 및 효율성을 갖춘 새로운 모습으로 개·보수하여 최소한의 비용으로 최대한의 가치창출을 이루어 내는 방법이다.

신축비용의 30%~40%에 불과한 공사비와 에너지절감에 따른 관리비용절감, 건물의 기능 및 이미지 개선에 따른 재산가치 상승 및 레이아웃 재배치를 통한 실용 공간 증대의 효과를 볼 수 있기 때문에 건물의 재창조라는 동향은 당분간 지속되어질 것이다.

그림 1 – 24. 청계천 복원전과 복원 후 조감도 모습

제 2 장

건축의 형성

1 건축의 지역별 형성

1.1. 문명의 시작

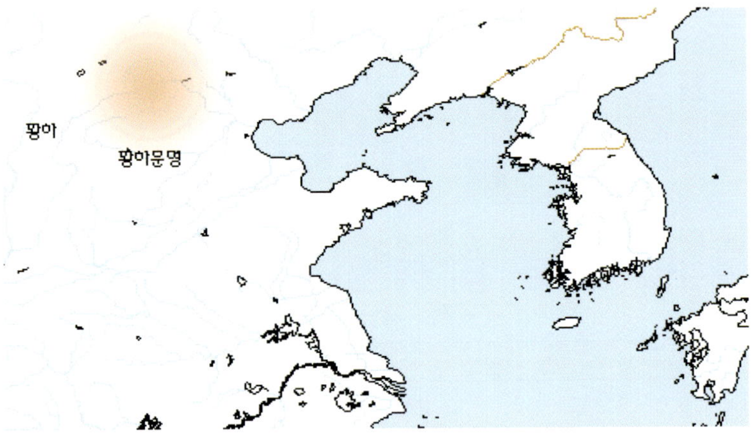

그림 2-1. 황하문명이 일어난 곳

세계의 4대 문명은 큰 강 유역에서 일어났다. 그렇다면 왜 중국 문명은 양쯔강이 아닌 황하강 유역에서 일어났을까? 양쯔강은 신석기 시대에는 현재보다 기온이 높고 강수량이 많아 저습지에 크고 작은 호소(湖沼)가 산재하여 삼림이 무성한 상태였다. 이에 반하여 황하강 유역은 대륙성 기후로 건조한 데다가 비옥한 황토가 퇴적하여 황토 지대를 형성하였다. 때문에 생활하기 좋은 환경을 갖춘 황하강이 문명의 시원이 된 것이다.

"물은 생명을 잉태(孕胎)한다."

인류가 시작되면서 문명은 함께 시작되었다. 세계 4대 문명이라 불리우는 이집트문명, 황하문명, 메소포타미아문명, 인더스문명은 모두 큰 강 주변에서 시작되어 발전되었음을 알 수 있다. 건축은 이러한 물을 기반으로 기후에 따른 변화, 관습 등에 의해 지배되어왔다.

물이라고 하는 것은 인간뿐만 아니라 모든 생명체가 살아가는데 반드시 있어야 할 요소 중 하나이다. 물을 필요로 하는 대표적인 식물은 벼라고 할 수 있다. 식물을 재배해서 식량을 얻게 되는 농경사회로의 시작이 이루어지면서 정착생활이 시작되었고, 이러한 정착생활은 거주할 수 있는 장소를 요구하게 되었다. 거주 장소는 추위와 바람을 피할 수 있는 반 지하(半地下) 형태의 생활로 시작되었다. 그러나 빛에 대한 필요성과 생활의 편리성 등이 점점 많이 요구되어짐에 따라 지상으로의 이동이 필요하게 되었다. 지상으로 올라온 상태에서도 각종 독충, 해충, 맹수들의 위협에 대항하기 위하여 고상식(高床式)의 문명양식이 나타나게 된다. 이러한 생활의 변화는 건축에도 그대로 반영되었다.

그림 2-2. 중국 황하강 전경

반지하의 움집에서 시작되어 지상주거, 고상주거로 변천하는 과정은 이러한 배경을 지니고 있다.

초기의 살기 위한 건축에서 종교 및 기타 인간생활의 부대조건상황이 생겨나면서 그에 맞추어 건축도 발전할 수밖에 없었던 것이다. 때문에 건축은 그 시대상 반영이며 그 사회의 거울이라고 할 수 있다.

2.1. 동양의 건축

"나무는 동양의 건축재료"

세계 문명의 발달과정에 있어서 구석기 시대를 거쳐 신석기 시대에 들어서자. 사람의 종족이 분화되고 농경방법을 알게 되며, 정착 생활을 하게 되어 건축기술이 발달하기 시작하고, 이 기술이 인간생활의 중요한 역할을 하게 되었다. 고대의 사람들은 기후가 좋고 토지가 비옥하며, 건축 재료를 손쉽게 얻을 수 있는 지역을 찾아서 정착하게 되었다.

세계의 건축문화는 중부 및 북부 유럽의 건축문화, 지중해 연안의 건축문화(이집트 및 그리스 계통), 중부 아메리카의 건축문화, 중앙아시아의 건축문화(인도 및 이슬람교 계통), 동부 아시아의 건축문화(중국 및 한국과 일본)의 5대 건축문화로 나누어 생각할 수 있다.

건축문화는 초기적인 발전단계에 있어서 각각 독립된 발전과정을 거쳤으며, 시대가 경과함에 따라서 교통수단이 발달되고, 교역의 규모가 확대되며, 사람의 욕망이 점차 다양화됨으로써 5대 건축문화는 그 발전과정에서 상호간에 문화를 교류 전파하여 영향을 주고받는 가운데 어느 정도의 연관성을 갖는 발전을 하게 되었다.

앞에서 언급한 5대 건축문화는 역사적으로 더 넓은 관점에서 계통화(系統化) 하여 생각한다면, 동양건축 문화와 서양건축 문화로 크게 나눌 수 있으며, 한국 건축문화는 동양건축문화에 속하는 것으로서, 동양건축문화의 3대 계통인 중국계, 인도계, 이슬람교계 중에서도 중국계에 속하는 건축문화이다.

그림 2-3. 중국의 자금성

그림 2-4. 일본의 신사

중국계 건축문화는 고대에 주로 한민족에 의하여 시작되었으며, 중국 본토를 중심으로 발전하여 아시아 각 지방에 전파된 것으로서, 동쪽으로는 한국을 거쳐서 일본으로, 북쪽으로는 몽고, 서쪽으로는 신강, 남쪽으로는 인도지나 반도 및 태국 등 여러 나라를 포함한 광대한 지역에 전파되어 발전한 것이다.

중국 건축은 고대에 발달하기 시작해서 여러 가지의 건물을 지었지만 건축물 중 다수는 불교 사원과 다층탑이다.

중국의 사원은 직사각형의 목조건물로서, 천장에 정교하고 아름다운 나무들보를 배치한 점이 특징이다. 벽은 지붕을 떠받치는 기능보다 단지 사생활을 보장해 주고 비바람을 막는 역할을 할뿐이다. 지붕을 받쳐 주는 대들보는 조각을 한 뒤에 붉은 단청을 칠하고 금박을 입힌 서까래를 천장 들보에 연결한 동자기둥을 썼다. 지붕에는 파랑, 초록, 노란 색깔의 광택을 입힌 기와를 얹었으며, 지붕 모서리인 처마는 우아한 곡선을 이루며 위로 치켜 올라갔다.

예로부터 내려오는 일본 건축은 중국건축에서 많은 영향을 받아 나무들보와 기둥을 사용했다. 일본의 모든 지역에 세워진 신사(神社)가 그 좋은 예이다. 전통적인 일본 주택의 경우 건물의 크기와 상관없이 똑같은 설계로 짓는다. 곧추세운 기둥으로 지붕을 떠받치고, 벽을 가볍게 만들고 실내에는 미닫이문을 단다. 내부의 벽은 건물의 무게를 받치지는 않고 사생활을 보장하려고 세웠으며, 건물 주위에는 정원이 있고 바깥으로 담장을 둘렀다.

한국은 아시아 대륙의 동쪽에 돌출되어 태평양에 면하여 있는 반도에 위치하고 있는 까닭으로, 고대로부터 중국 대륙의 선진 문화를 받아들였으며, 그 후 이 문화는 바다를 건너서 인접한 일본에 전달되었던 것으로, 각 시대마다 다소의 차이는 있으나, 계속해서 전해 온 대륙의 건축문화의 영향은 한국과 일본의 건축문화를 형성하는 데 매우 중요한 역할을 하였다.

그러나 한국과 일본은 원래 가지고 있던 고유의 원시문화와 전래된 외래문화의 요소를 시대가 경과함에 따라 융합 동화시키는 방향으로 발전시켰으며, 건축문화의 발전과정에 있어서 그 나라의 자연적 환경 여건과 인문적 환경여건에 의하여 각기 특성 있는 건축 문화를 형성하였다. 그러므로 같은 중국계 건축문화에 속한다고 할지라도, 중국 · 한국 및 일본은 그 건축 양상이 각기 적지 않은 특성의 차이를 나타내게 되는 것이다.

이 특성의 차이는 간단히 설명할 수 없다 할지라도, 동양3국의 건축문화 차이를 통속적인 개념으로 이해하기 쉽게 표현한다면, 건축문화의 전반적인 면에 있어서 중국은 대륙성(大陸性), 한국은 반도성(半島性), 일본은 도서성(島嶼性)의 차이를 가지고 있으며, 건축 외관성에 있어서는 중국은 장중성(莊重性), 한국은 유려성(流麗性), 일본은 단순성(單純性)의 차이를 가지고 있다 하겠고, 건축 색채(色彩)면에 있어서는 중국은 번화성(繁華性), 한국은 청초성(淸楚性), 일본은 농연성(濃煙性)을 가지고 있다고 할 수 있다.

그림 2-5. 한중일의 건축

나주향교, 북경의 자금성, 금각사의 전경.
우아하고 웅장하고 직선적인 성격이 건축에 그대로 반영되어 나타나고 있다.

한 · 중 · 일 3국의 일반적인 특징 비교

국가 \ 특징	일반적	외관적	색채적
한국	반도성	유려성	청초성
중국	대륙성	장중성	번화성
일본	도서성	단순성	농연성

한 · 중 · 일의 내용에 의한 특징 비교

	형(形)	양(量)	색(色)	선(線)
한국	자연스러움	소박함	조화로움	부드러움
중국	육중함	거대함	번화로움	중후함
일본	단조로움	규모가 적음	화려함	얇고 가벼움

그림 2-6. 인도 타지마할궁

인도건축은 기원전 3세기 무렵부터 발달하기 시작했는데, 당시 인도의 종교였던 불교가 처음으로 영향을 미쳤다. 인도인들은 불교에 대한 신앙심으로 수도원, 사리탑 그리고 차이티아(chitya)라고 하는 사원을 건설했다. 이 사리탑은 기원전 6세기에 불교를 창시한 부처의 유골을 안치하기 위해 그릇을 엎어놓은 것처럼 만든 반원형의 기념탑으로 마치 무덤과 같은 형태를 하고 있다. 많은 사원들은 단단한 암벽을 깎아 만들어 내부 공간이 없으므로 사람이 들어갈 수 없게 되어 있다. 사원은 둥근 돔의 형태를 하고 있는데 이 둥근 돔은 기하학에서 완전성과 영원함을 상징한다.

불교 외에도 힌두교와 이슬람교도 인도 건축에 영향을 주었는데, 힌두교 사원은 조각이 장식된 기둥과 화려하게 장식이 새겨진 외부, 탁 트인 입구, 그리고 첨탑이 특징이다. 힌두교 사원의 외부는 우주를 상징하는 산에 비유하기도 하는데 인도 중부 카주라호에 있는 사원을 보면 이 같은 특징이 매우 뚜렷하게 나타난다. 이슬람교도는 16세기에 인도를 정복하고 자신들의 건축 양식으로 인도에 건축물을 지었다. 인도에서 가장 빼어난 이슬람 건축물은 아그라에 있는 타지마할(1630~1650)이다.

캄보디아의 폐허가 된 도시에 남아 있는 사원단지 앙코르(12세기)는 인도 지역이 아닌데도 힌두교의 영향을 받은 건축물의 특징이 잘 나타난다.

이슬람 건축물에서 가장 중요한 것은 모스크(Mosque)라고 하는 예배당이다. 모스크에 나타난 양식은 이슬람 국가마다 서로 다르지만, 대부분 주랑이나 아케이드로 둘러싼 널찍한 중정이 있다. 주랑은 줄지어 선 기둥들이 만드는 공간을 가리키며, 아케이드는 기둥으로 받친 아치가 모여 만든 공간이다.

모스크의 벽은 착색벽돌, 타일, 치장벽토로 덮여 있으며, 꼭대기에는 돔 지붕이 있고, '미너렛(첨탑)' 이라고 하는 기원탑이 하나가 넘게 딸려 있다. 세계에서 규모가 가장 큰 모스크는 파키스탄의 이슬라마바드에 있는 샤파이잘 모스크로 이슬람 건축의 전통과 현대식 설계를 혼합해 1985년에 지었다.

이슬람교 건축가들은 모스크 말고도 궁전과 무덤, 마드라사라고 하는 종교학습당 등을 설계했다. 마드라사는 사방에서 안뜰을 둘러싸고 있는 형식의 건축물이다. 각 방면의 중앙에는 이슬람교 학습생들이 강습을 받는 아치형의 커다란 '이완(홀)' 이 있다.

그림 2-7. 모스크

그림 2-8. 주랑이 딸린 모스크의 모습

2.3. 서양의 건축

"성(城), 성당(聖堂), 주택(住宅)"

동양과 서양의 건축적 차이는 많은 점에서 다른 형태로 나타나지만, 본질적으로는 외부로부터 인간을 보호하기 위해 시작된 것이라고 할 수 있다. 그러한 점에서 보면 서양건축에서 전통적으로 중요한 건축은 성(城)건축, 성당(聖堂)건축, 주택(住宅)건축의 세 가지이다.

(1) 성건축

중세시대 봉건영주가 살던 집이자, 적의 침입을 막아주던 곳이 성이다. 중세 유럽은 전쟁이 계속되어 있었기 때문에 전쟁으로부터 사람들을 보호해 줄 수 있는 성이 필요했다. 따라서 성은 매우 중요한 구조물이었다. 성은 집, 성채, 감옥, 병기창고, 금고 그리고 지방행정의 중심지 역할을 했고, 성을 중심으로 촌락이 발달하기도 했다. 나중에 점차 도시가 중요해지고 난 다음에 성은 도시를 방어하는데 이용되었다.

적의 공격을 제대로 방어하려면 성의 위치가 가장 중요했다. 가파른 언덕 위에 세워진 성이 있는가 하면 평평한 평지에 세워진 성도 있다. 또한 성을 보호하기 위해 성 주변에 두터운 벽을 쌓았다. 성 주위에는 성을 빙 둘러싸는 연못인 해자(垓字)를 파고, 위로 열려 움직일 수 있게 만든 도개교(跳開橋)를 놓아 성 안팎을 드나들기도 했다.

성의 바깥쪽 벽 안쪽을 따라 선반을 달고 윗부분에 구멍을 뚫었다. 이렇게 해서 성 안의 수비대가 그 구멍을 통해 성을 향해 공격해오는 적에게 돌이나 끓는 액체를 쏟아 부을 수 있었다. 또 벽을 따라 일정한 간격으로 설치한 망루(望樓)에 나 있는 구멍으로 적에게 활을 쏘거나 창과 바위를 던질 수 있었다. 성의 중심인 입구는 창살로 문을 만들어 달았다.

성에서 가장 튼튼한 곳은 성루(城樓)이다. 성루는 두터운 벽으로 만들어 성의 다른 부분을 빼앗기거나 파괴해도 쉽게 방어할 수 있도록 만들었다. 대체로 성루의 위층에는 봉건 영주와 가족이 살았고, 1층에는 하인과 수비병들이 살았으며, 지하실에는 우물과 창고가 있었다.

14세기에 들어서면서 화약이 발달하자 유럽에서 성을 쌓는 일은 점차 사라지기 시작했다. 총과 대포 앞에서 성은 더 이상 버틸 수 없었으므로, 16세기에는 더이상 성을 짓지 않게 되었다.

(2) 성당건축

서양건축을 대표하는 건축물로는 성(城)과 함께 성당이 있다. 성당은 크리스트교 신자들이 기도하고 미사를 드리기 위해 모이는 장소로 주교(主敎)가 관할하는 교회를 가리킨다. 또한 주교가 대표하는 교회구역인 주교관구의 행정본부로 쓰이기도 한다.

그림 2 - 9. 랭스성당

11세기경부터 16세기까지 유럽은 성당건축의 전성기를 맞았다. 중세 건축가들은 웅장한 성당이 더 큰 신앙심을 불러일으킨다고 믿어 웅장하고 화려한 성당건물을 많이 설계했으며 조각과 다른 귀중한 예술품들로 장식했다.

중세의 성당은 공공 생활의 중심지 역할을 했다. 교회행사와 아울러 공식 회의도 성당에서 열렸으며, 교육 중심지로도 이용되었다. 성당 벽면에는 성서에 나오는 장면과 성인들의 생애를 묘사한 그림이나 스테인드글라스 창문을 달았다. 이 장면들은 글을 읽거나 쓸 줄 모르는 수많은 신자들에게 그림책과 같은 구실을 하였다.

많은 성당들이 전통에 따라 중세 성당을 표준으로 삼아 건축되었다. 성당은 대부분 십자가 모양으로 짓는데, 신랑(身廊)이라고 부르는 긴 중앙 복도와 현관에서 뻗어 나온 측면 복도 두 개가 십자가의 밑바닥에 해당된다. 십자가의 두 팔에 해당하는 수랑(袖廊)이 십자가가 교차되는 곳에서 신랑과 만난다. 신자들은 신랑과 수랑에 모여 예배를 본다.*(그림 2-37 참조)*

그림 2 - 10. 스페인의 세비야 대성당

제단과 성가대석은 신랑 끝에 마련된 반원형 공간인 후진에 둔다. 제단 뒤에는 회랑이라고 하는 통로가 있어 몇군데 예배실로 이어진다. 제단 한쪽에는 꼭대기에 차양을 씌운 주교좌가 있다.

오랜 세월을 거치는 동안 수랑(袖廊, Trancept)을 극도로 짧게 만들어 신도들 전체가 제단을 볼 수 있도록 하는 등 성당의 기본 설계에 변화

그림 2-11. 아미앵 성당

를 주기도 했으나, 현대식 성당 대부분은 중세식 설계의 몇몇 특색을 그대로 유지하고 있다. 유명한 성당으로는 프랑스의 아미앵성당*(그림 2-11)*, 샤르트르대성당, 랭스성당, 루앙대성당, 스트라스부르성당을 비롯해 독일의 쾰른대성당과 이탈리아의 밀라노대성당이 있다. 에스파냐의 세비야대성당은 유럽에서 가장 큰 성당이다*(그림 2-10)*.

(3) 주택건축

서양의 주택건축도 처음에는 피난처를 찾는데서 시작되었다. 옛날에는 짐승 가죽이나, 돌, 짚, 나무나 그 줄기로 집을 지었다. 요즘에는 더 다양한 재료를 이용하는데 주택에는 나무와 벽돌을 많이 이용하고, 고층 아파트의 골조로는 강철과 콘크리트를 이용한다. 또한 알루미늄, 유리, 플라스틱 같은 재료를 사용하기도 한다.

인류는 처음에 동굴을 깊게 파고 벽을 매끄럽게 다듬어 살았다. 그러다가 점차 문명이 발달하면서 점점 더 좋고 더 큰 건물들을 짓기 시작했다. 단순한 주거지 대신에 더 강한 방어벽, 웅대한 궁전, 아름다운 사원들을 세웠다.

고대 이집트 지역의 평민들은 진흙이나 햇볕에 말린 벽돌로 지붕이 편편한 집을 지었으며, 부자들은 벽돌과 나무로 넓은 집을 짓고 살았다. 고대 그리스인들도 안뜰이 있는 집을 지었으며, 많은 사원과 공공건물을 설계했다. 고대 로마의 부유층은 콘크리트와 벽돌 또는 돌로 지은 커다란 집에서 살았다. 로마의 주택 중에는 중앙 난방시설과 상하수도 시설이 되어 있는 집도 있었으며, 창문에 유리를 처음으로 이용했다.

중세에는 주택건축보다도 대성당을 많이 지었다. 또한 통치자들은 두터운 돌벽과 물을 채운 해자(垓字)와 도개교(跳開橋)가 있는 성에서 살았다. 15세기에 들어서면서 유럽인들은 목조주택을 짓기 시작했다. 먼저 목재로 골조를 세운 후에 벽돌을 쌓거나 또는 점토나 찰흙으로 회반죽한 나뭇가지를 짜넣었다. 지붕은 짚으로 엮은 것이 가장 흔했다.

15세기부터 17세기까지 유럽은 르네상스를 맞이하는데, 이 무렵은 고대의 예술과 학문에 대한 관심이 크게 부활한 시기이다. 건축가들도 고대 그리스와 로마의 건축물을 연구했으며, 고전적인 양식을 표본으로 삼아 건물을 설계했다. 귀족과 부유한 계층은 건축가를 고용해 로마의 구조물에서 영감은 받은 궁전을 설계하도록 했다. 고대 그리스와 로마의 건축양식은 르네상스시대에 중류층의 주택에도 영향을 끼쳤다.

그림 2 - 12. 수정궁
근대이후 철과 유리를 사용하여 지은 작품으로 이후 건축물에서 재료의 사용의 폭이 넓어지는 전기를 마련했다.

18세기에 산업혁명이 일어나면서 산업은 빠른 속도로 발전하게 되었고 새로운 발명이 이루어졌는데, 건축에도 새로운 공법과 재료가 발전했다. 이 무렵에는 강철이나 철로 만든 높은 건물을 짓기 시작했으며, 콘크리트도 보편적인 건축재료가 되었다. 산업혁명으로 새로운 형태의 주거 양식이 나타났다. 오랜 세월 동안 건축가들은 주택이나, 교회, 궁전 등 공공건물에만 관심을 집중해 왔으나, 산업혁명 시기에는 공장이나 전시장같은 새로운 구주물이 필요했다. 이 결과로 오늘날 현대의 건축가들은 아주 다양한 건축공법, 건축재료, 건축양식을 선택할 수 있게 되었다.

그림 2 - 12. 에펠탑
건축의 중요한 재료인 철로 만든 구조물이다.

2 건축의 문화별 형성

2.1. 동양건축과 서양건축의 차이점

"채움과 여백"

건축의 내용 면에서 서양 건축이 면(面)적인 아름다움을 추구하고 채움의 미를 중요시하면서 기술과 기능을 우선으로 여겨 왔다면 동양건축은 선(線)적인 아름다움을 추구하고 여백의 미를 중요시했으며 철학과 심리학 인간과 자연과의 관계에 주안점을 두었다.

양식 면에서는 정면과 측면의 차이를 들 수 있다. 한 변이 긴 장방형의 건물에서 우리는 긴 변의 측면을 정면으로 보는 것에 비해 서양의 건축은 측면의 좁은 쪽을 정면이라 한다. 이는 지역적, 문화적 차이에서 오는 현상일수도 있으나 종교적인 면에서도 기인하는 것으로 생각된다*(그림 2-14)*.

서양의 경우 오래 전부터 하느님을 섬기는 크리스트교가 주를 이어왔다. 신을 모신 신전의 경우 좁은 입구를 통해 길게 이어진 열주 사이를 지나면서 신비하고 장엄하고 엄숙한 분위기를 낼 수 있는 반면에 동양의 경우 대부분이 불교의 영향을 받아 보다 많은 빛을 받고 많은 신도들과 함께 할 수 있는 공간을 필요로 했다. 그 결과로 장변 쪽이 남쪽을 향하게 되었고 이를 정면으로 여겨왔으며 거의 모든 건축물에서 이와 같은 형식을 따르고 있다. 다만 교리상의 차이로 인해 부석사의 무량수전과 같이 불상이 서쪽에 앉아 동쪽을 바라보는 형식이 있긴 하지만 대부분은 긴 변을 정면으로 한다.

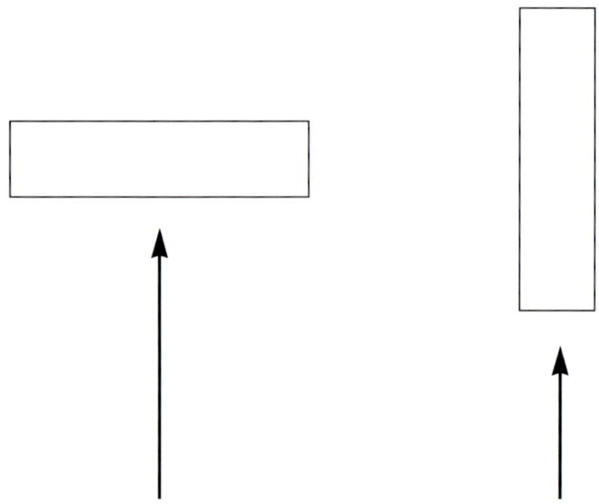

그림 2 - 14. 동양과 서양의 건축에서의 정면의 차이

2.2. 한국건축사

"흐름과 단절의 역사"

(1) 원시시대

공주 석장리와 두만강 하구 굴포리 등에서 발견된 유적에 의하면 구

석기시대부터 한반도에 사람이 살기 시작했음을 알 수 있다. 그러나 구석기시대의 유적에서는 건축이라 부를 만한 유적이 발견되지 않았으므로, 본격적인 유적이 발굴된 신석기시대부터 한국의 건축이 시작되었다고 할 수 있다.

(2) 선사시대

신석기시대는 민무늬토기와 빗살무늬토기 등을 제작 · 사용하던 시기로 서울 암사동, 온천 운하리(옛 지명은 용강군 궁산리), 지탑리 등에서 발견되었다. 이들 주거지는 원형 또는 사각형의 평면으로 땅을 파고 기둥과 도리, 서까래 등으로 결구하여 경사진 지붕을 만든 움집[竪穴住居]이다*(그림 2-15)*.

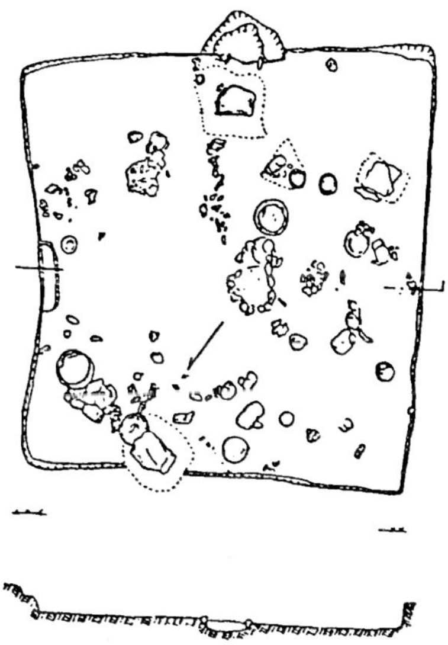

그림 2 - 15. 지탑리 유적

움의 한쪽에는 토기의 밑을 잘라 거꾸로 박은 토기공이 발견되는데, 이것은 저장공으로 사용했던 것으로 추정된다. 특히 지탑리 주거지에서는 탄화된 피 · 조 등 곡물이 발견되었으며, 남녀의 도구가 다른 위치에서 발견된 것으로 보아 남녀 또는 기능에 따른 공간분화의식이 싹트기 시작했던 것으로 여겨진다.

청동기시대(BC 1000~300)는 농경생활을 영위하면서 정착생활을 시작한 시기로 나지막한 구릉지대의 경사면에 취락을 형성했다. 주거지는 대부분 사각형이나 직사각형의 수혈주거였으며 황해도 봉산군 신흥동 제2호 주거지에서는 칸막이의 흔적이 발견되었고, 파주시 월룡면 덕은리(사적 제148호)는 길이 15.7m, 남북 너비 3.7m의 대형 주거지이므로 공동가옥이었을 가능성이 있다.

청동기시대에 이루어진 지배계급과 피지배계급의 계급분화는 건축에도 영향을 미쳐 분묘건축, 즉 지석묘 · 입석 · 돌널무덤[石箱墳] · 돌무

그림 2 - 16. 안악3호분 벽실조감도

지무덤[積石塚] 등의 다양한 분묘건축이 조성되었다.

철기시대(BC 300~AD 1)의 주거도 청동기시대와 마찬가지로 수혈주거가 주류를 이루었다. 변한 · 진한 등에서는 귀틀집구조를 사용하기도 했으나 고상(高床) 주거도 있었던 것으로 보인다. 특히 이 시기 지배계급의 주택은 한(漢)나라의 발달된 건축술의 영향으로 진일보되었을 것으로 짐작된다.

(3) 삼국시대

삼국시대에는 한층 더 발달된 건축문화를 이루었던 것으로 보인다. 고구려의 건축문화는 고분과 그 벽면에 그려진 벽화 등을 통하여 수준을 엿볼 수 있다. 안악 제3호분에 보이는 3개의 팔각석주(전실과 주실)의 주두, 동측실의 부엌칸 · 차고 · 외양간 등을 보면 이미 원시시대의 원시성을 탈피한 상당 수준의 건축문화를 보유하고 있었음을 알 수 있다.

이러한 벽화고분을 통하여 고구려에서는 이미 기둥에 주두와 첨차를 얹은 가구식구조와 공포가 사용되었음을 알 수 있다. 한편 372년(소수림왕 2) 불교가 전래되면서 많은 사찰건축이 창건되었다. 청암리 금강사지(金剛寺址)의 가람배치는 중앙에 팔각형의 목조탑을 두고 동 · 서 · 북 3곳에 금당을 배치한 1탑3금당식(一塔三金堂式)인데, 이는 당시 왕궁과 사찰에 공통적으로 사용되던 배치방식으로 여겨진다.

그림 2 - 17. 안악3호분 부엌 벽화

평양의 안학궁지(安鶴宮址)도 비록 좌우대칭은 아니지만 남북 자오선을 중심축으로 중앙에 중궁을 두고 동 · 서 · 북에 각각 동궁 · 서궁 · 북궁을 배치했다. 이러한 배치방식은 천문오행사상으로부터 영향을 받은 것으로 추정된다. 그러나 당시의 일반 민가는 대부분 초가집이었던 것으로 여겨지며, 지안[輯安] 동대자 주거지에 보이는 'ㄱ'자형 구들[長坑]구조와 같은 난방법은 고구려 후기에는 상류층 주택에까지 보급되었던 것으로 판단된다.

백제의 건축문화는 국립부여박물관에 소장된 동탑편을 통하여 그 일부를 알 수 있다. 이 동탑편은 목조가구식으로 일본 호류지[法隆寺] 오중탑과 유사한 형태이며, 하앙계의 공포를 사용하고 있다. 사찰은 대부분

일탑일금당식의 배치로 중문 · 탑 · 금당 · 강당을 남북 자오선을 중심축으로 하여 배치했다*(그림 2-18)*.

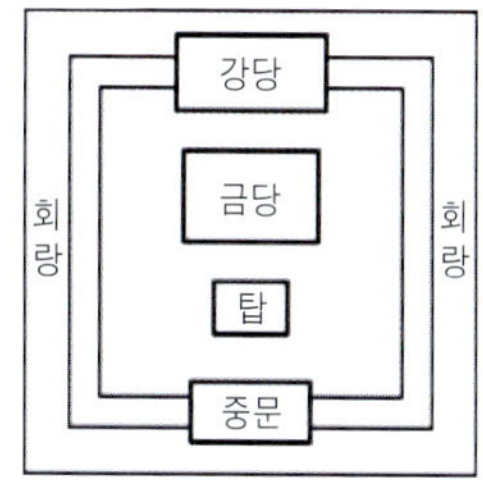

그림 2-18. 백제 사찰배치 형식
일탑일금당 형식이다.

미륵사지는 일탑일금당식의 배치가 3개 병렬되어 동원 · 중원 · 서원을 이룬 삼원형식으로 동원과 서원에는 석탑을, 중원에는 목탑을 세웠는데 서원의 석탑은 현존하는 한국 최고의 석조탑파이다. 백제의 분묘건축으로는 송산리 6호분과 무령왕릉 등이 있으며, 이들은 모두 현실(玄室)을 벽돌로 쌓은 볼트 구조이다.

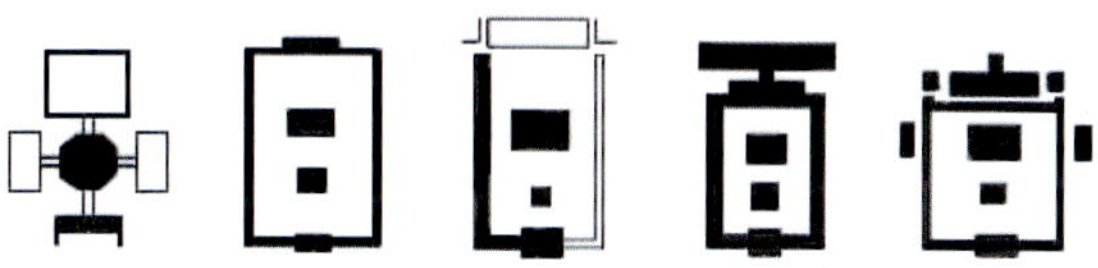

그림 2-19. 고구려사지 배치형식

신라의 건축문화는 〈삼국사기〉 등에 궁궐건축에 관한 기록이 많이 나타나고, 흥륜사 · 황룡사 · 분황사 등의 절터가 남아 있어 비교적 자세히 알 수 있다. 황룡사는 수차례에 걸쳐 중건되었으며 처음에는 일탑일금당식의 배치였으나 금당 좌우에 동 · 서 금당을 짓고, 금당 전면에 목탑(643)과 금당 후면에 강당을 배치하여 고구려 청암리 금강사지의 일탑삼금당식이 변형된 것으로 보인다*(그림 2-20)*. 분묘건축으로는 천마총(5~6세기) · 98호고분(5~6세기) 등의 적석목곽분과 석곽분이 있다. 이외의 건축으로 석빙고가 있는데 내부는 석조 궁륭(穹窿) 구조로 되어 있다.

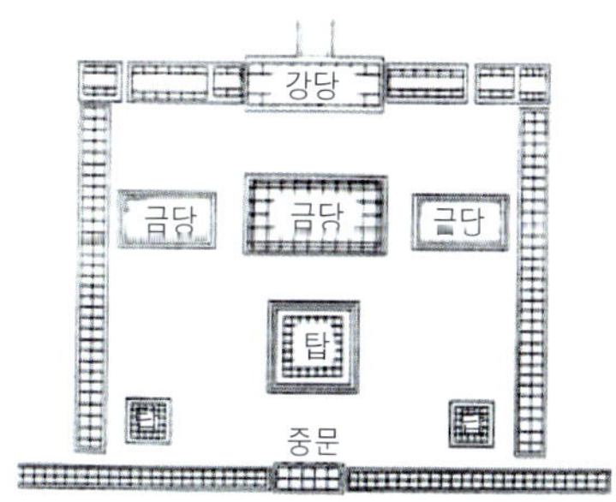

그림 2-20. 황룡사 배치도

통일신라시대의 건축은 〈삼국사기〉 옥사조(屋舍條) 등의 기록을 통하여 어느 정도 추정이 가능하며, 안압지에서 출토된 공포부재를 통하여 당시 공포의 세부형태를 짐작할 수 있다. 이들 공포부재 가운데 첨차는 단부를 직절하고 그 아래를 4단 접은 것으로, 윗면에는 소로 놓일 자리에 소로와의 결구를 위한 쐐기홈이 패어 있다. 소로는 굽받침이 없고 굽은 곡면으로 되어 있다.

그림 2-21. 안압지 전경

통일신라시대의 일반건축양식은 삼국시대와 거의 같은 양식이었다고 생각되나 점차 당(唐)나라의 영향을 받은 것으로 추측된다. 사찰건축으로는 사천왕사지(679) · 감은사지(682) · 천군리사지 · 보문사지 등의 절터가 남아 있으며, 배치형식은 금당과 금당 전면 좌우에 2개의 탑을 세우는 이탑식(쌍탑식)으로 변했다.

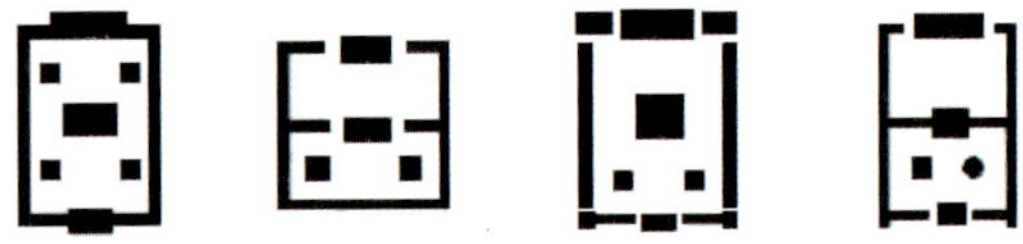

그림 2 - 22. 통일신라의 사찰 배치 형식

그림 2 - 23. 화엄사전경

한편 밀교가 전래되고 선종이 유행하면서 사찰이 심산유곡으로 들어가 조영됨으로써 평지가람에서 산지가람으로 바뀌었다. 이러한 산지가람으로는 부석사(676) · 해인사(803) · 범어사(834) 등이 있으며, 이들은 전체적으로 좌우비대칭이고 자연의 지세를 최대한 활용한 것이 특징이다. 이러한 비대칭은 자연을 있는 그대로 이용한 지혜의 한 단면이다. 화엄사의 경우 비대칭이면서도 시각적 구조적으로 매우 안정된 모습을 보이고 있다.

(4) 고려시대

고려시대에는 이미 통일신라시대부터 전래된 풍수지리설과 도참설이 도읍 · 택지 · 묘지의 선정에 큰 영향을 미쳤다. 〈고려도경〉이나 만월대 유적지 등을 통하여 궁궐건축의 면모를 살펴볼 수 있는데, 만월대의 궁궐배치 역시 좌우비대칭으로 자연의 지세와 조화를 꾀하려고 한 조형

그림 2 - 24. 부석사 전경

의식을 엿볼 수 있다.

사찰건축은 일탑식(불일사)과 이탑식(흥왕사)이 병존했으며, 개성의 연복사는 동전서탑식이었는데 일본 호류 사가 이와 같은 배치방식이다. 이외에 남원 만복사지와 같은 일탑삼금당식이 변형된 배치방식도 있는 등 다양한 배치유형이 혼재했다. 특히 고려 중기 이후에 금당은 대웅전 등으로 명칭이 바뀌었으며, 이외에 사찰 내에 나한보전 · 칠성각 · 응진전 · 영산전 · 산신각 등 다양한 용도의 건물이 건립되었다.

고려시대 목조건축양식은 고려 말기에 다포계가 도입되기 전까지는 대부분 주심포계였다*(그림 2-25)*. 현존하는 고려시대의 주심포계 건물로는 봉정사 극락전(12세기말에서 13세기초), 부석사 무량수전(13세기), 수덕사 대웅전(1308) 등이 있다.

그림 2 - 25. 수덕사 대웅전 공포

부석사 무량수전, 봉정사 극락전과 함께 주심포 형식의 고려시대 대표적인 건물로 손꼽히는 수덕사 대웅전의 공포이다.

이들 건축물의 건축양식을 보면 기둥은 배흘림이며, 주두와 소로는 굽면이 곡면이고 굽받침이 없다. 첨차의 밑면은 연화두형(쌍S자각)으로 초각했으며, 주두와 소로로 굽받침이 없는 것(봉정사 극락전)과 있는 것(부석사 무량수전, 수덕사 대웅전)의 두 종류가 있다. 종도리는 곡선적인 소슬합장이나 소슬대공으로 결구되어 있다.

다포계 건축은 고려 말기에 원(元)나라로부터 도입되었다고 하지만 확실하지 않으며, 현존하는 고려시대의 다포계 건축으로는 심원사 보광전(1347)이 대표적이다. 심원사 보광전은 앞면 3칸, 옆면 3칸의 단층팔

그림 2 - 26. 부석사 무량수전

고려시대 대표적인 주심포 양식이다.

그림 2-27. 조선초기건축인 화재전 남대문

문화재의 보존과 복원

숭례문은 화재가 났어도 여전히 국보 1호

숭례문의 화재 직후 건축분과와 사적분과로 이루어진 통합분과위원회를 열어 국보 1호 숭례문의 지위 문제에 대하여 회의를 한 결과 "국보 지정 당시 목조건축 자체만을 염두에 둔 것이 아니고 역사적 의미 등 여러 사항을 감안해서 결정한 것인 만큼 국보 1호의 지위를 유지한다."고 결정했다. 이러한 결정은 앞서 큰 부상을 당했을 뿐 그 수명을 다하지 않았다는 것과 상통한다고 하겠다.

숭례문은 태조 7년(1398) 2월 건립 이후, 세종 30년(1448), 성종 10년(1479), 고종 연간에 큰 수리를 하였다. 또한 1963년에 완전 해체보수하였다. 건축 문화재는 처음 세워진 그대로 유지하기는 어렵다. 사용하면서 변화를 갖게 되고, 퇴락 및 노후에 따라 지속적인 보수도 이루어진다. 화재 직전에도 태조 초창의 부재는 극히 일부분에 지나지 않는다. 중요한 것은 초창의 양식과 기본적인 형태를 유지함으로써 조선초기의 건축양식을 유지하고 있는가이다. 이러한 형태적인 현상과 함께 숭례문이 도성의 남문으로서의 역할과 역사적 사건 등도 고려해야 한다. 그 문화재가 갖는 건축적 특성과 역사성 등을 종합적으로 보아야 하며, 그 생명을 유지하고 있다는 보다 확실한 증거가 있다는 것이다.

숭례문 화재는 그동안 문화재 관리체계의 허점을 지적해주었다. 사회, 자연적 변화에 선제적 대응이 되지 못하였고, 국가지정문화재의 관리체계가 이원화, 방재업무 전담인력의 절대부족 등이 여실히 들어난 사건이었다.

작지붕으로 공포는 내외삼출목(內外三出目)이며 주두와 소로는 굽받침이 없고 굽면을 사면으로 한 평굽으로 되어 있다. 첨차의 밑면에는 연화두형의 초각이 없이 단부 하단을 원호로 굴린 교두형이다.

(5) 조선시대

조선시대는 건국 초부터 풍수지리설에 입각한 국도(國都)의 선정 문제로 많은 논란을 겪다가 1394년(태조 3)에 한양을 도읍으로 정하고, 도성·궁궐·종묘·사직 등을 조성했다. 도성의 동서남북에 4대문(숭례문·숙정문·흥인문·돈의문)을 세우고, 사대문 사이사이에는 4소문(광희문·홍화문·창의문·소덕문)을 배치했다. 남대문에서 경복궁에 이

그림 2-22. 창경궁 명정전

르는 남북대로와 동대문에서 서대문에 이르는 동서대로가 중심가였다.

조선시대 건축양식은 크게 포집과 민도리집으로 나뉘며, 포집은 다시 주심포계 · 다포계 · 익공계, 민도리집은 납도리집 · 굴도리집 양식으로 구분할 수 있다. 주심포계 건축은 고려시대와는 다른 변화를 보이는데 주두와 소로는 굽면이 사면이 되고 굽받침이 없어지며, 초기에는 첨차에 연화두형이 보이나 점차 변형되어 없어진다. 기둥은 주로 배흘림으로 되어 있다.

그림 2 - 29. 민도리집의 구조

주심포계 건축은 다시 시대의 흐름에 따라 차이를 보이므로 초기 · 중기 · 말기로 구분할 수 있다. 초기의 건물로는 무위사 극락전(1476 이전), 강화 정수사 법당, 송광사 하사당, 도갑사 해탈문 등이 있으며, 중기의 건물로는 도동서원 중정당, 봉정사 화엄강당 · 고금당, 나주향교 대성전 등이 있고, 말기의 건물로는 전주 풍남문 등이 있다.

그림 2 - 30. 오죽헌

다포계 건축은 기둥이 배흘림에서 민흘림으로 바뀌고, 주두 · 소로는 굽받침이 없고, 곡면이 사면(斜面)으로 운두가 높아진다. 출목수가 점차 증가되고, 특히 외출목수보다 내출목수가 많아지면서 천장이 높아진다. 주간포작은 일구(一具) 내지 삼구(三具) 정도로 제공 끝은 앙서 · 수서 등의 쇠서형이며, 첨차 끝은 교두형이다. 후기로 갈수록 제공들은 상하가 맞붙은 판형이 되며 내부는 운궁을 형성하고 화려한 초각을 하여 장식적으로 변했다.

그림 2 - 31. 해운정
익공계 건축의 실례

다포계 건축 역시 시대에 따라 차이를 보이므로 초기 · 중기 · 말기로 구분할 수 있다. 초기의 건물은 서울 남대문, 신륵사 조사당(1469) 등이 있으며, 중기의 건물로는 창경궁 명정전(1616), 전등사 대웅전 · 약사전, 법주사 팔상전, 내소사 대웅전 등이 있고, 말기의 건물로는 불국사 극락전 · 대웅전, 해인사 대적광전, 창덕궁 인정전, 경복궁 근정전 등이 있다.

익공계 건축은 익공이 1개 사용된 초익공, 2개 사용된 이익공, 3개 사용된 삼익공이 있으며, 그외에 익공의 단부를 수서형이 아닌 둥그스름하게 초각한 몰익공이 있다. 익공계 건축의 실례로는 강릉 해운정(초익공), 강릉 오죽헌(초익공), 강릉 칠사당(삼익공), 하회 충효당(몰익공)

등이 있다.

민도리집 양식은 기둥 위에 주두를 얹지 않고, 도리로 기둥 위에 직접 보와 도리를 결구하는 것으로, 도리의 단면형에 따라 굴도리와 납도리로 구분된다. 또한 도리를 장여가 받고 이를 다시 소로로서 받치는 경우를 소로수장집이라고 한다. 서울의 많은 주택들이 이 양식으로 되어 있다.

(6) 근대

19세기말 문호를 개방하지 않고 오직 중국과의 관계만으로 일관했던 조선은 서양열강과 일본에 의하여 문호개방에 대한 압력을 받다가 1876년 강화도조약의 체결로 개방되었다. 그 결과 각국의 공관과 종교건축물이 세워지면서 전통적인 건축양식과는 다른 새로운 건축양식이 도입되었다.

그림 2 - 32. 김중업, 프랑스 대사관

19세기말에 도입된 새로운 건축양식은 일본인들에 의하여 도입된 양식, 서양열강제국에 의하여 도입된 전통적인 서양식(西洋式), 이를 절충한 의양풍(擬洋風)이 있다. 특히 이때는 민간양옥도 다수 건립되어 20세기 한옥개량운동 등 여러 측면에 영향을 끼쳤다. 1890년 건립되어 현존하는 영국공사관은 벽돌조 2층집으로 박공부분과 1, 2층의 베란다, 아케이드 등이 있는 정교한 건축이다.

그림 2 - 33. 영국공사관

종교건축으로는 1898년 착공 · 준공된 정동교회 등이 있다. 이처럼 새로운 건축양식은 대부분 벽돌이나 석조로 건립되었는데, 당시 서양에서 유행하던 고전주의 · 낭만주의 · 절충주의적인 양식으로 르네상스 · 고딕 양식이 가장 많이 사용되었다.

그림 2 - 34. 정동교회

19세기에 서양식 건축의 도입에 있어 그 특징은 우리나라의 전통적인 목수들이 양식건축의 공사를 전담할 수 없어 대부분 중국인 노무자들을 채용했다는 것이며, 이러한 현상은 20세기 초까지 지속되었다. 이와 더불어 스팀 난방 등의 새로운 설비체계가 도입되었다.

20세기에 들어와서는 점차 서양식 건물의 건립이 늘기 시작하여 지금까지의 종교 · 주거 · 외교 계통 건물 외에 각종 상점 · 병원 · 호텔 등이 건립되었다. 예를 들면 천주교 원효로성당(1902), 벨기에 영사관(1903~1906) 등이 있다. 특히 20세기의 건축활동 가운데 주목되는 것은 평양 장로교회, 화산 천주교회 등과 같은 한양(韓洋) 절충양식 건물의 출현이다.

1930년대에는 합리주의적인 근대건물들이 출현했는데 1929년에 준공된 경성상공장려관을 시작으로 신동아백화점(1931) · 조선신문사(1933) · 삼중정백화점(1933) · 조선일보사(1935) 등이 이러한 계열에 속한다. 또한 1930년대부터는 한국인 건축가들이 전문적인 교육기관을 졸업하고, 건축계에 대두하여 많은 건축물들을 설계하는 한편, 8 · 15해방 이후 세대들에게 대를 물려주게 되었다. 이때 건립된 것으로 박길룡의 경성제국대학본관(1931) · 화신백화점(1935~1937), 박동진의 보성전문학교 본관(1934) 및 도서관(1937), 강윤의 태화기독교사회관 등이 있다.

1945년 제2차 세계대전의 종식과 더불어 해방을 맞았으나 곧 6 · 25전쟁으로 큰 피해를 보게 되었고, 1959년까지는 전쟁 복구에 전념했다. 이러한 과정에서 명보극장(1957, 김중업), 서울대학교 농과대학 교사(1957, 김희춘), 국립중앙관상대(1959, 정인국), 동국대학교 본관(1959, 송민구), 정신여자고등학교 과학관(1958, 김정수), 혜화동성당(1958, 이희태) 등 국제주의적 경향을 띤 건물들이 건립되었다.

1960년대에는 1961년 5 · 16군사정변으로 경제개발과 더불어 건설수요가 급증했다. 이때의 주요건축으로는 서울시민회관(1961, 이천승), 프랑스 대사관(1962, 김중업), 워커힐 본관(1962, 김희춘), 명동성모병원(1963, 김정수), 한양 컨트리 클럽(1964, 이광노), 한국예술문화단체총연합회(예총)회관(1964, 강명구), 자유 센터(1964, 김수근), 복자기념성당(1967, 이희태) 등이 있다. 1970, 1980년대의 20여 년간은 그간의 국제주의적 경향을 벗어나 건축가들의 개성이 표출된 시기라고 할 수 있다.

우리나라 구한말의 근대건축의 종류와 양식

- 1910년 이전의 시기로 한국 전통건축양식으로부터 근대건축으로의 과도기
- 강압에 의한 개국으로 일본과 서구의 외교시설, 상업시설 등이 다수 건설됨
- 1900년 전후 선교계통의 종교, 의료시설이 다수 건설됨
- 종교건축은 고딕양식을, 공관건물은 르네상스양식을 각각 모방
- 종교건축물
  - 약현성당, 서울 중림동, 1892년 - 3랑식 고딕양식의 성당
  - 명동성당, 서울 명동, 1892~98년-한국 유일의 순수한 고딕양식 건축물, 한국 최초의 본격적인 벽돌교회당
  - 정동교회, 서울 정동, 1895~98년-단순화된 고딕양식의 건축물
  - 천주교 원효로 성당, 서울 원효로, 1907년 -붉은 벽돌의 고딕양식 건축물로서 현 성심 여중고 예배당
- 외국공관
  - 영국 공사관, 서울, 1891년 - 벽돌조 2층의 죠오지안 양식 건축물
  - 러시아 공사관, 서울, 1892년 - 벽돌조 2층의 제정 러시아 르네상스 양식 건축물
  - 프랑스 공사관, 서울, 1896년 - 벽돌조 프랑스 바로크 양식 건축물
- 상업건축물
  - 인천 일본제일은행 지점, 인천, 1897~99년 - 후기 르네상스 양식 건축물로서 현 조달청 인천 사무소
  - 부산 세관, 부산, 1910년 - 벽돌조 2층의 영국풍 르네상스 건축물로서 현 부산 세관 건물
- 의료시설
  - 세브린스 병원, 서울, 1904년 - 벽돌조, 2층의 영국 르네상스 건축물
  - 대한의원 본관, 서울, 1907~08년
- 기타
  - 독립문, 서울, 1896~97년 - 순수한 석조양식 건축물로서는 최초
  - 서북학회 회관, 서울, 1908년 - 벽돌조 2층 건물
  - 덕수궁 석조전, 서울, 1900~10년 - 고대 그리이스의 이오니아 주범양식의 석조건물

일제 시대의 근대 건축

- 한일합방(1910년)이후로부터 해방(1945년)까지의 건축
- 한일합방 후 조선총독부 주관하에 관청, 학교, 은행 등을 건설
- 초기에는 르네상스 양식, 후기에는 절충주의 양식의 건물을 다수 건설
- 박동진, 박길룡 등의 한국 근대건축의 선구적 건축가들이 활동
- 한국인 건축가들에 의한 건축물
  - 보성전문학교 본관 및 도서관,서울,1933~37년 - 박동진 설계의 고딕양

식 건물로서 현 고려대학교 본관
· 화신백화점, 서울, 1937년 – 박길룡 설계의 근대 합리주의적 경향의 건축물
· 경성제대 본관, 서울 동숭동, 1931년 – 박길룡 설계의 건물로 현 문예진흥원 청사

– 공공건축물
· 경성역사, 서울, 1922~25년 – 건물의 중앙에 대형 돔을 가설한 르네상스 양식 건축물로서 현 서울역
· 조선 총독부 청사, 서울, 1916~26년 – 돔을 가설한 르네상스 양식 건축물
· 경성부청, 서울, 1925~26년 – 현 서울시청으로 철근콘크리트조의 절충주의 양식 건축물

– 상업건축물
· 조선은행, 서울, 1908~12년 – 현 한국은행 본점으로 르네상스 양식 건축물
· 제일은행 본점, 서울, 1935년 – 르네상스 양식의 건축물
· 삼월 백화점, 서울, 1930년 – 현 신세계 백화점

– 기타
· 서울 성공회 성당, 서울, 1922~26년 – 우리나라 유일의 로마네스크 양식 건축물
· 경성 부민관, 서울, 1935년 – 근대 합리주의 계열의 절충주의 양식으로서 현 서울시의회 청사

출처 : http://kdaq.empas.com/qna/4388929 참고

2.3. 서양건축사

"필요는 공급을 수반한다."

한 지역에 대한 그리움과 기억은 특징적인 건축물 또는 건물군(建物群)으로 대신한다. 그것은 건축물이 인간의 필요에서 나온 결과물로 각가이 문화에 따라 다르게 나타나기 때문이다. 처음에는 기후 조건에 따라 그 다음에는 종교적 신념과 경제제도에 따라 다르고, 그 지방에서 가장 쉽게 구할 수 있는 재료에 따라 다르다. 그 지방의 문화는 건물을 통하여 읽을 수 있으며, 지역 건축과 그 안에 담겨 있는 일상생활 의식에 대한 지식은 인간 생활을 이해하는 데 중요한 역할을 한다.

남아 있는 대부분의 고대건축은 신에 대한 인간의 경외심을 표현한 것으로서 이집트의 피라미드, 그리스 아테네의 신전 등과 같이 그 지역과 문화에 따라 형태와 재료는 다르지만 그것이 추구하는 것은 같았다.

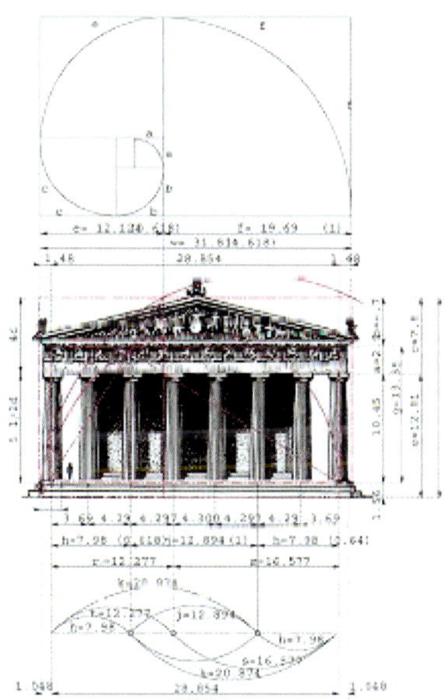

그림 2 - 35. 파르테논과 황금비
파르테논신전의 입면을 황금비로 해석한 도면

이들 신전은 가장 아름다운 비례, 가장 아름다운 형태를 위해 상상할 수도 없는 인간의 희생과 노력을 강요하였다. 초자연적 존재를 믿은 고대인들의 신전 건립은 완벽한 아름다움에 대한, 절대적 미를 가진 신에 대한 인간의 끝없는 도전이었다.

그리스도교가 로마 제국에서 391년 공식 승인된 뒤 신의 이름과 신전의 모습이 바뀌었지만 신으로 향한 인간의 노력은 계속되었으며 교회는 문화와 건축술, 종교관에 의해 변화하면서 여전히 시대상을 나타내는 대표적인 건축물이었다.

그림 2 - 36. 그리스 파르테논 신전

서양건축사는 건축의 본질 · 실체 · 의미 · 기술 · 구조 · 형태 · 공간 · 미 · 재료 · 장식에 관해 많은 가르침을 준다. 서양건축은 기원전의 주거지와 건축 유구(遺構)들을 남기고 있는데, 선사시대의 거석 건축 또한 공간을 한정하는 점에서 건축이라고 할 수 있는 실존적 개념을 지닌다.

서양건축은 다양한 건축사론, 양식론, 시대구분론, 시 · 공간론, 지역성, 총체성, 국제성에 따라 여러 가지로 구분될 수 있다. 선사시대 이후의 서양 고대 세계는 여러 건축 문화의 변천 · 계승 · 융합의 계통을 거쳐 BC 2000~1500년경을 전후하여 에게 해를 중심으로 한 그리스 문명의 시작과 함께 건축경험이 형성되었다.

(1) 에게 건축

동지중해의 에게 해 주변 및 그리스 본토 일대에 형성된 미노아 문명과 미케네 문명은 서양 건축의 발전에 큰 공헌을 했다. 이 지역은 중동 일대와 유럽을 연결하는 교량 역할을 했는데, 당시 세계 건축문명의 중심을 이루었던 서아시아와 이집트의 건축문명이 BC 3000년경부터 서방으로 팽창하면서 이 일대에 뿌리내렸다.

에게 문명은 기존의 신석기문명이 청동기문명으로 바뀌면서부터 BC 1200년경 철기시대가 시작할 때까지 서아시아의 건축 주제와 기술이 지방 고유문명과 결합한 것으로, 1870~1873년 및 1876년 H. 슐리만이 소아시아 · 미케네 · 크레타 섬 일대를 발굴하면서 밝혀지기 시작했다.

크레타 섬의 미노아 문명은 20세기초 A. 에번스 경이 발굴 · 복원한 크노소스의 궁전 등으로 실체를 나타냈는데, 신석기시대부터 BC 14세기경 그리스 본토에서 들어온 그리스인에게 멸망할 때까지 단절되지 않은 건축문명이 이 지역에 발전했음을 보여준다.

크레타의 왕들은 해상권을 제압했기 때문에 성벽을 쌓을 필요가 없었다. 또한 크레타인들은 들판에서 제사를 지냈기 때문에 신전을 건립하지 않은 듯하나. 그러나 중정(中庭)을 둘러싸며 방을 배열하는 방식과 창문을 외벽으로 내지 않은 점은 서아시아와의 접촉에 의한 것임을 보여주며, 복도를 길게 내는 방식이나 물을 공급하는 방식 역시 동방에서 들어온 것으로 보인다. 서양 건축에서 출입구를 내기 위해 기둥이 사용된 것은 크레타 궁전이 처음이다.

그림 2-37. 크노소스 궁전

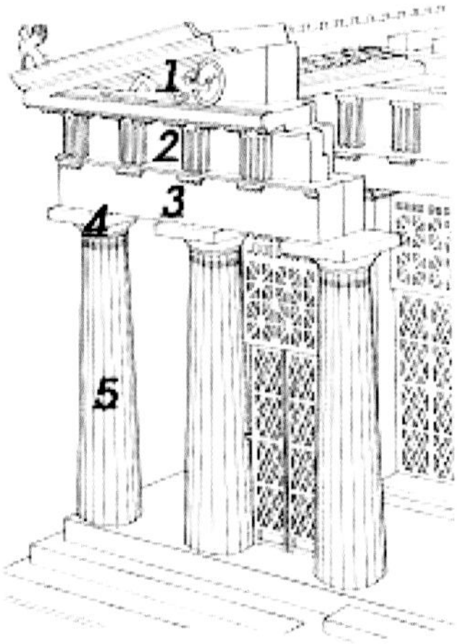

그림 2-38. 신전의 세부명칭
1.페디먼트(Pediment) 2.프리즈(Frieze)
3.아키트레이브(Architrave) 4.주두(Capital)
5.주신(Shaft)

(2) 미케네 건축

그리스의 펠로폰네소스 반도 북동부 이르골라스 지방에 있었던 성채 도시 미케네는 미케네 문명의 중심지로 BC 1400~1200년에 번영을 누렸다. 미케네 건축은 에게 건축의 융성 · 쇠퇴와 밀접하게 연관되어 있다. 유적은 그리 많이 남아 있지 않은 편이나, 아치 대용품으로 사용한 3각형태의 상인방에 사자 조각을 한 미케네의 사자문과 아트레우스의 보고(寶庫)가 있고, 특히 티린스 궁전의 생활 중심지인 메가론은 그리스 고대 신전 건축의 모태이다.

(3) 그리스 건축

스스로 헬레네의 자손이라고 생각했던 그리스인들은 발칸 반도, 에게 해 주변의 지중해와 소아시아 서부를 중심으로 온화한 기후와 목재 · 석재 등 풍부한 양질의 건축재료, 무역 · 군사 · 문학 · 철학 · 미술 등에 뛰어난 재능을 이용해 서양 건축의 고전을 이루는 그리스 건축을 발전시켰다. 그리스 건축가의 주된 역할은 제사용 건물을 짓는 것이었다.

신앙의 중심은 제단이었으며 초기에는 야외에 건립했다. 신전은 세속 건물과 구별하기 위해 건물을 길게 짓고, 신의 집(oikos)을 상징하는 신상을 건물 속 깊숙한 곳에 모셨다. BC 650년경부터 그리스 사람들이 이집트와 교류하면서 목격한 석조기념건축은 그리스 석조건축과 조각의 발전에 많은 영향을 주었다.

목조기둥과 목구조, 벽돌건물을 석조로 바꿈에 따라 비례와 패턴의 표현이 가능해졌으며, 이는 석조로 된 오더(order)를 발전시키는 데 결정적인 역할을 했다. 오더는 엔타블레쳐(entablature)를 지지하는 입면형태를 발전시켜 그리스 신전건축의 기본형이 되었다. 장중 · 단정하고 남성적인 도리아식 오더, 경쾌 · 우아하고 여성적인 이오니아식 오더, 우아 · 화려하며 철저한 장식성을 보이는 코린트식 오더는 오랫동안 그리스 오더의 기본이 되어 현대건축에 이르기까지 많은 영향을 주었다.

바사이의 아폴로 신전, 올림피아의 제우스 신전, 파이스툼의 헤라 신전, 아테네 아크로폴리스에 있는 파르테논 신전, 에렉테온 신전 등은 대표적이다. 그리스인들은 또한 도시국가 시민들의 공공생활을 위한 광장인 아고라를 중심으로 스토아 형식의 재판소 · 도서관 · 시장 · 신전 · 야외극장 등을 건설했다.

(4) 로마 건축

로마는 전설적인 인물 로물루스가 BC 753년 로마의 티베르 강변 일곱 구릉지에 건설했다고 하는데, 일반적으로 그리스도교 공인까지의 건축을 로마 건축으로 본다. 티베르 강에서 포 강에 이른 토스카나 지방에서 에트루리아 건축을 발전시킨 에트루리아인은 BC 6세기가 되면서 밀려났으나 그들이 개발한 아치와 볼트 구조법은 로마 건축에 영향을 주었다.

로마 건축은 로마 제국만큼이나 지리 · 기후 · 정치 · 경제 · 사회 · 문화적인 요인의 영향을 많이 받은 복합적인 건축이다. 오늘날 로마 건축에 관한 내용은 로마 제국 일대에 흩어져 있는 유구와 기록에 의해서 알 수 있다. 특히 중요한 것은 비트루비우스가 BC 27년경에 로마 건축가들의 지침서로 쓴 〈건축십서 De architectura〉는, 그리스 건축을 교본으로 사용한 점과 로마 건축 전성기 이전에 쓰여진 책이란 한계점을 가지고 있지만 당시의 건축에 관한 모든 사항을 망라하고 있다.

초기의 로마 건물은 주로 강도가 불균일하고 약한 응회암으로 지어

그림 2 - 39. 판테온 신전

졌다. 후대에는 거의 모두 석회석이 쓰였으며 대리석은 주로 장식용이었다. 공화정시기 개인 주거에는 주로 굽지 않은 막벽돌이 쓰였고, 제정 시기에는 팽창하는 영토에 신속히 건설해야 할 필요성에 맞추어 벽돌과 콘크리트가 쓰였다. 특히 콘크리트는 거의 모든 로마 제국의 건물에 사용되어 로마 전역으로 전파되었다.

로마 건축의 벽은 조적조나 콘크리트조였으며 기타 지지하는 구조로 기둥이 사용되었는데, 콘크리트 재료의 발견으로 아치 사용이 더욱 촉진되었다. 볼트는 주로 원통형 볼트와 교차 볼트를 사용했고, 아주 중요한 기념 건물에는 원형 평면 위에 돔을 얹었다.

디자인에서 로마 건축은 선 · 면 · 매스 · 볼륨 등으로 이루어진 공간구성이 뛰어나며 이 점에서 로마인들은 전(前) 시대의 지중해 사람들과 다르다. 로마인들은 비록 이전부터 전래되던 것이라도 그들의 취향에 맞게 다시 고쳐 사용했다.

로마의 오더는 그리스의 3가지 오더에서 유래했지만 토스카나식 오더와 복합식 오더를 더하여 5가지 오더로 발전시켰다. 로마의 오더는 그리스 것보다 비례가 더 가늘고 주신에 홈이 없으며, 점차 세부 장식화되어 빛과 그림자의 강한 대조를 자아내기 위한 것으로 사용되었다.

로마 신전 건축은 낮은 3단의 그리스 신전 기단과는 달리 정면에만 계단이 있는 높은 단으로 되었고, 동서방향의 장축을 자유롭게 변화시킨 결과 입구 정면이 강조되는 건물이 탄생했다. 프랑스 님(Nimes)의 메종카레는 대표적이다. 로마인들은 원형 신전도 세웠는데, 현존하는 가장 큰 원형 신전은 판테온이다. 모든 신에게 봉헌한 판테온은 하늘을 표상하며 돔과 로툰다는 수평과 수직의 축을 통합한 구조로 로마 건축을 대표한다.

공화정 말기부터 공공욕장은 로마인들 생활의 일부가 되었다. 황제들의 욕장은 이상적인 설비를 갖추고 아치, 원통형 볼트, 돔 등의 구조법을 구사했으며 카라칼라 욕장(217), 디오클레티아누스 욕장(298~306), 막센티우스 욕장(313)이 유명하다. 타원형 투기장으로 가장 큰 것은 로마의 콜로세움(70~82)이다.

이밖에도 긴 U자형의 전차경주장(circus), 개선문 등이 있으며, 급수시설, 공공욕장, 광장의 분수 등에 필요한 물을 끌어들이는 고가수로교(高架水路橋)를 아치와 콘크리트를 사용해 건설했다. 또한 로마인들은 점령지를 효과적으로 통치하고 카푸트 문디(caput mundi : 세계의 수도)를 건설하기 위해 "모든 길은 로마로 통한다"는 말 그대로 많은 도로를 건설했다.

한편 로마 귀족들의 주거용 건축은 중정인 아트리움을 향하여 방들을 배열하고, 그 뒤로 열주 회랑이 있는 페리스타일을 둔 도무스(domus)와 교외의 빌라가 있다. 폼페이의 유구에서 발굴된 도무스들과 티볼리의 하드리아누스 황제의 빌라(123)는 대표적이다.

서민용 주거로는 한 블럭으로 된 3~4층의 임대 아파트인 인슐라(insula) 등이 있었다. 비트루비우스는 로마인들이 일찍이 도시계획의 기본원칙을 알고 있었다고 했는데, 도시는 초기 로마의 마을이나 군대 병영에서 발전한 것이다. 전체 배치형태는 4각형으로서, 주 도로가 도시 중앙을 가로질러 만나며 나머지 부분은 격자형이다.

중앙이 도시생활의 중심이며 상업지역인 포룸이 있다. 로마의 포룸(Forum)에는 바실리카 · 재판소 · 은행 · 시장 등이 있었는데, 그 가운데 콘스탄티누스 황제 때의 막센티우스 바실리카(313 완공)가 유명하다. 북아프리카에 건설한 식민도시 타무가디는 로마 시대의 도시계획을 보여주는 좋은 예이다.

(5) 초기 그리스도교 건축

20세기 초까지 학자들은 그리스도교 건축은 그리스도의 사후, 혹은 적어도 1세기 후반에 나타나기 시작했다고 생각했으나 후대의 연구 결과 진정한 그리스도교 건축 양식은 2세기말이나 3세기 초까지는 시작되지 않았음이 밝혀졌다.

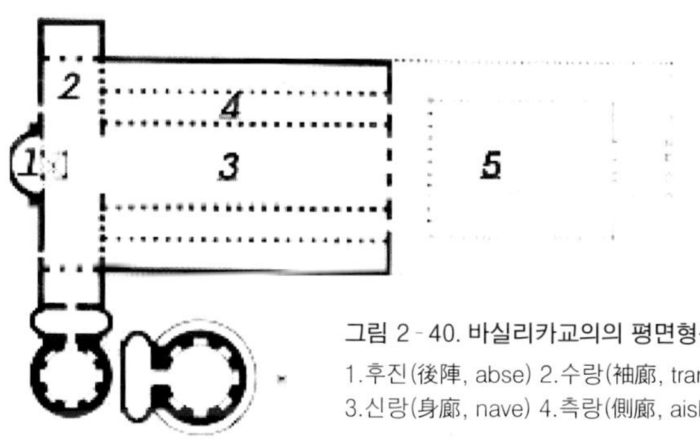

그림 2-40. 바실리카교의의 평면형식

1.후진(後陣, abse) 2.수랑(袖廊, trancept)
3.신랑(身廊, nave) 4.측랑(側廊, aisle) 5.중정(atrium)

초기 그리스도교 건축은 밀라노 칙령(313) 이전 시기와 그리스도가 국교로 채택된 이후의 2시기로 나뉘는데, 전자의 건축은 비밀집회소였던 카타콤베를 제외하고는 예배장소도 거의 알려져 있지 않고 단순하며 숫자도 적은 반면, 다음 시기의 건축은 양과 규모 면에서 엄청나다. 콘스탄티누스 황제가 그리스도교를 공인하면서 교회당은 건축가의 설계 대상이 되었다.

이들이 참고한 건축은 이교도들이 우상을 숭배하던 신전건축이 아니라 실용성을 지닌 세속건축이었다. 특히 제단 · 사제석 · 회중석이 필요한 교회 건물은 바실리카에서 그 형식을 채택해 이것이 그후 서유럽 교회건축의 원형이 되었다. 유명한 로마의 구(舊)성베드로 대성당은 330년, 산파올로 성당은 380년 봉헌되었다.

바실리카 교회의 평면형식은 동서로 주축을 잡고 서측 정면의 현관 · 중정(atrium) · 전실(narthex)을 지나 교회당 내부에 들어오게 되어 있다. 내부 홀은 3~5개의 긴 아일(aisle, 側廊)로 구성되었으며, 가운데 아일의 천장이 높아서 높은 측창에서 채광이 된다. 입구 반대편에는 반원형의 앱스(abse, 後陣)가 있는데, 상부에 반쪽 돔을 덮었다. 홀은 간단한 목재 지붕이고, 양편 아일은 가운데 네이브(nave, 身廊)와 분리되어 4각 형태의 구조물로 지지되며, 후대에 연속된 아치로 바뀌었다.

초기 교회는 주로 순교자들을 기념하는 역할을 했는데, 이러한 기능은 평면 형식에 결정적인 요소로 작용했다. 또한 콘스탄티노플이나 팔레스타인에 세워진 교회는 더 복합적인 요소를 수용했고 예루살렘이나 베들레헴에서는 기념 · 예배의 기능을 합친 교회가 세워졌다. 영웅이나 죽은 자를 의식하는 그리스와 로마 풍속의 차이는 집중형의 그리스 십자형 교회 평면과 장방형의 라틴 십자형 평면을 각각 탄생시켰다.

팔레스타인 지방에서는 그리스 영웅들을 기리듯, 예수의 탄생 · 부활 등 현세적인 것을 기념하는 기능을 가진 교회를 지었고 라틴 지역에서는 예수의 죽음을 기리는 기능을 하는 교회를 지었다. 그러나 중앙 집중형 평면, 원형 · 다각형 · 십자형 평면은 주로 4~5세기경까지 동부 · 서부 유럽에 공통으로 사용되었다.

395년 테오도시우스 1세 때 로마 제국이 동로마 제국(비잔틴 제국)과 서로마 제국으로 양분되고 그 후 유럽이 서방의 교권(教權)과 동방의 제권(帝權)으로 갈라지면서 그리스도교 교회도 서로 다른 방향으로 발전했다.

그림 2-41. 소피아성당

(6) 비잔틴 건축

콘스탄티누스 황제가 324년 보스포루스에 새 수도를 세우자 로마의 많은 예술가들이 함께 이주했다. 따라서 비잔틴 건축의 초기 양식은 로마 건축에 바탕을 둔 바실리카 교회 평면을 사용한 것이었다. 그후 콘스탄티노플에서는 독립적인 비잔틴 교회의 특성이 발전해, 5세기 때의 실험을 거처 로마의 장방형 평면과 대비되는 중앙집중형 · 정방형 평면이 6세기 중엽 유스티니아누스 황제 때 크게 발전하기에 이르렀다.

그중 하기아 소피아 성당(532~537)이 가장 대표적인데, 장방형의 바실리카식 평면과 중앙집중형 평면 형식의 개념을 모두 수용한 교회당이다. 구조적특색으로는 상부의 돔이 하부의 펜던티브에 의해 지지되는 점을 들 수 있다. 사각형 평면에 원형 돔을 얹는 방법에는 스퀸치(squinch)를 두어 사각형 평면을 팔각형 평면으로 바꾼 뒤 돔을 얹는 것과 펜던티브를 사용하는 것이 있다.

펜던티브는 그때까지의 역학적 해결법과는 다르게 추력으로 반력을 고안한 건축사상 가장 위대한 발명의 하나이다. 후기 비잔틴 건축은 콘스탄티노플과 발칸 반도 전역에 남아있는데, 중기 비잔틴 양식을 계승한 돔은 작고 높으며 외벽은 벽돌 등으로 장식되었다.

러시아 예술은 비잔틴 양식에 기반을 두고 발전했는데, 건축도 키예

프를 중심으로 전역에 전파되어 러시아 절충주의 건축의 특성을 이루었다. 중심 돔, 즉 큐폴라의 디자인과 지지방법은 러시아 건축의 중심주제가 되었고 비잔틴 건축 양식을 지역에 맞게 바꾸어 추운 날씨와 폭설에 적응하도록 좁은 창문과 급한 지붕, 불거져 나온 듯한 돔 형태의 러시아 교회 건축이 발전했다. 15세기 후반에 들어오면서 양파 모양의 돔 큐폴라가 등장해 러시아의 민족적 특성을 지니게 되었다.

(7) 로마네스크 건축

그림 2 - 42. 로마네스크의 대표적 건축인 피사의 대사원

고트족의 이주는 로마 제국의 쇠퇴와 멸망으로 인한 유럽 제민족 이주의 전주곡이었다. 고트족은 200년경 이동하기 시작, 남부 러시아까지 진출해 스칸디나비아에서 가져온 건축 양식을 전파시켰다. 375년 훈족이 러시아로 들어옴에 따라 고트족은 다시 서부로 이주해 민족대이동을 시작했으며, 이러한 이동은 서부 · 남부 유럽에 새로운 예술 형태를 전파하는 계기가 되었다.

로마네스크는 유럽에서 초기 그리스도교 건축 이후 12세기 중엽에 고딕이 출현할 때까지의 예술을 총칭한다. 로마네스크란 말은 1818년 드 제르빌이 로마풍 또는 로마 건축 양식을 변용하여 발전시켰다는 뜻의 'romanico', 'romanisch' 라는 말을 쓰면서 처음 건축 용어로 등장했다.

로마네스크는 로마적이라는 뜻을 지니면서도 그와는 차이점이 있고, 표현의 풍부함을 지니면서 지역마다 다른, 다양성을 보인다. 650~1200년에는 수도원 건립 운동이 활발해 로마네스크 건축은 신에 대한 영광, 이상적인 그리스도교인의 생활, 형제애를 구현하기 위한 수도원 제도라는 통일된 주제를 중심으로 이루어졌다.

중세 중기에 들어서 유럽 인구가 로마 시대의 절반으로 줄어들고 육로나 해로를 통한 교통과 통신이 어려워졌다. 따라서 이웃 단위 중심의 사회가 형성되기 시작했고, 이를 배경으로 도시적 성격을 띠는 대규모 수도원이 주변 마을을 지배하며 예배 · 관리 · 통치 · 지식 · 정신세계의 중심이 되었다.

이러한 수도원 생활이 가장 잘 이루어진 곳은 프랑크 왕국 일대였다. 프랑크 왕 샤를마뉴 대제는 성 베네딕투스 계율을 채택하고 8세기 후반부터 수도원을 건립하기 시작했다. 820년경에는 생갈 수도원 같은 기본형이 정립되었는데, 가장 유명한 것은 클뤼니 대수도원(910)이다.

로마 시대의 바실리카는 내화구조(耐火構造)가 아니었는데, 이는 목구조 건축의 치명적인 결함이었다. 1000년경부터 건축기술자들은 볼트 구조로 이 문제를 해결하고 큰 공간을 만들기 시작했다. 로마네스크식 바실리카는 중정을 없애고 정면에 높은 종탑을 세우고, 교회 몸체 길이를 연장하고 성직자 전용 기도소를 측랑 끝에 설치한 것이 일반적인 특색이다.

그림 2 - 43. 아미앵대성당

구조적으로는 목조 지붕과 천장을 석조와 벽돌조로 교체한 원통형 교차 볼트를 사용하고 지붕하중을 기둥에 전달하는 리브(rib : 肋材) 구조를 창안했다. 외관은 단순 · 온화하나 위엄이 있고, 창문 · 문 · 아케이드에 반원형 아치를 연속성 있게 중첩해 사용했다. 진보적인 로마네스크 건축가들은 로마, 비잔틴 제국, 이슬람 세계, 스칸디나비아 건축의 영향을 받았다.

950~1050년에 구조 · 스케일 · 디자인 · 볼트법을 자유자재로 다루면서 건축에 조각을 본격적으로 도입한 새로운 로마네스크 양식이 생겼다. 이것은 1075~1125년에 전성기를 이루고 이후 쇠퇴했다. 1090년 이후에는 첨두형 아치를 사용한 교차 볼트법이 개발되어 가볍고 강하고 개방적인 것을 추구하면서 건축 외관에 변화가 생겼다.

그후 이 양식은 독일 · 폴란드 · 헝가리 · 이탈리아 · 스페인 · 포르투갈 등지로 퍼졌으며 다른 한편으로는 새로운 건축 양식으로 된 아미앵 대성당이 1220년부터 건립되기 시작했다. 클뤼니 수도회와 시토 수도회는 부르고뉴 공국의 수도원을 대표하는 2개의 교파였다.

1077~1085년 재건된 클뤼니 수도원은 당시 가장 큰 로마네스크 교회였으며 긴 비례, 다발 기둥, 첨두 아치, 특수화된 벽식구조와 볼트 시공법 등 고딕 양식의 탄생을 알리는 많은 특색을 지니고 있다. 시토 수도회는 1098년 창립되어 급속하게 퍼졌다. 시토 수도회 건축가들은 첨두

아치를 사용하고 반(半)고딕이라 부를 수 있는 새로운 형태를 개발했다.

부르고뉴의 영향으로 드디어 파리 근교 생드니 수도원에서 고딕 건축이 발생하기 시작했다. 또한 베네딕투스 수도회를 따라 영국에서 발달한 노르만 양식은 목조 지붕으로 된 네이브, 볼트로 된 아일, 장식된 내부, 공간감 있는 트랜셉트(trancept, 翼廊), 깊이있는 성소(聖所)가 특징이다.

그림 2 - 44. 노트르담 성당

그림 2 - 45. 샤르트르대성당

그림 2 - 46. 고딕성당의 신랑(nave) 부분의 천장

(8) 고딕 건축

롬바르디아 지방에서 영국에 이르는 지역 일대는 고딕 예술사에서 아주 중요한 역할을 한 곳이다. 이 일대는 부유해서 훌륭한 예술가들을 데려오거나 비싼 재료로 건물을 지을 수 있었으며, 특히 파리를 중심으로 고딕 건축이 성행했다. 고딕 건축은 로마네스크 건축에서 비롯되어 12세기 중반부터, 지역에 따라서는 16세기말까지 지속되었고 크게 초기 고딕, 성기 고딕, 후기 고딕의 3단계로 분류한다.

기술적인 측면에서 고딕 건축은 리브 볼트, 첨두형 아치, 플라잉 버트레스, 창호의 증대와 스테인드글라스의 사용 등이 그 특성이다. 이러한 특성은 몇몇 로마네스크 건축에도 있었다. 12, 13세기에 이르러 이러한 기술로 더 넓고 더 높은 건물을 짓게 되었으며 시각적으로 건물 외관에 변화가 나타났다.

건축의 예술적인 목적을 달성하기 위해 새로운 구조적 기술이 도입되었는데, 1135~44년에 동쪽 부분을 새로 지은 파리의 생드니 수도원에서 최초의 예를 찾을 수 있다. 초기 고딕의 대표적인 건축은 파리의 노트르담 대성당(1163 착공), 랑 대성당(1165 착공), 랭스 대성당(1210년 화재 이후 재건), 아미앵 대성당(1220 착공), 샤르트르 대성당(지금의 모습은 1194년 이후의 것) 등이다.

이 시기의 교회는 로마네스크 건축의 3랑식(三廊式) 구조를 탈피하고 클리어스토리를 높게 키웠다. 장식은 단순한 편이며 교회 정면에 커다란 원형 장미창과 트레이서리가 차츰 나타나기 시작했다. 그러나 고딕 시기 건축의 발전은 지속적이지 못했고 지역적인 특성이 같이 표현되었다.

1220~1230년이 되면 건축기술의 발달로 건물을 크게 지을 수 있었으며, 또한 1230년경에 이르러 건물 규모나 크기보다는 장식에 더 관심을 갖게 되어 방사식(Rayonnant style) 고딕이 나타났다. 아미앵 대성당에서 이미 선보인 방사식 고딕의 대표적인 예는 1250년대에 지은 파리의 노트르담 대성당이며 많은 나라에서 각기 방사식 고딕이 발전했다. 1250~1300년경에는 프랑스가 유럽 예술의 중심지였다.

영국에서는 프랑스와는 다른 수평 형식을 발전시켰다. 길고 좁은 평면과 낮은 네이브의 볼트 구조는 내부의 투시효과와 종교적인 분위기를 더욱 고조시켰다. 12세기말~13세기말에 이르는 시기에는 폭이 좁고 높은 첨두 아치, 첨탑과 급경사 지붕이 특성을 이루었다.

14세기에는 복잡한 기하학 형태로 구성한 화려한 장식문양이 사용되었고 볼트의 리브는 여러 모양으로 발달했다. 15세기에는 부채꼴 볼트가 등장하고 수직선이 강조되는 성당이 나타났다. 영국의 대표적인 고딕 건축은 링컨 대성당(1192 착공), 솔즈베리 대성당(1220~1258), 웨스트민스터 대수도원 등이다.

이탈리아에서는 프랑스식의 웅장한 교회를 짓지 않았으나 13세기 말경부터 나름대로 고딕 양식을 받아들였다. 밀라노 대성당(1385~1485)은 대표적인 이탈리아 고딕 건축물로 꼽힌다. 15세기부터 많은 고딕식 교회가 독일과 오스트리아에서 건립되었다. 프랑스의 후기 고딕 양식은 화염식(Flamboyant style) 고딕이라고 부른다.

그림 2-47. 영국의 대표적 고딕건축
링컨대성당, 솔즈베리대성당,
웨스트민스터 대수도원

(9) 르네상스 건축

르네상스는 고대 고전문예의 부흥을 목표로 15세기 초 피렌체에서 발생하여 그 후 이탈리아 반도 전역으로, 그리고 16세기말에는 유럽 전역에 새로운 건축 양식을 전파했다. 고딕을 대체한 르네상스 건축에는 기둥, 반원형 아치, 원통형 볼트, 돔이 다시 사용되었다. 르네상스기의 고전에 대한 지식은 이탈리아 등지에 있는 고대건축의 유적과 로마 시대 비트루비우스가 쓴 건축 이론서에서 비롯되었다.

르네상스 건축가들은 고전과 관련, 건축의 기본요소를 오더로 받아들여 5가지 오더를 중첩시켜 사용하며 구조기술을 건축 표현의 수단으로 사용했다. 이들은 벽체와 구조체를 합리적인 조합 원칙에 연관시켜 결합하려 했으며, 석재의 재질감을 살리고 돌림띠를 사용해 수평성을 강조했다. 직업적인 건축가가 등장하고 교회와 함께 세속적인 건축을 본격적으로 설계한 것도 르네상스시기로, 이러한 건물은 건축가들의 중요 과제가 되었다.

르네상스 건축은 선과 면을 바탕으로 한 건축이라 할 수 있다. 또한 이 시대 건축가들은 원이 가장 완전한 기하학적인 형태라고 여겼으므로, 신에게 바칠 건물도 가장 완전한 형태여야 한다고 생각해 교회 형식을 라틴 십자형에서 중앙 집중형으로 바꾸고 점대칭, 원형, 정사각형, 그리스 십자형 등 변형을 발전시켰다. 또한 건축의 비례가 아주 중요하게 다루어졌다.

대표적인 르네상스 건축가이자 이론가인 알베르티는 비례와 연관시켜 건축을 정의하면서 더 추가하거나 빼내거나 변화시킬 수 없이 조화를 이루는 것이라고 했다. 실제로 르네상스 건축가들은 인체비례와 건축비례 간의 조화를 발견하고 이를 건축이론으로 발전시켜 설계에 반영했으며, 필리포 브루넬레스키는 투시도법을 고안했다.

르네상스는 건축이론이 발전한 중요한 시기였는데, 비트루비우스의 〈건축십서〉의 영향으로 많은 건축가들이 건축서를 저술했다. 알베르티의 〈건축십서〉가 1485년 발간되었으며 건축이론은 16세기 후반에 더욱 번성했다.

고전을 추구한 르네상스 건축이 고대 유적이 많은 이탈리아, 그중에서도 로마에서 일어나리라는 예견은 당연한 것이었다. 14세기와 15세기 초 이탈리아인들은 로마 건축을 부흥시키려 했으나 로마는 정치적으로 불안정한 도시였다.

그대신 메디치 가문의 후원으로 경제적으로 번영하고 정치적으로 안정된 피렌체가 르네상스의 중심이 되었다. 1401년 피렌체 옛 예배당 정문 설계경기에서 낙선한 금속세공가 브루넬레스키는 이에 자극받아 건축을 본격적으로 공부하며 르네상스 건축을 열었다. 1418년 중세 건축가들이 해결 못한 피렌체 대성당 돔 설계경기에 당선된 그는 고딕식 내용의 구조이지만 드럼을 도입한 르네상스식 돔을 처음 만들었다.

르네상스의 대표적인 비종교 건축은 팔라쪼이다. 고전 양식의 장대한 수평띠, 정형화된 창문과 출입 개구부, 상층으로 갈수록 거친 다듬기에서 잔다듬으로 막다듬기한 석조의 재질감과 마감방법은 르네상스 건축에 나타난 주요한 내용이다. 팔라초 건축은 그후 더욱 발전하여 건물 입면에 고전 건축의 오더를 붙박이 기둥(pilaster)으로 사용하면서 각 요소들의 조화관계에서 건축미를 추구하게 되었다.

브라만테는 초기 로마 르네상스 건축을 더욱 발전시켜 성기(盛期) 르네상스를 낳았다. 템피에토(1502), 성베드로 대성당, 팔라초 파르네세(1517~1589) 등은 이 시기의 대표적인 건물이며 또한 많은 빌라들이 교외에 세워졌다.

그림 2 - 48. 팔라쪼피티

르네상스 시대 대표적인 비종교 건축이다. 수평적인 느낌을 강조했으며 르네상스시대의 건축적 특징을 잘 나타내고 있다.

16세기초 이탈리아 성기 르네상스 이후 17세기초 바로크 예술이 시작되기 전까지의 이탈리아 예술을 마니에리스모라고 한다. 마니에리스모 건축가들은 고대 로마 건축에 지대한 관심을 가지고 성기 르네상스 건축의 원칙 대신 고도의 세련미 · 복합성 · 고귀함을 추구했다. 마니에리스모 건축으로 공간 처리는 점차 경관적인 효과를 추구하게 되었는데, 바사리의 우피치 궁전(1560)에서 그러한 경향을 볼 수 있다. 안드레아 팔라디오는 마니에리스모 건축을 완숙하게 발전시켰고 미켈란젤로는 성 베드로 대성당 건설에 참여하여 돔과 드럼을 설계했다.

⑽ 바로크 건축

바로크 건축과 로코코 건축은 17세기에서 18세기 중기까지의 유럽 건축을 일컫는 말이다. 바로크 건축은 17세기 로마의 마데르노가 산타 수산나 교회 정면을 설계하면서 모든 요소들을 중앙으로 통합하고 정확함과 우아함을 억제하며 건물의 역동성을 나타내기 위해 최초로 바로크 원리를 구사함으로써 시작되었다. 바로크 건축은 회화 · 조각과 전체적으로 장식적인 통일을 이루며 하나의 종합예술로 통합시켜 근본적으로 극적이고 환상적인 건축 내용을 추구했다.

그림 2 - 49. 바로크 양식의 님펜부르크궁전

반종교개혁 이후 새롭게 얻어진 생활의 풍요와 안정감을 표현하는 바로크 교회는 천장을 회화로 채색하여 하늘로 향하는 관심을 유도했고 교회의 신앙을 선전하는 건축수단으로 사용되었다. 절대주의 군주들에 의해 성행한 바로크 궁전 건축은 국가의 권력과 통치의 무한성을 과시했다.

바로크 건축의 공간은 성기 르네상스 건축의 정적이고 안정되고 정돈된 공간과는 대조적으로 방향성과 운동성을 추구하며, 다양하게 변화하는 조망을 이루었기 때문에 특히 현장에서 체험해야 하는 공간이다. 건축의 스케일은 르네상스에 비하면 큰 편이며 양감 및 감각적 효과를 내기 위해 평면은 곡선이나 타원형이 즐겨 사용되는 한편, 외부 공간은 건물과 광장을 직선으로 연결하는 축선상에 이루어져 있어서 중심 건물과 시점이 강조되었고 동적이며 경관적이 되었다.

바로크 건축은 두 방향으로 발전했는데, 로마 가톨릭 지역인 이탈리아, 스페인, 포르투갈, 보헤미아, 오스트리아, 폴란드, 남부 독일 등에서는 자유스럽고 복합적이며 더욱 동적인 건축 형태와 표면을 추구했으며, 프로테스탄트교 지역인 영국 · 네덜란드, 기타 북유럽 국가들에서는 억제되고 온건하고 조용하면서 기하학적이고 단순하며 기념적인, 세련된 건물을 추구했다.

17, 18세기에는 건축이론서들이 바로크 건축가들에게 영향을 미쳤으며 그중에서도 오더 · 토목 · 군사건축에 관한 이론서는 바로크 건축가들의 이론적 기반이 되었다. 그러나 16세기 건축가들이 많은 건축이론서를 쓴 데 비해 이론서를 쓴 17세기 건축가는 아주 적다. 이당시 프랑스에서는 블롱델이 건축 아카데미에서 강의용 노트를 발간했고 가장 중요한 페로 등의 이론서가 나왔으며, 영국에서는 헨리 워턴 경이 비트루비우스의 〈건축십서〉를 번안했다. 로마 바로크 건축으로는 베르니니의 성베드로 대성당 광장(1657경)이 있다.

그림 2-50. 베르니니 성베드로성당 대광장
방사형디자인을 채택한 광장

남부 독일과 오스트리아 등 중부 유럽 지방은 17세기에 들어 정치적으로 안정되면서 바로크 건축의 절정을 이루었으며 1680년 이후에는 완성된 바로크 형태가 나타났다. 대표적인 건축으로는 독일 건축가 B. 노이만의 피어첸하일리겐 순례성당(1743년~1772년경)과 님펜부르크 궁전이 있다*(그림 2-49)*.

아메리카 식민지 건축은 그곳에 정착한 민족수만큼이나 다양했다. 18세기의 영국과 아메리카의 영국 식민지 건축을 조지 양식이라고 하는데, 영국에서는 1714~1820년의 건축 양식을, 아메리카에서는 1700년경부터 미국 독립전쟁 시기인 1770년대까지의 건축 양식을 지칭한다. 특히 1780~1820년의 미국 건축은 연방 양식이라고 부른다.

르네상스의 도시설계 기본원리인 기하학적인 질서, 방사선형 계획 등은 기본적으로 17세기의 바로크 건축에도 그대로 지속되었다. 그러나 신대륙에서는 유럽의 중세 및 르네상스 이론을 배척했으며, 17세기 중엽 프랑스의 르 노트르는 베르사이유 궁전 등 정원 설계에 르네상스 이론을 채용하지 않고 대신 방사형 디자인을 사용, 궁전을 향해 수렴하도록 하여 당시의 이성주의적 신념을 기념적으로 나타내는 한편, 절대주의 왕권과 일맥상통하게 했다. 18세기 프랑스 파리의 샹젤리제는 통일감을 강조하는 도시설계를 보이는데, 부분이 전체에 종속되는 형식이다. 이 원리는 1792년 랑팡이 기본 설계를 한 미국 워싱턴 D.C.의 도시설계에도 반영된다.

(11) 로코코 건축

1700~1780년 계몽주의 시대에 다양한 경향의 후기 바로크 예술이 대두했는데, 그중 대표적인 흐름이 로코코이다. 프랑스에서 일어나 유럽의 많은 지역에 영향을 미친 로코코 건축은 우아함을 추구하는 18세기 취향에 맞는 건축이다. 로코코 건축도 바로크 건축과 같이 장식·조각·회화와 불가분의 관계를 가졌다.

그림 2-51. 쇤브룬 궁전 내부
로코코양식의 실내구조

극적인 공간감의 연출을 위주로 한 17세기 건축 공간은 18세기가 되면서 공간을 통합하고, 구조적인 요소를 강조하고 연속적인 장식 계획을 창조하면서 기둥의 크기를 최소로 줄이는 새로운 공간으로 바뀌었다. 또한 교회당의 아일 천장 높이를 네이브만큼 높여 공간을 통합하기도 했다.

로코코 양식의 시작으로 18세기초 유럽 예술의 중심지는 로마에서 파리로 옮겨갔다. 망사르 밑에서 1679년 샤토드마를리의 실내작업을 하던 피에르 르 포트르가 바로크 건축의 새로운 장식수법에 대한 아이디어를 개발해 기하학적인 문양을 이용한 전형적인 17세기 실내를 만들었다.

이후 건축가들은 바로크적인 양감과 무거운 부조를 배격하고 경쾌하고 섬세한 문양을 선호하며 개인의 사생활을 위주로 한 실내공간을 꾸미는 데 중점을 두었는데, 이는 로코코의 특징을 이룬다.

⑿ 신고전주의 건축

바로크 · 로코코 건축을 지나 근대 건축에 이르는 과도기인 18세기 후반에서 19세기말에 이르는 시기에는 신고전주의, 고딕 복고, 절충주의 건축이 크게 대두되었다. 신고전주의 건축은 1750~1830년에 꽃피웠으며 19세기까지 계속되었다. 고대 로마나 르네상스 건축과 구분하기 위해 신고전주의 건축이라 하지만 18세기에는 아직 이 용어가 사용되지 않았다.

바로크가 절대주의와 관련 있다면 바로크에 대한 반동으로 순수하고 본질적인 건축미를 지향한 신고전주의는 계몽사상이나 이성의 시대와 관련이 있으며, 자연과학의 발달과도 연관된다. 신고전주의의 과거 문명에 대한 향수는 역설적으로 낭만주의와도 연관된다. 즉 신고전주의와 낭만주의 건축이 각각 추구한 그리스 로마 건축의 복고와 고딕 건축의 복고는 다른 내용이지만 그 근본은 같은 것이다.

낭만적 고전주의라는 용어는 20세기 건축사학자들에 의해 신고전주의 건축의 몇 가지 측면을 일컬어 사용되었다. 이 용어는 결국 신그리스 · 로마식 형태를 인정하게 되었고, 따라서 인도 · 중국 · 이집트 · 이슬람 · 고딕식 등을 인정하는 결과를 가져왔으며, 결국 건축의 다양성이 고조되어 고대 로마 건축에 대한 관심에서 탈피하게 되었다. 이러한 사조는 19세기 근대건축 양식이 탄생하는 데 영향을 주었다.

18세기말 영국인들이 로마를 방문하면서 과거 건축에 대한 지식이 증대되었는데 폼페이, 헤르쿨라니움의 발굴작업과 피라네시의 로마 건축 석판화의 발간(1743), 그리고 고고학 관계 서적의 발간으로 그리스 건축에 대한 관심이 더욱 커지면서 그리스 건축 복고운동이 일어났다.

특히 빙켈만의 저서 〈그리스의 회화와 조각에 대한 고찰 Gedanken uber die Nachahmung der griechischen Werke in der Malerei und Bildhauerkunst〉(1755)로 인해 로마 건축보다 그리스 건축에 대한 관심이 커졌고, 그결과 건축의 원초성, 본질에 대한 관심이 고조되어 이성주의 건축이 대두했다.

M. A. 로지에는 〈건축에 관한 수상 Essai sur l' architecture〉(1753)에서 이성주의와 단순성을 지닌 건축으로 돌아갈 것을 강조하면서 원시 오두막이 가장 근본적인 건축적 욕구의 표현이라며 신고전주의 건축의 바탕을 제시했다.

그러나 신고전주의 건축의 국제적인 중심지는 로마였다. 1740년대부터 능력 있는 건축가들이 로마로 몰려들었다. 로마 대상 수상자들은 로마 건축을 연구한 후 자기 나라로 돌아가 신고전주의의 특성을 살려 설계했다. 이 시기의 건축 경향은 고전건축 양식을 바탕으로 정확한 것만을 엄밀하게 적용하려는 건축가들과 고전에서 건축의 원형을 찾아 기본적인 기하학 형태에서 출발해 이를 이념적으로 적용하려는 건축가들로 나눌 수 있다. 후자의 경우는 다시 로지에 · 수플로 · 라브루스트 등의 구조적 고전주의와 르두 · 불레 · 길리 · 쉰켈 등으로 대표되는 낭만적 고전주의로 나뉜다.

영국에서는 1720년대부터 팔라디오풍 건축이 대두했는데, 비트루비우스, 팔라디오, 이니고 존스 등을 추앙한 벌링턴 경, 캠벨과 그 후계자들이 대표적이며 특히 1780년대 이후에는 고귀한 단순성, 고풍스러운 장려함 등을 추구했다. 1800년대가 되면 존손 경을 대표로 영국 전역에 신고전주의 건축이 성행했으며 후기에 들어서 그리스풍의 복고건축이 계속 강화되었다.

프랑스에서는 1671년 루이 14세가 왕립 건축 아카데미를 만들면서 고전의 창조이념에 따라 건축을 표현하기 시작, 1714년 A. 코르드무아의 저술에서 이성주의 건축이 거론되었으며 1740년대에 로코코 건축에 대한 반항이 나타났다. 특히 로지에의 저술은 프랑스 이성주의 건축이론의 기초를 마련했다. 프랑스의 대표적인 신고전주의 건축가는 수플로로서, 1750년대에 이탈리아에 머물면서 고대 로마와 그리스의 유적을 연구했다.

대표작은 파리에 있는 생트준비에브 교회(1757년~1790년, 지금의 팡테옹)이다. 혁명적인 건축가 E. L. 불레는 1780년대 이후 신고전주의 건축 형태의 특성인 순수한 기하학과 단순성을 추구했는데, 1780년경의 뉴턴 기념비 계획안은 대표적이다. 또한

C. N. 르두는 1765~1780년에 여러 개의 건물을 설계하면서 프랑스 고전주의 전통과 고전건축의 새로운 정신을 조화시키며 극적인 효과를 자아내는 건축을 시도했으며 뒤랑은 건축서와 교육을 통해 신고전주의 건축을 전개했다.

그림 2-52. 알테스 박물관

18세기 중엽 프랑스의 루이 16세 양식은 독일로 흘러 들어가 독일의 신고전주의 건축에 영향을 주었다. 프로이센의 프리드리히 빌헬름 2세(1786~1797재위)는 베를린을 문화의 중심지로 만들기로 계획하고 건축가 칼 랑간스, 다피트 길리 등을 불러들였다. 이러한 노력으로 독일은 신고전주의 건축을 가장 강하게 추구하고 잘 이해하는 나라가 되었다. 특히 길리의 제자 쉰켈은 1815년 궁정건축가가 되어 베를린을 이성적인 그리스 양식 건축물의 도시로 바꾸는 데 큰 역할을 했다. 알테스 미술관은 그의 대표작이다*(그림 2-52)*.

미국에서 신고전주의 건축은 19세기에 번성했다. 거의 모든 주요도시에 그 실례들이 남아 있는데, 토머스 제퍼슨이 설계한 버지니아 주 의회의사당, 몬티첼로, 버지니아대학교 캠퍼스 등이 대표적이다. 러트로브는 1796년 미국에 건너온 최초의 미국 직업건축가였다.

⒀ 고딕 복고건축

고딕 복고건축이란 용어는 19세기 중엽 영국에서 중세건축을 모방하여 세운 건축을 설명하면서 처음 사용된 후 신고딕 건축을 지칭하는 용어로 확대되었다. 낭만주의와 가장 밀접한 고딕 복고건축은 1730년대부터 1930년대까지 영국과 미국에서 널리 유행했으나, 유럽 대륙에선 크게 발달하지 않았다. 이 양식은 주로 교회나 대학 건물에 사용되었으며 고딕 건축과는 쉽게 구별하기 힘들다.

영국에서는 고딕 건축에 대한 향수 때문에 18세기부터 발달하기 시작했고, 특히 19세기에 회화적인 정원을 계획하면서 이에 가장 적당한 양식으로 받아들여졌다. 또한 당시 고고학 발굴에 크게 힘입어 이 양식의 의의와 도덕성이 공식화되었는데, 그것은 지성에 대한 도전이었다. 이 양식은 자기 민족과 국가에 대한 향토주의, 평민주의가 크게 작용해 이를 이상화한 낭만주의 건축으로, 대표적인 건축가인 A. C. 퓨진(1762~1832)은 고딕 복고건축을 처음으로 규범화했다.

고딕 복고건축을 옹호한 중요한 인물은 영국의 존 러스킨, 프랑스의 비올레 르 뒤크 등이었으며 러스킨은 이 운동을 도덕적 · 지적 운동으로 확대했다. 19세기 후반기는 고딕 복고건축이 가장 활발하게 나타난 시기로, 건축가들은 고딕 건축에 내재하는 원리를 추구하고 그 정신에 깊이 빠져 있었다. 이 양식은 구조의 진실성과 자유스러움을 추구함으로써 건축에 공헌했으며 건축가들은 필요에 따라 구조적인 요소들을 건축 디자인에 구사할 수 있다고 생각했다.

특히 비올레 르 뒤크는 고딕 건축 구조의 적응성을 찬양했는데, 골조는 당시 대두되기 시작한 철골구조와 비슷했다. 고딕 복고건축은 고딕 건축이 가장 흥성했던 영국 · 프랑스 · 독일에서 가장 많이 일어나 이들 국가에서 국가적인 양식으로 발전했다.

영국에서는 일찍이 16세기말부터 고딕 복고운동과 낭만주의 건축 기운이 나타났다. 그 후 1818년 영국의 교회 건물법으로 고딕 건축이 더욱 강조되었으며 1836년 웨스트민스터 대수도원을 재건하면서 국가적인 양식으로 정착했다. 퓨진은 고딕 건축을 가톨릭 정신을 표현하는 건축으로 발전시키려 했는데, 그의 주장은 영국국교회 개혁가들에게 채택되었다.

한편 러스킨은 확고한 도덕적 기준을 가지고 고딕 건축을 받아들였고 1853년 〈베네치아의 돌 Stones of Venice〉을 출간하면서 이탈리아 베네치아의 고딕을 영국에 크게 유행시켰다. 1850년대 중엽 고딕 건축은 영국 교회건축의 기본이 되었고 20세기까지 일종의 절중 형식으로 지속되었다.

프랑스 건축가들은 고딕 건축이 지닌 합리성을 추구했다. 생트쥬비에브 교회는 신고전주의적이지만 그 구조 원리는 고딕에서 찾은 것이다. 비올레 르 뒤크는 중세 건축 연구의 대가로서 고딕 건축이 지닌 구조와 구성의 합리적인 체계를 추구하며 건축 형태의 논리적 발전을 강조한 반면, 형태 자체나 상세는 크게 중요시하지 않았다. 그는 19세기 건축은

19세기의 재료와 기술로 19세기의 기능을 표현하여 이루어져야 한다고 믿었다.

미국에서의 고딕 복고는 그 기원이나 본질에 대한 깊은 이해 없이 모방한 피상적인 수입이었으며, 특히 목구조 고딕 건축이 성행했다. 19세기 중반 이후 미국의 거의 모든 고딕 복고 건축가는 영국에서, 특히 러스킨의 영향을 크게 받았다. 가장 창의적인 건축가는 필라델피아를 중심으로 활약한 프랭크 퍼니스가 있다. 20세기에는 주로 대학 건물에 많이 적용되었다.

러스킨의 건축관계 저술과 퓨진의 건축활동은 미술공예운동에 영향을 주었다. 건축가이며 사회개혁가인 윌리엄 모리스는 르네상스 이후, 특히 산업혁명 이후 쇠퇴한 예술의 사회적 기반을 인식하고 공업 생산에 저항하며 중세의 정신적 · 미학적 원리가 담긴 수공예 제품의 복고를 주장했다.

그러나 결과는 시민들의 실생활문제를 해결하는 저렴한 제품을 생산하지 못했으며, 사회변혁을 이룰 프로그램도 제시하지 못했다. 1859년 모리스를 위해 웨브가 설계한 벡슬리히스에 있는 '붉은 집'은 미술공예운동의 상징이 되었다*(그림 2-53)*. 모리스의 가르침은 애슈비(1863~1942) · 크레인(1845~1915) · 보이지(1857~1941) 등에게 영향을 주었다.

그림 2-53. 붉은 집(모리스)

⒁ 고전주의 및 절충주의 건축

최근까지의 건축사에서 19세기는 역사주의 건축가들이 기술과 공학에 바탕을 둔 기능주의 건축가들을 가로막은 시기라고 평가되어왔다.

이런 측면으로 볼 때, 20세기는 기능주의 건축의 승리라는 점에서 중요시된다. 기능주의 건축가들은 역사를 참고로 할 필요가 없고 새로운 재료와 기술로도 건축설계가 가능하다고 생각했다.

그러나 오늘날에 와서 새로운 해석이 대두되었는데 그 이유는 첫째, 역사적인 건축에 대한 19세기의 진지한 연구는 그 자체가 높은 수준의 독립적인 건축운동으로 재평가되었다는 것과, 둘째, 1970년대의 포스트모던 건축의 대두로 근대건축이 현대건축의 영원한 고지는 아니라는 것을 확인시켜주고, 근대 건축의 신화에 감추어져 보지 못했던 1830~1930년의 건축을 새롭게 조명할 수 있게 했다는 점이다. 실제로 1930년대까지 세워진 거의 모든 건축은 고전적 · 전통적인 양식이다.

그 당시 파리의 에콜 데 보자르는 19세기 유럽에서 가장 중요한 건축 교육기관이었다. 이는 1819년 왕립건축 아카데미의 후신으로 창립되어 프랑스뿐 아니라 유럽 전역에서, 1850년 이후에는 미국에서도 학생들이 몰려들었다. 건축은 공익사업으로 취급되어 기념비적인 공공 건축을 고전양식으로 설계하는 데 교육의 중점을 두었다.

대표적인 건축가는 파리 오페라 하우스(1862~1875)를 설계한 J. L.C. 가르니에, 파리 시 개조계획을 한 B. 오스만, 파리 국립도서관의 열람실(1859~1867)을 설계한 H. 라브루스트 등이다. 1889년 철과 유리를 사용한 건물들이 주류를 이룬 파리 박람회 때 전성기를 이루었다. 후에 페레는 이에 대한 반항으로 가구식 구조 건물을 철근 콘크리트로 시공해 고전적으로 만들었다.

그림 2 - 54. 파리오페라 하우스

미국의 러트로브 추종자들은 창의성이 부족했다. 1846년 헌트가 미국 최초의 에콜 데 보자르 학생으로 등록했으며, 1859~1862년에는 H. H. 리처드슨, 1867~1870년에는 리처드슨의 제자 매킴이 이곳에서 공부했다. 매킴은 윌리엄 러더포드 미드, 스탠퍼드 화이트와 동업해 미국 토속 건축인 싱글 양식을 발전시켰다.

1893년 시카고에서 개최된 콜럼버스 국제박람회는 아메리카 대륙 발견 400주년 기념회장으로서 '맥킴-미드-화이트 사무소'가 주도했다. 이 박람회를 통해 이들은 공공건축 설계에 고전적인 디자인의 가능성을 발견했다. 이때의 책임건축가 버넘은 미국 주요도시에 '위대한 백색 도시' 운동을 전개했다.

⒂ 19세기말 건축

영국의 산업혁명은 철골구조 건물을 등장시키면서 새로운 유형과 구조법을 가져왔다. 1770~1772년 도드는 리버풀에 주철기둥을 사용한 세인트앤 교회를 건설했으며, 그후 J. 와트와 M. 볼턴은 맨체스터의 목면공장에 주철제 기둥과 주철제 보를 사용했다.

그림 2-55. 에펠탑

이 시기의 많은 건축가들은 고전양식에 철골구조를 사용한 건물을 지었으며, 보수적인 건축가들도 철과 유리를 사용했다. 1851년 런던에서 열린 국제박람회장 건물인 팩스턴이 설계한 수정궁은 온실구조처럼 철과 유리로 된 건물이다. 이때의 표준화된 공장제품 생산, 현장조립 시공방법 등은 후기의 국제박람회 건축에 영향을 주었다. 에펠이 설계한 1889년 국제박람회장의 에펠 탑은 프랑스 혁명 100주년을 기념하는 탑으로서 주철 아치와 트러스 구조로 건설되었다.

미국에서는 이른바 시카고파가 태동하면서 건축에서 가장 중요한 새로운 유형이 탄생했다. 특히 은행 · 증권거래소 · 사무소 · 백화점 등이 최대의 수익을 올리기 위해 지가가 비싼 도심에 고층으로 건립되었다. 철과 유리를 이용하는 건축재료의 변화와 엘리베이터의 발명은 고층화를 촉진하고 골조를 그대로 노출한 직접적이고 새로운 건축어휘를 개척하면서 상업적인 고층건축이 가진 상징성을 추구하게 만들었으며, 건축미에 대한 철학에 변화를 일으켰다.

재래의 건축방법을 따른 건축가들이 설계한 고층건물은 조적조 구조로서 탑과 비슷한 외관이었으나, 1884~85년의 시카고 건축가들은 이러한 구조적 문제를 해결했다. 그중에서 W.Le B. 제니는 시카고파의 창시자로서 그의 가정보험회사 건물은 대표적인 예이다. 또한 그 당시 시카고 건축가들은 철골조가 나타낼 수 있는 더욱 미적인 구조를 개발했다.

리처드슨의 마셜 필드 백화점(1885), 설리번의 개런티 빌딩(1895), 웨인라이트 빌딩(1890~1901), 버넘의 릴라이언스 빌딩(1890~1895)은 대표적이며, 이로써 시카고는 새로운 건축의 중심지가 되었다. 시카고파를 통해 근대건축은 상징적으로 그에 합당한 형태를 얻어 철구조와 효율적으로 이용이 가능한 공간, 뼈대를 표현하는 외관, 장대한 스케일을 갖추었다.

⒃ 아르누보 건축

19세기말의 절충주의와 고전주의에 대한 반작용으로 생긴 아르 누보 건축은 자연물의 형체에서 볼 수 있는 길고 굽어진 선이 특징이며, 유럽을 중심으로 전 세계에 널리 퍼졌다.

1881년 브뤼셀에서 발간된 〈아르 모데른 L' Art Moderne〉지는 전위 예술의 중심 역할을 했으며, 이를 계기로 1893년 '20인 그룹' (Les XX Groupe)이 탄생했다. 아르누보의 명칭은 벨데가 실내를 설계한 파리의 화랑이름(Maison de l' Art Nouveau)에서 유래했다. 미술공예운동과는 반대로 아르누보는 개인의 취향을 우선하는 예술을 지향해, 견고한 생활상이나 사회현실을 바탕으로 한 디자인과는 다른 건축을 추구했다.

아르누보는 비올레 르 뒤크의 구조의 진실성과 설리번의 유기적 건축이론에서 영향을 받았으며, 또한 철과 유리를 건축 표현수단으로 사용할 것을 지향했다. 빅토르 오르타는 유럽 대륙의 아르누보 운동을 대

그림 2-56. 가우디의 사그라다 파밀리아

표하는 건축가로서 과거의 양식에서 탈피해 형태나 구조의 측면에서 철을 사용한 선형 장식을 즐겨 썼으며, H. 반 데 벨데는 이론 및 실무면에서 흐르는 듯한 순수형태를 주창했는데 우클레 소재 자택은 대표적이다.

한편 A. 가우디는 또다른 측면에서 가장 대표적인 아르누보 건축가로서 고딕의 구조적인 합리성에 기초해 자신이 활동한 스페인 카탈루냐 지방의 문화를 배경으로 한 건축을 했다. 대표작으로는 성 파밀리아 교회(1883~), 카사 밀라 아파트(1905) 등이 있다. 영국의 C. R. 매킨토시는 유럽 대륙의 아르누보 건축가들과는 달리 글래스고 지방에서 장식을 배제한 단순하고 우아한 입방체를 바탕으로 작품활동을 했다. 미국에서는 아르누보가 건축공간보다는 장식 요소로 사용되었다.

한편 빈 분리파(Sezession) 운동의 건축가들은 이성이나 논리를 바탕으로 하지 않는 아르누보와는 대조적으로 고전주의 건축을 시도했다. 오스트리아의 O. 바그너, J. M. 올브리히, J. 호프만 등은 대표적인 건축가들이다. 분리파운동의 건축은 리트벨트의 슈뢰더 주택(1924) 등에 계승되었다.

⒄ 20세기 건축(근대건축)

근대건축운동은 비역사적인 기능주의에 바탕을 둔 건축을 창조하기 위한 시도로 이루어졌다. 새로운 공간 개념은 새로운 건축이념과 재료로 실현 가능하다는 믿음으로 19세기 건축 양식의 다양성을 거부하고, 20세기 건축은 근대적인 인간에게 합당한 건축이어야 한다고 생각했다.

독일공작연맹(Deutscher Werkbund)은 디자인을 맡은 예술가와 제품을 생산하는 산업가 사이의 공백을 메우기 위해 H. 무테지우스를 중심으로 결성되었다. 그후 P. 베렌스가 1907년 아에게(AEG)회사의 건축 고문에 취임해 근대 디자인을 주도하면서 더욱 발전했는데, 1914년에는 쾰른에서 최초로 공작연맹 전시회를 개최해 새로운 건축을 선보였고 이념논쟁도 벌였다. 1927년에는 슈투트가르트에서 바이센호프 집합주택단지 주택전시회를 개최하여 외국의 여러 선도적인 건축가들이 참가했다. 당시 발터 그로피우스, 르 코르뷔지에, 루트비히 미스 반 데어 로에 등은 베렌스의 사무실에서 일하며 근대건축을 수업했다.

아돌프 로스는 1908년 논문 〈장식과 죄악〉에서 그 시대 문화에 대한 조형적인 가치가 없는 장식은 죄악이라고 주창하며, 건축가들은 실제와 내용이 분리된 허구의 건축을 해서는 안된다고 역설했다. 빈에 있는 슈타이너 주택(1910)은 그의 근대건축 이념이 표현된 대표작이다.

그로피우스는 1915년 바이마르 미술공예학교의 교장이 되었으며, 1919년에는 이를 미술 아카데미와 통합해 바우하우스로 발전시켰다. 그는 수공예 방식보다는 예술과 공업과의 협력을 통해 조형예술을 종합화해야 한다는 건축과 건축 교육에 대한 확고한 사상을 확립하고 1923년에 건축선언문을 발표했다.

바우하우스는 1925년 데사우로 이전하여 1925~1926년 선구적인 새로운 바우하우스 프로그램을 개발하고, 신축한 바우하우스 교사를 통해 근대건축의 본보기를 보였다. 1928년에는 H. 마이어가, 1930년에는 미스가 바우하우스 교장직을 이어받았다. 미스는 자연적이며 우아하고 단순한 질서를 표현한 디자인을 발전시켰다. 바우하우스는 1933년 나치에 의해 폐교당할 때까지 가장 중요한 건축학교였는데, 그후 강제 출국당한 많은 바우하우스 교사들은 전세계에 바우하우스 교육원리를 전파했다.

그로피우스는 1934년 영국으로 이주했다가 1937년 미국으로 건너가 하버드대학교에서 M. 브로이어와 함께 바우하우스 교육이념을 교과과정에 도입했다.

프랑스에서는 T. 가르니에가 재료 · 구조 · 구성 등을 새로운 경향으로 개척하고, 1901~04년에 '공업도시계획안'(Cite industrielle)을 제안하고 1917년 이를 발간했다. 그는 근대건축, 근대도시를 위해 철근 콘크리트를 사용할 것을 주장했다. 1903년 A. 페레는 파리의 프랑클랭가(街) 공동주택에서 철근 콘크리트의 기술적인 가능성을 과시했다.

한편 미래파 운동은 이탈리아를 중심으로 전개되었는데, 대표적인 건축가 산텔리아의 미래도시 설계가 1914년 밀라노에서 전시되었다. 그는 도시는 새로운 기술 시대의 상징이 되어야 한다고 주장하며, 미래도시에 대한 확고한 환경을 제시할 것을 역설했는데, 1914년 '미래파 건축선언'으로 발표되었다.

독일을 중심으로 1920~1925년경에 전개된 표현주의 건축은 제1차 세계대전의 패전과 제2제국의 붕괴에 따른 혼란에 대한 반작용으로, 개인적인 차원에서 예술의 내적인 느낌을 철 · 유리 · 콘크리트를 사용해 표현하는 조형적인 외부형태를 추구했다. 관련 건축가는 B. 타우트, E. 멘델존 등이다.

1917년 레이덴에서 조직된 네덜란드의 데 스틸(de Stijl)은 예술 및 디자인 운동으로서, 큐비즘의 영향을 받아 서로 직교하는 직선과 단순하고 명확한 표면을 사용하며 더욱 추상적인 건축 형태 언어의 순수성을 추구했다. 이 운동에 참여한 대표적인 건축가는 J. J. 오우트, G. 리트벨트 등이다. 위트레흐트에 세운 리트벨트의 슈뢰더 저택은 데 스테일의 건축 내용을 표현하는 대표적인 예이다.

그림 2 - 57. 리트벨트의 슈뢰더 하우스

르 코르뷔지에는 근대건축의 이론적인 기초가 된 〈건축을 향하여 Vers une architecture〉(1923)를 발간하고 국제주의 건축을 지지했다. 그는 주거 · 도시 문제에 관해 언급하고 이에 대한 새로운 제안을 했다.

볼셰비키 혁명 후의 소련은 1920년 V. 타틀린의 제3 인터내셔널 결성 이후 건축 모델은 자연보다는 기계적인 미학임을 주장한 구성주의 건축이 대두되었으나 1930년대에 스탈린 정부가 근대건축을 싫어하여 고전적이고 기념적인 건축 양식을 채택하자 쇠퇴했다.

1930년대 이후 근대건축은 유럽 전역에 확산되어 토목 분야에서는 R. 마야르의 아름다운 구조미를 보여주는 철근 콘크리트 교량들이 건립되었으며, 핀란드에서는 A. 알토가 지역에 맞는 근대건축을 전개했다. 미국의 시카고파 제2세대로는 F. L. 라이트가 가장 대표적인데, 그는 초원의 건축을 통하여 건물이 들어설 대지 · 지역 · 구조 · 재료에 대한 이해를 바탕으로 건축 배치와 평면, 특성 있는 공간주제 등이 돋보이는 유기적 건축을 설계했다. 그의 후기 작품인 펜실베이니아 주에 있는 낙수장(1936)은 대표작으로 평가받는다.

그로피우스가 바우하우스 총서 제1권으로 발간한 〈국제주의 건축 Internationale Architektur〉(1925), 1932년 뉴욕 근대미술관에서 열린 근대 건축 전시회, 그리고 H.히치콕과 P. 존슨이 같이 쓴 〈국제주의 양식 : 1922년 이후의 건축 International Style : Architecture Since 1922〉의 발간은 근대건축의 국제화를 가속시켰으며, 기능주의 건축에 큰 영향을 끼쳤다.

입체파와 신조형주의 회화가 지닌 미학의 영향을 받은 기능주의 건축가들은 건축 역사를 배제하고 장식을 거부하며, 철과 유리와 콘크리트를 사용한 건축의 기능과 기계미를 강조했다. 대표적인 건축가는 발터 그로피우스, 루트비히 미스 반 데어 로에, 르 코르뷔지에, 리처드 노이트라, 필립 존슨 등이다.

미스는 초기에는 실제 작품보다 사무소 건물 계획안(1919), 유리 마천루(1921), 일련의 벽돌조 전원주택안(1923) 등의 계획안으로 그의 건축방법을 탐구하여 제시했으며, 바르셀로나 국제박람회 독일관(1929)은 근대건축에서 기억될 가치를 지닌 중요한 건축이다. 1937년 미국으로 이주한 이후에는 일리노이공과대학에서 건축교육을 하며 시카고를 중심으로 철과 유리로 된 격자형 입방체 형태의 건축을 추구했다.

그림 2 - 58. 바르셀로나 파빌리온 (미스)

1933년 이후 독일 · 이탈리아 · 소련을 탈출한 건축가들의 미국 유입으로 미국은 국제주의 건축의 중심지가 되었다. 르 코르뷔지에는 집합주택안을 제시한 도미노 주택 계획안(1914~1915), 시트로앙 주택안 전시(1922), 새로운 건축의 5가지 요점의 제시(1926), 국제연맹 설계경기 응모안(1927), 사부아 주택(1931) 등으로 근대건축을 체계적 · 논리적으로 전개했다.

근대건축국제회의(CIAM)는 S. 기디온, 르 코르뷔지에 등을 중심으로 1928년 스위스의 라사라즈 제1차 회의에서 결성되어 아카데미즘에서 건축을 해방시키고 건축과 도시 계획에서 시대가 요구하는 미학과 환경을 창조하기 위한 근대건축운동을 전개했다. 그후 1959년, 10차 회의를 끝으로 해체할 때까지 진보적인 건축가들 사이의 국제적인 교류를 활성화하며 근대건축과 도시계획에 대한 새로운 가능성을 토론하고 주장했다.

제1 · 2차 세계대전 사이의 근대건축가인 그로피우스, 미스, 르 코르뷔지에, 라이트, 알토 등은 제2차 세계대전 이후에도 지배적인 건축가로 활동했다. 또한 근대건축국제회의 해체 이후 J. B. 바케마, A. 반 아이크, 스미스슨 부부 등을 중심으로 결성된 '팀 10' (TEAM 10)에 참여한 건축가들은 근대건축에 회의를 품고 이를 보완, 발전시키는 새로운 건축을 시도했다. 1960년에 결성된, 아키그램을 중심으로 활동한 P. 쿡(1936~) 등의 건축가들은 잡지 〈아키그램 Archigram〉을 통하여 '가동적 개념' 을 도입한 건축을 제시했다.

제2차 세계대전 이후 건축에서는 상업 및 산업 사회의 상징으로 사

그림 2 - 59. 구겐하임 미술관내부

무소 건물이 중요한 위치를 차지하는데, 뉴욕 시에 있는 '스키드모어-오윙스-메릴 사무소 '의 레버 하우스(1952), 미스의 시그램 빌딩(1954~1958) 등이 대표적이다. 1952년경부터 근대건축의 전환 기미가 보이기 시작했는데, 초기에는 근대건축이 추구한 기능주의, 국제주의 양식에서 기념적인 형식주의로 바뀌면서 건축가들은 조소적인 형태와 공간 처리에 큰 관심을 가졌다.

라이트의 뉴욕 시 구겐하임 미술관(1956~1959), 르 코르뷔지에의 마르세유 아파트(1946~1952)와 롱샹의 교회(1950~1955), 라투레트 수도원 (1957~1960), 웃존의 시드니 오페라 하우스(1956~1973), 사리넨의 T. W. A. 공항(1956~1962) 등은 대표적인 예이다. 르 코르뷔지에는 루치우 코스타, O. 니마이어 등 남아메리카의 건축가들에게도 영향

그림 2-60. 퐁피두 센터

을 미쳤다. 이즈음 활동한 근대건축의 다음세대 건축가로는 J. L. 세르트, E. 사리넨, L. 칸, I. M. 베이, P. 존슨, 단게 겐조, K. 로치, C. 펠리 등이 있다.

제2차 세계대전 후 규모가 큰 많은 건축물들은 거의 모두가 문화 센터, 교육기관, 연구기관의 발주로 지어졌다. 예를 들어 한스 샤룬의 베를린 필하모니 홀(1963), 루이스 칸의 리처드 의학연구소(1960), 예일대학교 브리티시 미술관(1969~1974), 폴 루돌프의 예일대학교 건축학부 건물(1963), 렌초 피아노와 리처드 로저스의 퐁피두 센터(1971~1977), J. 스털링의 슈투트가르트 미술관(1980~1983) 등이 있다.

다른 한편 항공교통, 박람회, 운동경기장 건축 등도 제2차 세계대전 후의 건축의 발전에 기여했다. 단게 겐조의 1964년 동경 올림픽 체육관, 사리넨의 낼러스 공항, F. 오토의 몬트리올 박람회 서독관, B. 풀러의 미국관, M. 사프디의 주거관 67(Haitat 67), 그리고 오사카 엑스포 1970 등이 대표적이다. 고도로 발달한 건축구조 개념과 상상력을 바탕으로 건축을 탐구한 건축가로는 이탈리아의 P. 네르비, 미국의 풀러, 스페인의 E. 토로하와 F. 칸델라, 독일의 오토 등이 있다.

근대건축의 5장(匠)

1. Frank Lloyd Wright(1867~1959)
2. Walter Gropius(1883~1969)
3. Mies van der Rohe(1886~1969)
4. Le Corbusier(1887~1965)
5. Alvar Aalto(1898~1976)

근대 건축을 이야기 할 때 빠지지 않고 등장하는 5인의 장인들은 현대의 건축물로 넘어가는 과도기에 태어나 각자의 철학과 건축관을 체계적으로 확립하여 후세에 남겨준 사람들이다. 이들이 장인으로 불리우는 이유는 그들의 건축작품을 통하여 알 수 있지만 현대건축을 이끌어 가는 사상적, 철학적 세계를 구축했다는데 그 이유를 들 수 있을 것이다.

⒅ 현대건축(탈근대건축)

그림 2-61. 강남교보빌딩

1960년대에 들어서면서 근대건축에 대한 불만과 비판이 본격적으로 나타났다. 이러한 경향은 특히 미국에서 관련 저술의 발간을 배경으로 일어났다.

J. 제이콥스는 〈위대한 미국 도시의 죽음과 삶 The Death and Life of Great American Cities〉(1961)에서 근대건축의 이상향에 의한 도시의 파괴를 지적했으며, R. 벤츄리는 〈건축의 복합성과 대립성 Complexity and Contradiction in Architecture〉(1966)에서 근대건축이 상실한 건축의 상징성과 의미의 중요성을 다시 일깨우며, 이는 근대건축이 너무 단순하고 순수한 것만을 추구하며 디자인했기 때문이라고 지적했다. 그는 인간성을 지닌 건축을 만들 것과 상업건축도 건축의 영역으로 끌어들일 것을 주장하며, 건축에 역사적인 양식의 도입을 적극적으로 장려했다.

야마사키가 설계한 세인트루이스에 있는 프루트 이고우 아파트의 폭파 철거(1972)는 근대건축의 종말을 알리고 탈근대건축이 대두하는 상징적인 사건이었다. 탈근대건축가로는 C. 무어, M. 그레이브스, R. 스턴 등이 대표적이며, 특히 P. 존슨이 설계한 에이티앤티(AT&T) 빌딩

(1978~1984)과 그레이브스의 포틀랜드 공공사업 건물(1980~1982)은 탈근대건축에 큰 영향을 미쳤다. 그러나 이러한 거의 모든 탈근대건축가는 실제로 근대건축가들에게 건축 수업을 받으며 훈련을 받았거나 근대건축가로 건축을 시작했기 때문에 탈근대건축에는 근대의 건축 내용이 많이 계승되어 있다.

또다른 탈근대 계열로 이탈리아 · 독일 · 오스트리아를 중심으로 활동하는 신이성주의 건축가들이 있다. 이들은 도시 구조와 환경을 새롭게 하기 위한 시도를 보여주었는데, 상업주의와 근대건축으로 파괴된 무질서하고 혼란스러운 도시를 역사 속의 도시와 건축의 유형에서 그 단서를 찾아 건축의 고유한 자율성 위에서 건축을 한다. A. 로시의 〈도시의 건축 L'architettura della citta〉(1966)은 이러한 건축이념을 나타낸 대표적인 저술이다. 대표적인 건축가로는 A. 로시, O. M.웅거스, L. 크리어, 그리고 스위스 티치노 지방에서 활동을 하는 M. 감피, M. 보타를 들 수 있다.

그외에도 근대건축 이후에 활동하고 있는 대표적인 건축가로는 C. 스칼파, R. 마이어, P. 아이젠만, H. 홀라인, 마키 후미히코, 이소자키 아라타, N. 포스터, F. 게리, R. 크리어, R. 보필, H. 얀 등이 있다.

3 현대의 건축

"건축물 하나로 시대를 읽는다"

건축물은 시대의 비석이다. 고고학자들은 옛 건축물의 파편 하나 하나에서 그 시대상을 읽는다. 이러한 특성은 근현대 건축물도 마찬가지다.

3.1. 현대건축의 시작은?

제2차 세계대전 후의 건축을 보면, 대전 전에 거장이던 르 꼬르뷔지에와 미스 반 데 로에가 여전히 주도적 위치를 차지하고 있음을 알 수 있다. 르 꼬르뷔지에는 평탄한 활면(滑面)이나 판(版)의 조형에서 보다 유기적인 곡면(曲面)이나 거친 면으로 싸인 매스(mass)의 조형으로 극단적인 작풍(作風)의 변화를 보여, 마르세유의 아파트(Unite d · Habitation) 등의 여러 건축에서 철근콘크리트가 가지는 자유도(自由度) · 조소성(彫塑性) · 역감(力感) 등을 충분히 발전시켰다. 한편 미스 반 데 로에는 근대정밀공업의 높은 가공정밀도를 도입하여, 거의 이상화된 순수기하학적인 근대건축의 구체화에 성공하였다.

그림 2 - 62. 롱샹성당, 꼬르뷔지에

시카고의 아파트와, 뉴욕의 시그램 빌딩(Seagram Building)은 고도의 시공정밀도와 완벽한 비례에 의해 고전적인 완성미에 도달하고 있다. 이 두 거장을 양극으로 하여 현대의 건축은 전쟁 전의 국제적 성격에 대해서 한층 현저한 지역성과 전통적 특색을 나타내게 되었으며, 동시에 보다 자유롭고 개성적인 형태가 표현되게 되었다. 이러한 다면적 경향(多面的傾向)을 조장하고 있는 것은 이탈리아의 P.L.네르비, 멕시코의 F.칸델라, 에스파냐의 E.토로야 등의 조형적 재능이 풍부한 구조 엔지니어들에 의한 정교하고 치밀한 가구기술(架構技術)의 개척이다. 이것은 가구의 자유도를 풍부히 확대함으로써, 총괄적으로 보아 현대건축의 선단(先端)을 명백히 전쟁 전의 고전기(古典期)를 탈피하고 좀더 자유롭고 동적(動的)인 새로운 양상, 말하자면 근대건축의 바로크적 양상으로 전환하게 하였다고 할 수 있다.

그림 2 - 63. 시그램빌딩 미스 반 데 로에

건축활동의 지도적 중심은 유럽과 미국으로 양분되었으며, 미국에서는 미스 반 데 로에와 프랭크 로이드 라이트를 양극으로 하여 다양한 고도의 기술성을 추구하는 건축가들이 활동하였다. 라이트의 존슨왁스 연구소(1950), 구겐하임미술관(1946~59), 로에의 일리노이 공과대학 예배당(1952), 시그램 빌딩(1958), P.존슨의 자택인 유리의 집(Glass House), L.칸의 펜실베이니아대학 의학연구소(1957~61), E.사리넨의 T.W.A.공항 터미널 빌딩(1956~62), 달라스 공항 건물(1958~62)), P.루돌프의 예일대학 예술학부(1959~63) 등이 대표작품이라고 할 수 있다.

그림 2 - 64. Dulles 공항

한편, 유럽에서는 르 코르뷔지에의 마르세유의 아파트(1946~52), 롱샹의 교회당(1950~54), 네르비의 스포츠 전당(1956~57), M.브로이어의 유네스코 본부(1955~58), H.샤론의 베를린 필하모니 오케스트라를 위한 콘서트홀(1956~63) 등을 들 수 있다. 그러나 현대건축의 특색은 이상과 같은 선단적(先端的) 변화와 함께 근대건축의 일반적인 보급

그림 2-65. 오페라하우스

에 있으며, 한국을 비롯한 중진국, 아시아 ·아프리카 등의 후진지역에서 선진국 이상으로 급속히 보급되고 있다는 점에 있다. 말하자면 르 코르뷔지에의 인도의 샹디가르(Chandigarh) 종합 도시계획(1950), 요른 웃존(Jorn Utzon)의 시드니 오페라하우스(1956), 니마이어의 브라질 종합도시계획(1956) 등은 국제적인 관심을 모은 것들이다.

3.2. 한국의 현대건축

건축은 그와 관련된 여러 요인, 즉 사회 · 경제 · 정치 · 문화 등이 합성된 요인의 복합적인 결과로서 시대에 따른 형태와 양식으로써 표현된다. 일제강점기의 서구이식 문화의 식민지적 재이식(再移植)은 광화문 철거 등에서 보듯이 우리의 정통적 건축문화를 말살하려는 것이었다.

일본이 한국을 강점했던 1910~45년 사이의 한국에서의 건축 활동은 일본의 건축문화의 연장으로서, 일본에서 급속히 성장하고 있던 서구문화가 그대로 이식되던 시기였다. 이것은 우리의 근대건축이 형성될 시기였으므로, 우리의 진실한 건축적 기반이 조성되는 것을 방해하였으며, 나아가서는 8 · 15광복 후 다른 나라와 보조를 같이 하여 현대건축의 길을 여는 것을 막았다. 이 당시(1920~30)는 일본의 건축계가 절충주의와 전위적인 서구건축의 세제션(secession) 유파의 건축이 횡행하던 시기이다. 이 당시의 일본 건축계의 사정이 바로 우리 건축계의 현실이었다. 이렇게 한국의 근대 건축은 일본인 또는 외국인의 손을 빌려서 일본인에 의하여 서구건축을 그대로 옮기는 작업에서부터 시작되었다.

그 당시의 대표적 건물로는 조선은행(현 한국은행, 1912년 준공) · 구 조선호텔(1914) · 경성우체국(구 중앙우체국, 1915년 준공) · 서울역(1925) 등이 있으며, 이들은 르네상스 건축의 아류(亞流), 또는 절충주의 건축으로 볼 수 있다. 한국에서 양식적 표현이 전혀 보이지 않는 합리주의적 건축의 최초 시도는 1927년 건립된 남대문 옆 구경성상공장려관(대한무역진흥공사 구사옥)이다. 이러한 경향의 건물이 일본에 출현한 시기는 한국과 거의 같은 시기인 1927년의 도쿄[東京] 아사히신문사[朝日新聞社], 28년의 신주쿠[新宿] 무사시노관[武藏野館] 등인데, 이런 사실로 미루어 일본 건축의 식민지적 연장이 그대로 실현된 것을 알 수 있다.

8 · 15광복 이후 건축문화의 발전을 기대하였으나 식민지 후유증으로 인하여 모진 진통을 겪게 되어, 10년 남짓한 문화발전의 단절기가 오게 되었다. 말하자면 일본은 한국의 기후 · 전통 · 민족성을 무시한 채 그들 섬나라의 건축양식을 이식한 결과, 한국 민족만의 건축을 실현할 기회를 얻지 못한 혼란상태에 놓이게 된 것이다. 1950년 6 · 25전쟁으로 건축문화가 단절되었고, 1955년부터 61년 군사혁명에 이르는 자유당 집권기는, 뒤늦게 개화를 본 국제 건축양식의 무비판적인 도입기였다고 할 수 있다.

이 시기는 정치적 혼란 및 경제적 빈곤으로 인하여 건실에 큰 기대를 걸 수 없었던 시기였지만, 운크라(UNKRA)와 유네스코(UNESCO)의 재정적인 도움으로, 서울 대방동에 740평의 국정교과서 주식회사의 인쇄공장이 건립되어 효시를 이루게 된 것은 의의 있는 일이었다. 1955년 국영 제1방송국(김태식), 인하공대 기공관 및 기숙사(정인국), 1956년 이화여대 강당(강윤), 동국대학 본관(송민구), 1957년 서울농대 기숙사(수원, 강명구) 등은 같은 계열의 작품으로 한국의 근대 건축기술 발전의 시초로 볼 수 있다.

그림 2-66. 프랑스 대사관, 김중업

르 코르뷔지에(Le Corbusier) 건축사무소에서 1952년 10월부터 3년 6개월간 건축 및 도시계획을 수업하고 1956년 3월 귀국한 김중업은 본격적인 건축창작활동을 하며, 한국의 고전을 현대감각으로 표현하는 작업에 몰두하면서 홍익대학에서 건축학을 가르쳤다.

그는 서울이 당면한 도시계획 · 건축 등의 문제에 대한 정부시책을 과감하게 비판함으로써 1971년 11월 출국하여 프랑스에 거주하게 되고, 1972년 3월 르 코르뷔지에 재단이사로 선임되었으며, 미국으로 이주하여 프로비던스의 대학에서 교편을 잡다가 1979년 귀국하여 죽을 때까지 많은 작품을 남겼다. 그는 한국문화 속의 샤머니즘적인 체험과 내면에 분출된 원초적인 힘 등, 보이지 않는 무한한 생명력을 느끼게 하는 주제를 가지고, 시정이 흐르는 생략적이고 암시적인 방법으로 건축에 대한 정취를 표현하였다.

초기 대표 작품으로는 〈명보극장〉(1956), 〈서강대학교 본관〉(1958), 서울 장위동 〈'人'자의 집〉(1958), 〈드라마센터〉(1959) 등이 있으며, 1960년 그의 대표작으로 평가되는 〈주한프랑스대사관〉을 선보였다.

콘크리트로 지붕 처마선을 직선과 곡선으로 처리한 형태와 단아한 전체구성과 공간처리는 한국의 얼과 프랑스다운 우아함이 잘 어우러진 건물로서 한국현대건축에 큰 영향을 주었다.

그뒤의 주요 작품으로는 〈설씨 청평산장〉(1962), 〈제주대학 본관〉(1964), 〈서산부인과의원〉(1965), 〈부산 UN묘지 정문〉(1966), 〈3·1빌딩〉(1969) 등이 있으며, 1970년대 외국에 체류하며 설계한 작품으로는 성공회회관(1974), 한국외환은행본점 설계경기안(1974) 등이 있다.

그림 2-67. 국립자유센터, 김수근

1959년에는 '가장 기능적이고 이상적인 국회의사당, 대한민국 국회의사당으로서의 품격이 구현된 건축양식'을 내세워 국회의사당 현상설계를 모집한 결과, 재일교포로 구성된 박춘명·김수근·강병기·정경·정종태의 설계팀이 당선되었다. 1962년 위커힐 건물, 같은 해 을지로 입구 오양 빌딩(김수근 작)은 사무소 건축으로 새로운 경지를 보였는데 마감 재료의 새로운 경향인 노출콘크리트를 소재로 하여 새로운 면을 보였으며, 63년 마포아파트 건설은 주택공사의 주관 아래 새로운 도시 주거 형태를 제시하였다. 1964년 김수근의 자유센터는 주한 프랑스대사관저(김중업 작) 이후 2번째로 등장한 획기적 작품으로 대두되는 등, 보다 적극적인 건축발전을 보게 되었다. 1965년은 건축가의 직분이 확립되는 해였다.

건축사법이 공포된 지 2년 만에, 제1회 건축사자격시험을 개최하여 많은 건축사를 배출하였다. 1968~1969년의 한국 건축의 특징은 점차적인 건물의 대형화·고층화 현상이다. 정부종합청사(21층), 조선호텔(20층), 대연각호텔(20층), 삼일빌딩(31층) 등이 세워졌다. 종합청사는 특이한 구조를 자랑하였고, 조선호텔은 상업건물로서 특이한 평면형과 모든 세부처리방법 등이 한국적 경지를 초월한 예로 들 수 있다.

1969년을 장식하는 건축군(建築群)으로서는 한국과학기술연구원(KIST)으로서 보다 새로운 감각으로 주위환경에 조화하는 단지를 조성하였다. 1970년대 플라자호텔, 구 반도호텔 자리에 건설된 롯데호텔, 남산의 하얏트호텔과 1980년대에 대한생명63빌딩, 무역센터, 예술의 전당 등 국제적 수준의 건물들이 들어서서 건축 양상은 다채로워졌다.[1]

3.3. 현대 건축의 배경 및 특징

현대 건축의 시작은 현대 건축 국제회의가 붕괴한 1956년을 기점으로 한다.

현대 건축의 탈 CIAM적인 경향은 크게 두 가지 특성을 나타내는네 첫째 특성은 고도화한 기술 문명이 만들어 놓은 막대한 건설 수요와 조직적 생산 기술의 구사를 통해, 2차 세계 대전 이전에는 생각할 수 없었던 규모와 복합성에서 생기는 새로운 건축 기능과 도시 기능을 현실화하려는 입장이다. 둘째 특성은 기술 문명의 진행을 부정하는 입장에 있는 것으로, 현대 기술 문명에서 소외된 인간성을 도시 생활과 건축의 새로운 접근으로 회복하려는 노력이다.

이를 추구한 건축가들은 비인간적이고, 기능 중심의 공업적 합리성을 배제하고, 풍부한 표현력과 개성을 가진 건축을 창조하려 하였다. 이와 같은 경향은 CIAM적인 건축 이념을 과거의 것으로 보고, 근대 건축 미학의 성형을 변형시키려는 시도로 나타났다.

1960년대 이후의 현대 건축에 나타난 특징적인 경향은 금욕적인 무장식의 접근 방법에 따랐던 근대 건축 시대의 규범을 넘어서게 되었으며, 형태와 공간에 대한 상상력과 전통적이고 토속적인 건축들의 선례 속에 담겨 있는 불변의 표현적 요소를 추구하여, 새롭고 인간적인 건축 표현을 달성하려는 건축가들의 노력이 전개되어 가고 있는 점이다.

---

1) http://kdaq.empas.com/qna/3385163?n=3385163 지식검색 참조.

김수근[金壽根, 1931~1986]

서울 출생. 1952년 서울대학 건축과 2년 중퇴 후, 일본으로 건너가 1958년 도쿄[東京]예술대학 건축학과를 졸업하고 1960년 3월 도쿄대학교 대학원에서 석사학위를 받았다. 1961년 귀국, 김수근건축연구소를 열고 1972년까지 대표를 지냈다. 그 사이 1961~1968년 홍익대학 조교수로 재직했다.

1966년 종합예술지인 월간 《공간(空間)》을 창간하였고, 1971년 '공간사랑'을 건립하여 문화활동의 장소로 개방하였다. 1968년 한국종합기술개발공사 사장, 1970년 김수근설계사무소 대표, 1971년 대한민국미술전람회 초대작가, 1972년 건국대학교 공과대 교수, 1975~1986년 국민대학교 교수, 1985~1986년 공간그룹 회장 등을 역임하고, 후진양성과 현대 건축설계에 큰 업적을 남겼다.

1982년 미국건축가협회 명예회원이 되었고 국민포장(國民褒章: 1970), 미국 범태평양건축상(1971), 이탈리아문화공로훈장(1979), 철탑산업훈장(1984), 은탑산업훈장(1986) 등을 받았다.

대표적인 작품에는 《자유센터》, 이란 테헤란의 《엑바탄 주거단지》, 서울 잠실종합운동장 내 《올림픽 주경기장》 《마산 양덕성당》 등이 있다. 김수근 기념사업을 위해 김수근문화재단이 설립되었다.

김중업[金重業, 1922~1988]

1900년대 식민지와 6.25전쟁의 소용돌이로 인해 세계 건축의 흐름에 '소외' 정도를 너머, '고집'으로 일관된 우리나라의 건축적 상황에서 서구의 모더니즘을 한국 건축으로 승화시킨 최초의 건축가이며, 자기만의 독특한 건축적 경지인 서양건축의 한국화 혹은 한국건축의 현대화를 이룬, 한국 현대 건축사에서 가장 독보적인 위치를 점하는 건축가가 바로 김중업이다.

1922년 평양에서 5남 2녀중 차남으로 태어나, 어려서 부터 감수성이 예민하여 시와 그림에 탐닉하던 그는 그림교사의 권유로 요코하마고등학교 건축학과에 입학하여 파리 에꼴 데 보자르 출신의 나까무라 준뻬이교수 밑에서 가르침을 받았다. 그 후, 일본의 설계사무소에서 실무를 익힌 뒤 한국에 돌아와 서울대학교 건축학과 교수로 재직하다가 1952년 베니스국제예술가 대회에 참가, 여기서 근대건축의 건축가 거장, 르 꼬르뷔제를 만나 파리에 있는 그의 사무실에서 일하게 되면서 현대 건축사에서 가장 중요한 건축물들이 설계되는 과정을 몸소 체험하였다.

1956년 한국으로 돌아온 후 자신의 사무실을 개설하면서 자신의 창조성을 보다 확대하고 미래를 향한 거대한 세계를 펼치는 작품 활동을 하였으나 꼿꼿한 선비정신을 떠올리게 하는 성격, 비타협적인 작가의식 때문에 군사정권과 껄끄러운 관계를 유지해오다 1971년 11월 거의 반강제적으로 출국, 프랑스로 추방되어 해외에서 유랑생활을 하다가 1978년 11월 영구 귀국 1988년 5월 11일 66세를 일기로 세상을 떠나기까지 서울대 교수, 홍익대 교수, 프랑스 공인건축가, 하버드 객원교수 등을 거치면서 필그림 홀 계획안(56년), 부산대학교 본관 및 유수 대학의 건물들, 주한 프랑스 대사관(59년), 부산 충혼탑(80년), 서울올림픽 기념비(85년) 등 국내외에 대략 200여개의 프로젝트와 작품을 남겼다.

제 3 장

미래의 건축

1 건축과 환경

"진화하는 인간을 담는다"

1.1. 친환경건축

현대 산업사회는 18세기의 산업혁명을 계기로 고도의 경제성장을 이룩함으로써 풍요로운 삶을 영위할 수 있게 되었으나 다른 한편에서는, 인구의 폭발적인 증가와 이로 인한 식량부족, 재생 불가능한 천연자원의 고갈, 대기, 수질, 토양 오염 등의 환경오염을 초래하여 근본적으로 인류의 건강과 생존 자체를 위협받고 있다.

이러한 현상은 과학기술문명의 발전에 대한 의문과 함께 환경의 중요성을 일깨워 주고 있다. 즉, 인류가 삶의 질적 향상을 위해 지향해 왔던 과학기술문명이 오히려 환경문제를 유발시켜 인류의 생존자체를 위협하고 있다는 역설적인 사실을 일깨워준다. 최근 미래학자들은 이러한 현상에 대한 심각성을 인식함에 따라 다가오는 21세기를 기계, 전기, 전자의 시대를 거쳐 필연적으로 환경의 시대가 될 것으로 전망하고 있다.

그림 3 - 1. 인공위성에서 바라 본 경기도 남부의 골프장모습

경기도 내에 현재(2003) 38개의 골프장이 들어서 있다. 개발을 빌미로 이러한 무분별한 건설은 자연계뿐만 아니라 인간에게도 치명적인 손실로 고스란히 돌아올 수밖에 없다. 때문에 미래의 건축은 자연과의 조화를 얼만큼 잘 이루어 나가느냐에 달렸다고 해도 과언이 아니다.

'새집증후군' 이란

새집 입주자들이 각종 건축자재에서 나오는 유해물질 때문에 두통이나 비염, 아토피성피부염, 기관지염, 알레르기 등 각종 질환에 시달리는 현상을 말하는 것으로 화학물질과민증(MCS : Multiple Chemical Sensitivity)과 비슷한 것이다. 최근 새집증후군에 대한 현황을 보면 서울지역 아파트 중 지은 지 2년 미만의 신축아파트의 72.2% 가구에서 휘발성유해물질이 검출되었고, 설문조사 결과 36.5%가 가족 중 1명 이상이 새집증후군 증세를 보였다고 한다.

우리나라 국토의 많은 부분이 아직도 개발을 기다리고 있다. 그러나 무분별한 개발은 오히려 인간의 생활을 좀먹는 악순환의 연속이 될 것이다. 이러한 순간에 자연과의 조화가 얼마만큼 잘 이루어지느냐가 앞으로의 건축에 지대한 영향을 미칠 것으로 예상된다.

'생태학' 이라는 21세기의 새로운 패러다임은 생활의 전반에 커다란 영향을 미치게 될 것이다. 특히 개발 자체가 자연파괴라는 등식이 성립되는 현재의 개발개념에서 새로운 방향의 정립이 필요하게 된다. 이러한 배경에서 인간의 편익향상을 목표로 경제성과 합리성을 앞세운 기존의 개발개념은 1992년 리우환경회의를 기점으로 '환경적으로 건전하고 지속 가능한 개발(ESSD)' 개념으로 수정되기에 이르렀고 그 이후 1997년 12월 도쿄에서 개최된 기후변화협약에서 '온실가스규제' 에 관한 의정서를 채택함으로서 각국의 이산화탄소량 조절에 관한 압력이 강화되고 있는 실정이다.

이산화탄소 배출량의 감축은 결국 각국의 산업과 생산력의 축소와 직결되기 때문에 선진국, 개발도상국, 산유국 등의 모든 나라에서 이에 관련한 계속적인 노력이 필요함을 인식하는 계기가 되었다. 이에 따라 건축에서도 환경과 공존하는 친 환경 건축기술개발 노력과 투자가 더욱 가속화되고 있다.

우루과이라운드(UR) 타결과 함께 개정된 무역에 관한 기술장벽협정(TBT 협정)에서는 동물이나 식물의 생명과 건강 보호, 환경의 보전이라는 사항을 제시함으로써 그린라운드(Green Round)의 출현을 보게 되었다. 이러한 배경에서 UN, WTO, OECD, ISO 등 국제기구의 환경에 대한 역할은 점차 강화되고 있다.

이와 같은 국제적 환경변화에 대해 건설업계에서도 적극적으로 생태환경 기술을 개발하여 능동적으로 대응할 필요가 있다.

Paolo Soleri는 Architecture와 Ecology의 합성어인 Arcology라는 개념을 정립하였으며 최근에는 Eco-Architecture, Eco-Village, Eco-City, Green Building, 지속 가능한 건축(Sustainable Architecture), 환경건축(Environmental Architecture)이라는 말이 일반화되고 있다.

1973년 에너지 위기이후 자연형 저 에너지 건축(Passive and Low Energy Architecture)에 대한 관심이 증대되어 태양열, 풍력, 수력, 지열, 조력 등 자연에너지를 이용한 에너지 절약형 디자인 기법이 발전되고 있으며 실내 쾌적성에 대한 요구가 높아짐에 따라 실내 자연환기 유도, 주광 도입, 차양 등에 대한 연구가 활발히 진행되면서 환경 친화적 건축이 출현하게 되었다. 이러한 에너지와 환경문제를 동시에 해결하기 위한 건축적 대안중의 하나가 바로 친환경건축이다. 친환경건축은 인류의 생존과 지구환경 문제에 기여하기 위하여 건축물의 생산에서 운용까지의 모든 단계에 있어 건축물이 환경에 주는 영향 및 공해 방출을 최소화할 수 있도록 구축된 건축이라 정의할 수 있다.

이와 유사한 개념에서 생태건축을 정의하면 생태건축은 자연환경과 에너지를 생태학적 관점에서 최대한 효율적으로 이용하여 건강한 주생활 또는 업무가 가능한 건축이라고 할 수 있다. 여기서 자원이란 고전적 개념인 지구구성 4요소, 즉 토양, 물, 태양 그리고 공기로 대표되는 지구 생태계내의 모든 유 · 무기 물질을 의미한다.

친환경건축을 실현하는 길은 단순한 기술적 문제일 뿐만 아니라 철학적 과제이다. 서구적 개념에서는 이를 『그린 르네상스(Green Renaissance)』로 언급하고 있다. 즉, 인류가 잃어버린 녹색 정서를 되찾음으로써 녹색 문맹으로부터 깨어나, 생태적 삶(eco-centric life)으로 복귀하는 데에 건축의 미래가 있다는 의미이다. 미래의 건축은 인간 · 환경 지향적이어야 하며, 이러한 환경 친화적 건축은 자연과 인간의 조화를 희망하는 건축적 대안이라 할 수 있다.

친환경건축이 궁극적으로 추구하는 바는 인간의 주생활무대인 건축 환경을 하나의 인위적 생태계로 구성해서 자연생태계에 유기적으로 통합시키려는 것이다. 친환경건축이 추구하는 구체적인 목표는 다음과 같다.

① 자연시스템과 재생 가능한 자원을 효율적으로 활용 ; 자연에너지(태양열, 풍력, 조력, 지열 등) 이용, 자연조건을 활용한 실내 기후조절, 식물을 이용한 외벽보호 등

② 물과 공기의 오염, 외부로 방출되는 열, 폐기물, 폐수의 양과 농도를 극소화하고 대지의 투습성을 최대화

③ 대지 주변의 동 · 식물을 포함한 생태시스템의 유지

④ 건축물 시공과 유지관리에 필요한 에너지와 자원의 수요를 최소화

⑤ 건축물을 주위 경관과 어우러지게 배치하여 건강한 주생활과 업무를 가능하게 제공

이러한 목표를 지향하는 친환경건축에서는 자연환경과 에너지 효율을 고려한 입지선정 · 재료선택, 건물 내 · 외부의 기능 연계, 건축기술체계 그리고 수목과의 연계 및 이용이 주로 실천 방법이 된다.

인텔리젼트빌딩은 지적생산성 향상을 도모하는 인간성향을 중시한 환경구성을 조건으로 하는 빌딩이다. 인간에 있어 쾌적함 · 만족함이라고 하는 경우 노동환경으로서 육체적 · 정신적 피로를 최소화하기 위한 적절한 환경기준을 확보하고 아울러 풍부한 심리적 여유를 부여하기도 하고 휴식이나 기분전환을 하려는 공간 환경을 창출하는 것이다 인텔리전트빌딩(IB)의 기술요소는 크게 건축환경(AE), 사무자동화(OA), 건축설비(BA), 정보통신(TC)부문으로 나눌 수 있으며, 90년대 정보화와 경제문화의 국제화로 활성화 된 이후 2000년대 들어서는 지구환경 보존이라는 공통의 관심사로 친환경개발 개념이 첨가되어 인간과 자연의 조화를 꾀하는 경향이 나타난다

각 기술요소 중 인텔리전트하 된 친환경건축의 특징을 보다 더 잘 나타내기 위해서는 사용자의 쾌적성을 고려한 건축환경 조성이 필요하며, 그 세부 기술요소로는 패시브 디자인을 이용하는 채광계획, 통풍 및 환기계획, 외벽계획, 창호설계, 축열조 설계, 차음 및 흡음계획, 일사 차폐 계획 등이 있다.

친환경건축기술 요소로는 벽면녹화, 옥상녹화 등 녹지의 확보, 친수공간의 조성을 통한 어메너티(amenity)의 증진과 우수의 활용, 재생재료의 사용, 환경부하절감공법, 자연형 태양열 이용 등을 통한 에너지소비의 절약과 오염원의 감소 등이 있다. 이 요소들은 크게 지구환경보전을 위한 요소들과 어메너티를 향상시키기 위한 요소로 구분된다. 이러한 요소들의 첨단건축에의 적용은 IB와 생태건축간의 경계를 허물고 환경보존과 쾌적한 공간조성이라는 공통된 목표를 가지면서 실현되고 있다.

1.2. 생태건축

(1) 생태건축의 정의

1979년에 P. Krusche 등이 독일 연방환경부에 제출할 연구 보고서의 제목을 결정하는 자리에서 자연과 인간의 상호관계 및 생태계를 고려한 다양한 건축적 시도와 개념들을 종합하여 "생태건축(kologisches Bauen)"이라는 새로운 이름을 부여하였다.

이들에 의하면 생태건축이란 자연환경과 에너지효율을 고려한 입지선정, 건물기본계획, 건물형태, 건물배치, 재료선택, 공간구성계획, 건물내부의 기능연계, 건축설비시스템 그리고 녹지 및 수목과의 연계와 이용을 의미하며 다음과 같은 구체적 목표를 가진다.

- 건축물 시공과 유지관리에 필요한 에너지와 자원의 수요를 최소화한다.
- 자연의 순환체계와 재생가능한 자원을 효율적으로 활용한다.
- 물과 공기의 오염, 외부로 방출되는 열, 폐기물, 폐수의 양과 농도 그리고 토양의 포장을 최소화한다.
- 대지 주변에 다양한 종의 동물과 식물이 서식 가능하게 한다.
- 건축물을 주위 경관과 어우러지게 배치하여 건강한 주생활과 업무가 가능하게 한다.

이러한 관점에서 P. Krusche 등은 기존의 건축과 생태건축을 다음과 같이 개념적으로 비교하고 있다.

- ■기존건축 : 기존의 건축은 자연자원과 에너지를 효율적으로 활용치 못하고 달리는 자동차와 같이 일방적으로 에너지와 물질을 소비하여 그 부산물로 환경오염

물질을 발생시킨다.

■ 생태건축 : 생태건축은 자연생태계의 일부로서 환경오염 없이 자연자원과 에너지를 활용한다. 고전적 개념의 지구구성 4대 요소인 토양, 물, 태양, 공기의 주순환체계를 건축물의 자원 및 에너지 순환체계로 통합하여 활용하고 있다. 각각의 순환체계들은 상호간에 유기적 연계를 가지며 전체시스템을 구성한다.

이들에 의하면 생태건축이란 기본적으로

- 자원과 에너지를 효율적으로 활용하는 건축
- 자연경관과 유기적으로 연계된 건축이어야 하며, 생태계의 순환체계와 조화되는 에너지 및 물질의 순환체계를 가지는 인위적 생태계의 건축을 궁극적인 목표로 한다.

(2) 생태건축의 전개

앞에서 언급한 바와 같은 이론적 바탕에서 1980년대에 이르러 건축의 각 분야에서 생태건축사례들이 실현되어진다. 마을건축, 소규모 주거단지건축, 학교, 기숙사, 공공건물 등 건축의 모든 분야에 생태학적 지식과 개념들이 적용된다. 특히 주거건축분야에 많은 시도가 이루어져 수많은 생태주거단지들이 생겨났다.

이런 생태건축 사례는 몇 가지 경향으로 대별할 수 있다.

첫째, 전통적 자연재료인 흙이나 나무 등의 시공방법을 현대기술을 응용, 개선하여 미래지향적 대안을 개발하려는 건축경향

둘째, 재생가능하며 에너지소비가 적고 무독성인 생태건축소재를 적극적으로 활용한 건축시스템을 개발하려는 움직임

셋째, 건축물의 공급처리시스템을 자연의 순환체계를 닮은 인공순환시스템으로 구축하려는 경향

넷째, 건축환경을 '생물서식이 가능한 공간(Biotop)'으로 조성하고 이를 유기적으로 연계시키려는 시도

다섯째, 내외부 공간구성 및 건축과정에 사회생태학적 개념을 적용하려는 움직임

(3) 생태건축의 전개 방향

생태건축의 궁극적인 목표는 인공 환경인 건축환경을 소단위의 인위적 생태계로

만들어 자연 생태계에 가해 없이 유기적으로 연계, 통합시키는 데 있다. 그렇지만 생태건축이 단순히 자연환경을 보호하는 건축, 에너지와 자원을 절약하는 건축일 수는 없다. 건축을 인간의 삶을 담는 그릇으로 본다면 인간의 신체적 정신적 생명활동을 억제하지 않고 수용하는 것 자체가 근본적인 건축의 본질이기 때문이다. 따라서 건축은 자연뿐만 아니라 사회심리적 욕구로 대변되는 인간의 다양한 욕구와도 조화와 균형을 이룰 수 있어야 한다.

생태건축이란 결국 인간이라는 군집이 처한 환경 다시 말해 역사적, 사회 문화적 환경과 그에 따른 다양한 생활욕구가 생존공간의 생태학적 특성과 균형 조화를 이루어, 자연과 인간이 공존할 수 있는 주거문화를 이룩하고 이것이 건축으로 가시화 되는 것을 의미한다.

생태건축의 한국현실적용을 위해서는 우선 우리의 자연환경에 대한 정확한 이해와 사회문화적 배경에 대한 통찰이 요구된다. 우리 현실에 맞는 생태 건축적 대안개발에 전통건축은 문제 해결의 실마리를 제공할 것이다.

전통적인 주생활과 건축은 시간의 흐름속에서 우리의 자연환경과 생태학적인 균형과 조화를 이루어온 한국적 생태건축의 원형으로 이해될 수 있기 때문이다. 더불어 현재의 생활문화와 건축기술에 대한 올바른 이해가 생태건축적 대안개발의 필수조건이 된다. 이러한 총체적 고찰을 바탕으로 기존건축의 생태학적 문제들을 해결할 수 있는 미래지향적 대안이 개발될 수 있을 것이다.

(4) 그린빌딩(Green Building)

그림 3-2. 그린빌딩 아트리움

최근들어 그린빌딩이라는 개념이 생겨나고 있는데 이것은 에너지 부하 절감, 고효율 설비(Energy), 자연재활용, 환경공해 저감 기술(Environmental)을 적용하여 자연 친화적 (Ecology)으로 설계건설하고 유지관리 한 후, 건물의 수명이 끝나 해체 될 때까지도 환경에 대한 피해가 최소화되도록 계획한 건축물을 일컫는 말이다.

지속가능한 개발은 UN Bluntland Report에서 "다음 세대의 요구를 만족시킬 수 있는 여지를 방해하지 않는 범위내에서 현세대의 요구를 반영한 개발"로 정의하고 있다. 이러한 지속가능한 개발은 첫째, 자연자원의 경제적 이용 둘째, 주민의 참여와 균등한 배분 셋째, 환경의 보호라는 목표를 정하고 있다.

결국 21C의 새롭게 이루어지는 건축의 패러다임 주체가 바로 인간이 아닌 자연이 되어야 한다는 것을 깨닫기 시작한 것이다. 이러한 지구의 환경문제를 해결하기 위한 대안으로 생태학적 개념을 도입하여 지구 생태계의 구성요소 속에 인간이 존재하면서 자연과 조화를 이루어야 한다는 사상이 대두되었다.

자연채광의 생태지역적 접근은 설계가 특정지역의 생활과 밀접한 관계가 있다는 것이다. 태양의 궤적, 하늘의 상태, 기후 또는 대지의 특성은 자연채광에 영향을 미치는 생태지역적 요소들이다. 이와 같은 각각의 영향과 경험들은 특정의 지리, 위도, 경도에 따라 다르게 된다.

역사적으로 건축형태와 건물의 기술들은 현명하게 지역적인 영향과 부합되어왔다. 태양은 항상 많은 양의 빛과 열을 제공해왔으며 우리의 생활을 인도하고 정보를 제공하는 역할을 해왔다. 건축물은 형태나 건축기법이나 자연채광 기법들을 통해 태양과 자연의 영향에 경의를 표했다.

그림 3-3. 한국에너지기술연구원
우리나라의 대표적인 그린빌딩(Green building)이다.

2 미래의 건축

"집은 살기 위한 기계이다" —르 꼬르뷔지에

2.1. 과학기술의 발달

건축물은 그곳에 살아가는 사람들을 위한 것일 뿐만 아니라 한 시대를 영위하는, 자본과 권력이 결합되어 나타나는 자기과시의 산물이기도 하다. 9ㆍ11테러로 인해 세계무역센터 건물이 무너졌을 때 미국인들은 건물을 잃었을 뿐만 아니라 그들이 갖고 있는 부와 명예와 자존심을 동시에 잃었다는 걸 느꼈을 것이다.

근대 이전 건축의 주축은 궁전이나 종교 시설이었다. 근대화를 겪으며 주도권은 관청 건물과 대기업 사옥 등으로 넘어가 오늘에 이르고 있다. 그렇다면 미래의 건축물은 어떤 모습일까. 이 질문에 대한 대답은 '과연 미래의 주도 세력은 누구일까' 라는 질문으로 대체될 수 있다.

미래 건축의 키워드는 '기계(machine)', '인간중심', '생태', '탈집중' 으로 제시할 수 있다.

20세기 이후 세계 대형 건축물 건립을 주도해 왔던 자본의 영향력은 앞으로도 당분간 건축계에 그대로 유지될 것이다.

대기업은 사옥을 통해 첨단적인 이미지를 일반인에게 각인시키고자 한다. '미래를 주도한다' 는 의지를 표현하기 위해서는 항상 미래지향적인 건축기법이 쓰일 수밖에 없다.

그림 3 - 4. 홍콩상하이은행

공학의 발달로 첨단 건축물은 그 자체로 '기계' 가 되어 가고 있다. 콘크리트를 쓰지 않고 전세계 40여 개국에서 금속과 유리를 싣고 와 '조립' 한 홍콩의 HSBC 사옥(홍콩 상하이은행, *그림 3-4*)은 건축과 기계의 경계에 대해 생각해 보게 한다. 광선의 양에 따라 저절로 선루프가 작동하는 모습은 기계가 움직이는 것 그대로이다.

프랑스 파리의 아랍문화원 역시 창 유리에 조리개 시설이 돼 있어 창을 통과하는 빛의 양이 항상 일정하게 한다. 역시 '기계' 라고 불러도 손색이 없다.

자본의 위력이 굳건한 상황에서 사회의 주도층은 엘리트에서 일반 개인으로 빠르게 바뀌어가고 있다. '연대' 의 시대로 접어들면서 약자의 목소리도 점차 커져가고 있다. 건축물은 이러한 경향을 빠르게 반영한다.

노동당 출신 캔 리빙스턴이 시장으로 당선된 영국 런던시에서 새로 지은 시청 청사는 '참여' 와 '개방' 이 최고의 가치임을 드러낸다. 건물

그림 3-5. 아랍문화원

앞 광장은 24시간 개방되고 콤플렉스에 자동차 진입은 일절 허용되지 않는다.

건물의 진입구만 봐도 그 건물이 얼마나 인간을 고려하는지 잘 설명해준다.

보행자는 계단을 통해서 올라가게 되어 있고 자동차는 현관문까지 바짝 경사로로 올라갈 수 있게 만든 건물 정면 구조는 우리사회의 권위주의를 반영한다. 또 자동차가 차도에서 건물로 들어가는 과정에서 인도를 거쳐 갈 때 과거에는 보도의 높이를 차도의 높이에 맞게 깎았다.

최근 지어지는 건물 앞 보도는 인도를 차도에 맞추지 않고 차도를 인도에 맞춰 만들어지고 있다. 우리 사회가 '발전' 하고 있다는 것을 방증하는 부분이다.

'생태' 는 과거의 무분별한 개발에 대한 반성으로 지속 가능한 개발에 관심이 증가하며 생겨난 개념이다. 이 개념은 이미 20여년 전부터 독일의 생태건축과 일본의 환경공생주택 건축을 중심으로 확산되고 있다. 자체적으로 풍력을 이용해 전력을 생산하고 한번 사용한 물을 정화 시스템을 거쳐 다시 사용하는 건물을 예로 들 수 있다. 화학적 작용이 없는 황토와 천연펄프, 식물성 페인트를 사용하는 것도 생태를 고려한 건축물의 특징이다. 최근 우리나라에서 불기 시작한 옥상 정원 설치 유행은 한편 교통과 인터넷의 발달은 탈집중화를 가능케 한다. 이는 건축가들을 직육면체의 '효율성'이라는 강박관념에서 벗어나 많은 실험을 가능케 하고 있다. 수직성의 욕구에서 벗어날 때 건물은 자체로 예술품이 된다. 독일의 비트라 가구회사 내부의 공장 소방서는 하나의 조각이다. 최근 파주의 출판단지에서 이루어지는 갖가지 건물의 실험 또한 이러한 경향을 반영한다.

2.2. 초고층과 지하층

미래의 건축은 과거의 건축과는 확연히 다를 것이라는 예측은 누구나 할 수 있다. 그러나 정확히 어떠한 양상이나 형태로 전개되어질 것은 아무도 추측할 수 없을 것이다. 때론 영화나 만화 속에서의 건축을 보며 상상하기도 하는데 우리 눈으로 직접 확인 가능한 형태가 초고층 건축이라는 것에는 아무도 불만이 없을 것이다.

우리가 살고 있는 사회는 계속 변해가고 있다. 가치관, 문화, 관습 등에 의해 지역마다 다른 건축이 등장해 왔고 앞으로도 그럴 것이지만 기술의 발달로 인한 하이테크문명은 현재진행형으로 예측 가능한 미래건축의 한 형태라고 할 수 있다. 건축재료와 기술의 발달로 인해 1900년대 초부터 엠파이어 스테이트 빌딩을 필두로 고층으로 올라가

그림 3-6. 엠파이어스테이트빌딩

기 시작한 건축물의 높이는 2014년 현재 160층 828m로 높아졌다.

최근 미국 동남아를 중심으로 초고층 건물의 계획과 건설이 활발히 추진되고 있다. 1890년대에는 10층 높이의 건물도 초고층 건물이라고 생각되었지만 40년이 지난 1931년에는 102층의 Empire State Building(381m, 뉴욕)이 완성되었다. 수 십년동안 이 건물은 더 이상 높아질 수 없는 최후의 초고층 건물로 생각되어 왔으나, 다시 40년이 지난 1970년대에 들어와 세계무역센타(417m, 뉴욕), 시어즈 타워(443m, 시카고) 등의 더 높은 건물에 최고의 자리를 내주었다. 1세기가 지나는 동안, 이러한 초고층 건물은 10층에서 110층으로 발전하였고, 거의 모든 대도시의 스카이라인을 주도할 만큼 커다란 비중을 차지하게 되었다.

그림 3-7. 페트로나스빌딩

초고층 건물의 출현은 도시의 지가상승에 따른 최대용적률의 확보라는 측면 이외에도 동시대의 경제적 풍요와 성장의 상징이라는 차원에서도 의미가 있다. 그러나 초고층건물 건설에 있어 국내의 기술력은 단순한 시공차원에만 머무르고 있고 고부가가치의 설계나 엔지니어링은 미국과 같은 선진외국에 의존하고 있어 이 부분에 대한 기술확보가 시급하다고 할 수 있다.

90년대 중반 이후 국내에서도 초고층 건물 건립계획안(대우 수영만 타워 - 102층, 송도대우타워 - 102층)이 발표되는 등 초고층이라는 용어가 많이 사용되고 있다. 초고층이라는 용어의 정의는 간단히 말할 수는 없지만, 건물의 높이와 단변길이의 비를 세장비라고 하는데, 일반적으로 이러한 세장비가 5 이상인 건물을 일컫고 있다. 하지만 세장비만을 가지고 초고층건물을 정의하기에는 무리가 뒤따르므로 CTBUH(국제 고층건물학회, Council of Tall Building and Urban Habitat)에서 일정한 간격으로 발표하고 있는 세계 100대 빌딩(약 50층 정도에 해당)을 초고층건축이라고 한다. 구조엔지니어는 구조적인 의미에서 초고층 건물을 "횡하중에 저항하기 위해 특별한 구조형식을 도입할 필요가 있는 건물" 이라고 정의하기도 한다.

우리 나라도 세계 100대 초고층 빌딩에 63빌딩(60층)과 무역센타

그림 3-8. 부르즈칼리파
Burj Khalifa, Dubai, 2010, 828m

빌딩(54층) 목동하이페리온 타워, 타워팰리스 등 다수의 건물이 포함되어 있다. 앞으로 더 많은 초고층 빌딩이 우리 나라의 서울, 부산, 인천 등 각 도시에 건설되고 있는 실정이다.

예전에는 시카고의 Sears Tower가 443m, 110층으로서 세계최고의 건물이었으나, 1996년 말레이지아의 쿠알라룸프르에 Petronas Tower(일명 KLCC 건물) 완공되어 가장 높은 건물이 되었다. 여기서 참고로 안테나는 건물높이에 포함되지 않지만 Pinnacle(첨탑)은 높이에 포함되어 Petronas Tower가 세계최고의 건물이 되었다. 그리고 2003년에 타이베이에 101빌딩이 508m로 페트로나스 타워를 제치고 세계 최고의 고층건물이 되었으며, 2010년 부르즈칼리파Burj Khalifa, Dubai 가 현재 828m로 세계 최고 고층[1] 건축의 자리를 차지하고 있다.

Sears Tower는 철골조로 이루어져 있으나 Petronas Tower의 경우 기둥에는 콘크리트, 보와 바닥슬래브에는 철골을 사용한 Composite 구조로 되어 있다. Plaza Rakyat 건물(382m, 79층, 말레이지아)은 대우에서 시공중인 건물로서 완공 후에는 기둥뿐 아니라 보와 슬래브까지 모두 콘크리트를 사용한 RC조로서는 세계최고의 건물이 될 예정이다.

최근의 초고층건물 건립은 모두 아시아 특히 동남아시아에 집중되고 있다. 1990년 이후의 초고층 건물 건립 현황과 건립계획을 살펴보면, 90년대 초반에는 구미에 특히 미국에 많이 건설되었으나 90년대 후반 들어서는 거의 아시아 지역에 집중하고 있다.

인간의 오만을 경고한 '바벨탑의 비극'에도 불구하고 보다 높은 건축물에 대한 끊임없는 인간의 욕망은 끝이 없다. 지금도 세계 주요

1) 2014년 현재 세계초고층건물의 10위까지의 순서를 보면 다음과 같다.
1. 부르즈 칼리파, 두바이, 2010, 183층(828m)
2. 아브라즈 알바이트타워(메카의 시계탑), 사우디아라비아, 2012, 601m
3. 세계무역센터, 뉴욕, 2014, 541m
4. 타이베이 101, 대만, 2004, 508m
5. 상하이 세계금융센터, 상하이, 2008. 492m
6. 국제 상업센터, 홍콩, 2010, 484m
7-8. 페트로나스타워, 말레이시아, 1998, 452m
9. 그린 랜드 금융센터, 난징 중국, 2010, 450m
10. 시어스타워, 시카고 미국, 1973, 442m

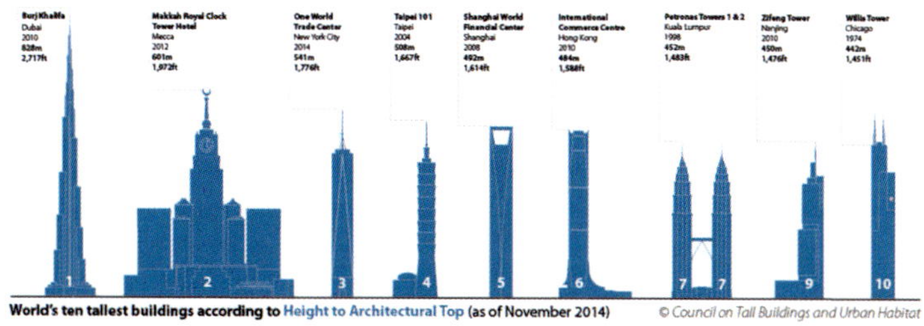

그림 3-9. 세계최고층빌딩(2014). http://www.ctbuh.org

도시에선 하늘을 찌를 듯한 초고층 건물이 하나 둘 모습을 드러내고 있기 때문이다.

미래의 건축을 대표하는 초고층 빌딩은 전혀 진동을 느낄 수 없게 설계되어져 있다.

이유는 바람이나 지진 등과 같은 횡(橫)방향 하중을 효과적으로 제어할 수 있는 '탄력적인 구조' 라는 건축방식 덕분이다. 탄력적인 구조란 건물을 탄력 있게 만들이 지진이나 바람의 흔들림을 시시히 흡수하게 한 것이다. 강풍이 불 때 강한 버드나무는 뿌리째 뽑혀도 연약한 갈대는 끝까지 견디는 것과 같은 이치라고 할 수 있다. 이것이 탄력적인 구조의 비밀이다.

하지만 탄력적인 구조만 갖출 경우 빌딩이 내내 흔들리는 것을 막을 재간이 없다. 그래서 등장한 장치가 바로 '동조질량 감쇄기' 나 '점탄성 감쇄기' 등이다. 여기에는 강풍이나 지진 등에 따른 건물의 진동을 컴퓨터 시스템으로 자동 감지해 같은 크기의 힘을 역방향으로 제공함으로써 진동을 줄이는 원리가 적용되고있다. 대만 타이베이에 세워진 세계 최고층 빌딩 '타이베이 101타워' (높이 508m)는 강풍과 지진에 대비해 88~92층에 800t 정도의 커다란 용수철과 감쇄기 등을 매달아 건물이 좌우로 흔들리는 것을 최소화했다

기술의 발달로 인한 초고층화는 미래건축의 한 문화현상으로서도 당분간 예측 가능한 건축형태라는 점은 분명하다.

또한, 최근 들어 지하 공간을 이용하려는 움직임이 나라마다 활발히 나타나고 있다. 지상 공간의 개발은 이미 포화 상태에 이르렀고 많은 문제점을 낳고 있기 때문이다. 일본에서는 이미 '지오 플레인

그림 3-10. 터키 카파토키아 지하도시
과거의 지하층은 자연의 피해를 줄이기 위해서였지만, 현재와 미래의 지하층은 기술력과 지가의 상승으로 인해 피할 수 없는 상황일 것이다.

(geo-plain)구상'이 구체적으로 진행되고 있다고 한다. 말하자면 땅 속에 공항 터미널을 만들어 여러 도시를 연결한다는 계획이다. 만일 그렇게만 된다면 시속 600킬로미터의 속력으로 도쿄와 오사카를 30분에 주파할 수 있다.

일본은 일찍부터 지하 도시 건설에 관심을 가져왔다. 시미즈 건설 회사는 지하 40미터의 깊이에 10킬로미터의 간격을 두고 '그리드 스테이션'이라는 지하 시설을 만들려고 한다. 그리드 스테이션은 각 스테이션마다 사무실, 체육관, 도서관을 마련하고 터널로 서로 연결하여 50만 인구를 수용할 수 있는 지하도시이다.

우리나라에서도 대전시가 유통, 업무, 위락 등 복합 기능을 갖춘 대규모 지하 도시 건설 계획을 발표했는가 하면, 부산시도 국내 최초의 지하 하수 처리장을 건설할 계획인 것으로 알려졌다. 특히 우리나라는 화강암이 많아 지하 공간을 이용하는데 매우 유리한 조건을 갖추고 있는 셈이다.

현재까지 실용화된 가장 큰 지하 공간은 미국의 캔자스 시에 있다. 이곳은 5백만 평이나 되는 지하 공간 가운데 약 70만 평을 도로와 저장 창고로 사용하고 있는데, 이로 인해 30퍼센트 정도의 에너지를 절감한다고 한다.

한편 북유럽의 스칸디나비아에서는 추운 날씨 때문에 일찍부터 지하 공간을 이용해 왔다. 발전소, 군사 시설과 비축 기지는 물론 도서관, 스포츠 센터, 문화 시설과 같은 공공시설을 지하에 건설함으로써 에너지를 절약하고 있는 것이다. 노르웨이와 스웨덴도 하수 처리장을 거의 모두 지하에 설치하고 있다.

전파 방해나 날씨의 변화가 없는 지하공간은 컴퓨터와 반도체 생산 업체, 생물 공학 기업들의 작업장으로도 알맞다. 또한 지상보다 소음이 적고 음향 효과가 뛰어나 훌륭한 뮤직홀을 지어도 좋고, 도시의 하수 처리장과 쓰레기 소각장 등에 적절하다. 그러나 지하 공간의 수많은 이용 가능성에도 불구하고 한편에서는 지하에서 하늘과 해를 볼 수 없어 발생할 수 있는 '폐소공포증'에 대한 우려 때문에 개발을 머뭇거

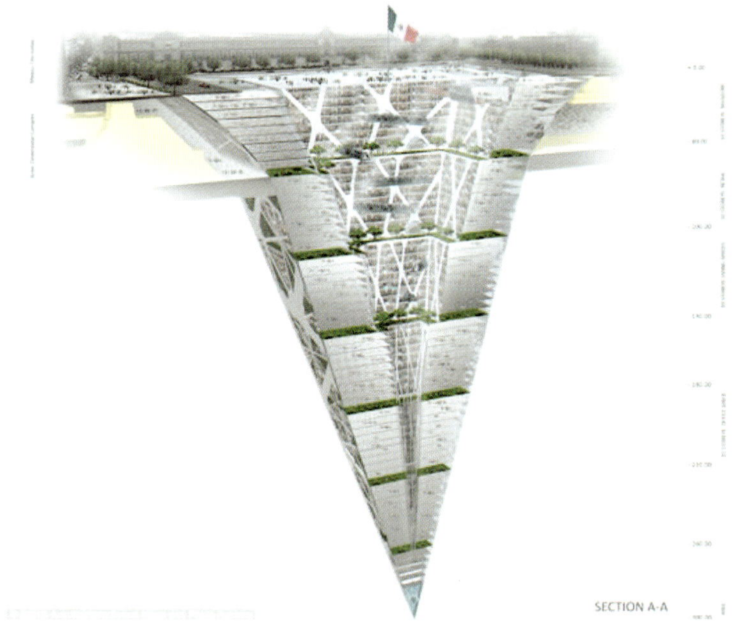

그림 3-11. 멕시코 시티 소깔로 광장에 들어서는 지하 65층 규모의 건물조감도.

광장바닥에서 시작해 지하로 내려갈수록 층 면적이 점점 작아지는 구조이다. 이 곳에는 일반인들이 거주할 수 있는 주거 공간, 사무실을 비롯해 쇼핑센터, 박물관, 콘서트장 등의 문화공간으로 만들어질 예정이다.

리고 있기도 하다.

현재 초고층과 지하층건축은 계속 진행형에 있다. 과거에도 지하나 자연물인 산속에 주거지가 형성되는 경우가 있었으나 현재의 개념과는 차이가 있다. 과거는 자연에 대한 다시 말해 환경에 대한 당연한 흐름으로서 인식되어지지만 현재와 미래에서 높아지는 지가와 발전하는 기술은 건축을 더 이상 지상에 붙잡아 두지 않으려 한다. 협소한 대지를 탈피하고자 하는 노력은 미래의 건축에 가장 당면한 과제로 와 닿을 것이며 환경과 함께 땅은 미래건축의 키워드로 자리 잡음 하고 있는 것이다.

제 4 장

건축과 타장르와의 관계

1. 건축과 영화
2. 건축과 수학
3. 건축과 음악
4. 건축과 미술

1 건축과 영화

"영화속 건축은 미래사회를 말한다"

1.1.미래의 표현

그림 4-1. 아셈타워에서 바라 본 서울의 야경

그림 4-2. 블레이드 러너에 나오는 건물형상

그림 4-3. 제5원소 포스터
동양의 5원소의 개념을 모티브로 한 영화이다.

영화와 건축과의 관계는 누구나가 관심있어 할 만한 분야이다. 둘을 떼고 생각 할래야 할 수가 없기 때문이다. 그만큼 영화와 건축은 내용과 형식면에서 너무나 유사하며 건축 없이는 영화가 존재할 수 없고 영화는 건축의 미래를 살펴보는 좋은 본보기가 된다는 점에서 상호 밀접한 관계라 할 수 있다.

영화에서 자주 형상화 되는 건축물은 즐비하게 늘어선 초고층 건물군(建物群)이다. 이러한 건물들은 인공지능형(IBS)건물들로 이루어진 미래의 전형적인 건축물이다. 단지 미래를 주제로 한 SF영화에서 등장하기에 막연히 미래에 등장할 건축이라고 생각되기도 하지만 실제로 지금도 초고층건물은 나라의 국력을 상징이라도 하듯 각 대륙마다 건축을 실시하고 있는 실정이다.

1931년 엠파이어 스테이트 빌딩(381m, 102층)이 들어선 것을 시작으로 인간의 초고층 빌딩 짓기 경쟁은 국가와 사회를 막론하고 한계를 모르고 치닫고 있다.

현재(2014년) 세계에서 가장 높은 건축물은 두바이에 있는 부르즈 칼리파 빌딩으로 첨탑을 포함하여 800m를 넘어섰다. 사우디아라비아 아브라즈 알바이트타워(메카의 시계탑, 2012. 601m)는 그 뒤를 이어 현재 세계에서 2번째로 가장 높은 위치를 차지하고 있다. 현재에도 초고층 건축은 계속 건축 중에 있고 우리나라도 제2롯데월드가 123층 555m로 500m를 이미 넘어 서고 있다. 잇따라 초고층 건축에 대한 계획안이 잇다르고 있는 실정이다.

디스토피아 영화의 고전 '2019년 블레이드 러너'부터 해피엔딩 영화 '제 5원소'에 이르기까지 미래 영화는 기본적으로 끝도 없이 높은 건물들을 배경으로 한다. 건물의 높이는 바빌론의 탑과 같이 하늘 높은 줄 모르는 인간의 욕망을 상징한다.

그림 4-4. 배트맨에 나오는 고담시티
어둡고 암울한 중세의 이미지를 차용해 영화에 도입한 사례
어둡고 암울하고 침침하며 절망감을 느끼게 해주는 미래를 반영하고 있다.

현재도 건물들은 끝없이 높아져 가고만 있다. 아셈타워에서 바라본 야경과 블레이드 러너의 야경에서 뚜렷한 차이점을 볼 수 없는 이유가 그 때문이다.

블레이드 러너를 만든 리들리 스콧은 영화가 만들어지는 과정과 건축이 이루어져 가는 과정이 일치한다는 것을 누구보다 잘 알고 있었기에 그의 다른 영화들 속에서도 눈에 띄게 건축물을 이용하여 주제를 암시하는 장면이 상당히 많다.

"블랙레인" "델마와 루이스" "에어리언 1"등이 그의 작품들인데 이 영화들 속에서도 흥미 있는 영화속의 건축 이야기들이 많이 있다고 한

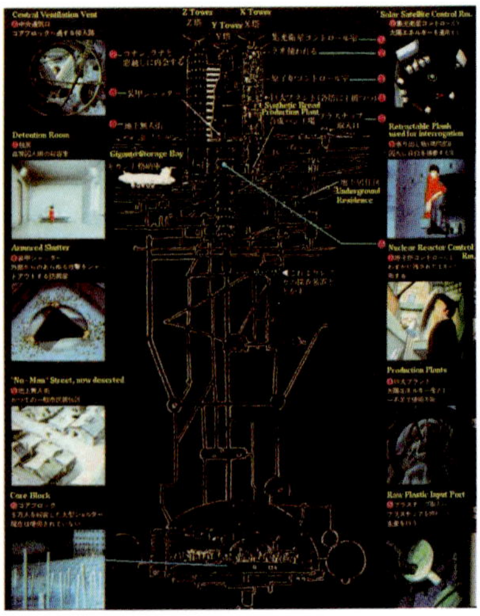

그림 4 - 5. 미래소년 코난에 나오는 인더스트리아 삼각탑의 구조1

다. 그래서인지 블레이드 러너는 1991년 일본 신건축 연감에서 미래의 건축의 모습을 보여 줄 수 있는 영화로 소개 되었다

미래 고층 건물의 이미지는 첨두형 아치 등 '수직성' 에 중점을 둔 고딕 건축의 이미지를 차용한 것이다. 배트맨의 음침한 도시 '고담시티' 는 이름조차 '고딕' 에서 따 왔다.

극히 단조로운 개인 공간, 이웃과 접촉 없이 외부와 통할 수 있는 건물 구조는 기계화가 진행됨과 동시에 '내 방 안에서도 숨을 곳이 없을 정도로' 사회의 통제 수단은 발달하고 개인간의 관계는 단절됨을 표현한다.

산업화와 기계화가 극한으로 치달으면 사회는 점점 획일화된다. 결국 모든 것이 하나의 건물 안에 통합되고 그 안에서 새로운 계층이 생겨 지배 피지배관계가 형성되는데 이것이 바로 '미래소년 코난' 에 나오는 '인더스트리아' 이다. 이 인더스트리아는 태양에너지를 기반으로 건물 안에서 모든 생산과 소비 행위가 가능하다.

공학의 발달로 건축과 기계의 경계가 사라진지는 오래다. 터미네이터에서 보여지는 것처럼 이제는 '인간' 과 '기계' 의 경계가 사라진다. 그리고 그 기계로 인간 사회는 파괴된다. 혹성탈출이나 터미네이터에서 나타난 미래는 그야말로 '폐허' 의 모습 그대로이다. 지하에서, 혹은 밀림에서 인간의 주거 환경은 원시 공동체 사회로 회귀한다.

영화 속 건축물의 이미지는 영화의 인문학적 배경에 따라 각종 코드

그림 4 - 6. 미래소년 코난에 나오는 인더스트리아 삼각탑의 구조2

그림 4 - 7. 매트릭스

인간이 느끼는 현상은 가상공간인 매트릭스일 뿐이다.

가 조합된 것이다.

영화 매트릭스에서 보여지고 있는 미래는 건축뿐만 아니라 인간세계가 가져올 기계만능주의의 위험을 경고하고 있다. 네오라는 주인공을 통해 결국은 기계와 인간의 공존을 택하는 이 영화의 배경은 가상세계이다. 인간을 에너지의 근원으로 삼아 배양기계 속에서 양육하는 기계들의 모습이 건축은 오로지 기능만 담당할 뿐 현실에서의 느낌과 모든 형상은 매트릭스라는 가상공간에서의 환상일 뿐일 수도 있다는 미래의 한 단면을 예고하는 것 같아 섬뜩한 느낌마저 준다.

1.2. 건축 속에서의 영화

영화 속에서의 건축과 함께 살펴보아야 할 것이 건축 속에서 영화의 역할이다. 건축 속에서 영화의 역할은 그 범위가 어느 정도 한정되어 진다.

영화가 출현한 역사가 건축에 비하면 매우 짧은 100년이 조금 더된 시간적 제한도 있겠지만 더 중요한 것은 영화와 건축의 본질적 차이에서 나타난다고 할 수 있다. 3차원의 실존적 공간속에서의 건축공간과 2차원의 평면 속에서 이미지로 나타나는 영화의 공간구성에는 근본적인 차이가 있을 수 있기 때문이다. 또한, 어두운 암흑 속에서 사건을 관찰하는 영화의 근본적 속성은 실존 속에서 빛과 그림자의 관계를 움직이며 관찰하는 건축공간과는 근본적 제한 조건이 다를 수도 있기 때문이다.

건축 속에서의 영화라는 주제 자체가 가지고 있는 광범위한 영역 속에서 영화 이미지의 미장센(Mise en scene)[1]을 중심으로 한정시켜 보면 공간감과 주인공의 위치시점, 시선과 동선, 기하학적 구성으로 나누어 볼 수 있다. 영화 속에서의 미장센은 영화적 코드로서 시점 영상의 단면,

그림 4 - 8. 박하사탕의 한 장면

주인공이 가로막은 철길이 길게 뻗어 장벽이 있어도 어쩔 수 없이 나아가야만 하는 인생을 비유하는 듯하다.

---

1) 미장센(mise-en-scene)은 화면구성이나 연출을 설명하기 위해 사용되는 영화비평용어로써 무대(舞臺)에서의 등장인물 배치나 동작 · 도구 · 조명 등에 관한 종합적인 설계를 의미한다. 몽타쥬가 영상의 시간적 배열과 관련된 개념이라면 미장센은 영상에 담긴 인물이나 사물의 공간적 배치에 관한 개념이다. 또한 연기지도, 조명배치, 카메라작업 등을 포괄하는 것이다.

그림 4-9. 박하사탕
기차라고 하는 매개체를 통해 투시도적인 효과에 의한 공간감의 깊이를 나타내고 있다.

축관계, 카메라작업, 조명, 색채 등을 중심으로 하여 설명될 필요가 있으며, 또한, 이러한 코드 등은 건축에서도 관찰자의 시점, 공간의 확대화 축소, 빛의 이용, 색채의 구성과 비교되어 질 수 있을 것이다.

(1) 공간감

영화 속에서의 공간감의 표현은 건축가의 공간 표현과는 일견 매우 유사함을 보이고 있다. 흔히 투시도적 효과 속에서의 공간의 심도 표현이나, 몇 개의 중첩되는 오브제(Object)를 통한 공간의 깊이 표현은 영화와 건축과의 관계에서만은 아닐 것이다.

그러나, 조금 깊이 관찰을 해보면 실존적 공간속에서의 건축공간과는 달리 영화에서의 공간감의 표현은 롱 쇼트에서 클로즈 업까지 카메라의 줌 이동이나, 사용 렌즈의 변화, 화상의 틀의 변화 속에서 구성되어지는 허구의 경우가 많다는 것을 알 수 있다. 관객과 극장 속 화면까지의 거리는 항상 일정하지만, 그 안에서 우리는 끊임없는 화면상 공간의 변화를 느끼는 것이다. 건축 공간 내에서의 공간부피, 높이, 너비, 열림과 닫힘의 관계, 공간의 연속과 분절과 영화 속의 쇼트와 비교 분석해 보는 것도 하나의 주제를 어떻게 표현 할 것인가의 관계에서는 흥미 있는 작업이 될 것이다.

건축에서의 공간과 영화 속에서의 공간은 빛에 의해 조절된다는 공통점을 가지고 있다. 빛이 없이는 공간의 깊이를 느낄 수 없고, 조명이 없이는 깊이 있는 영화를 만들 수 없기 때문이다.

(2) 주인공의 위치와 시점

영화에서의 주인공의 위치는 극중 인물들의 위계, 역할의 중요도, 극중에서의 위상 변화 등 여러 가지의 의미를 내포하고 있다. 흔히 극중에서 남녀 관계에 있어서 위상 변화를 주인공의 위치 설정, 높이 등에서 보여주고 있는데 이러한 것은 우리 건축의 건물 배치에서 건물의 위계에 따르는 건물 높이나 위치의 변화 등에서도 쉽게 관찰 할 수 있는 것이다. 이러한 위치 변화에 따르는 시점의 변화도 고려하여 카메라의 위치에 따라 주인공을 내려다 보기도하고, 올려보거나 마주보기도 할 수 있는데 이러한 시점 변화에 따르는 영화 흐름의 변화도 공간 변화에 의한 이야기전개를 볼 수 있는 흥미 있는 요소라 할 수 있다.

(3) 시선과 동선

건축과 영화에서의 시점은 관찰자의 카메라의 위치 등 높이에 관계가 된 것이고, 시선은 바라보고 바라보여지는 상호 관계 작용을 의미하는 바가 크다. 건물에서 관찰자가 움직이는 동선 상에서 무엇을 바라보고 이것이 어떻게 표현이 되어지는 가는 공간 예술로서의 건축에서 매우 중요한 요소이다.

영화를 보는 관객과 영사막과의 관계는 일방적인 한 방향에서의 관찰이지만 영화 속에서 나타나는 미묘한 시선들의 변화와 이에 따른 사건의 반전과 감정의 표현 등은 영상 예술로서의 영화 안에서도 건축의 그것과 비교되어질 수 있을 것이다. 또한 영화 속에서 움직이는 카메라에 의하여 잡혀진 이미지들은 건축에서 보다 훨씬 자유로운 공간 산책을 만들어 내었다. 건축과 영화 모두 공간 속에서 벌어지는 공간예술임을 고려하면 시선과 동선의 문제는 두 예술 분야를 연결시키는 가장 주요한 요소임을 알 수 있다.

건축과 영화는 적지 않은 공통된 언어를 가지고 있고 그 상호 관계 속에서 서로 보완하며 발전해 왔다. 하지만 각기 독립된 영역 속에서 자신의 가치 또한 존중받아야 할 점들도 많이 있을 것이다. 이상과 현실 속에서, 허상과 실존 속에서, 어둠과 밝음의 세상 속에서 서로를 존중하는 하나의 비교로서 건축과 영화와의 관계를 다시 되돌아보는 것은 오늘의 건축계에 있어 의미 있는 일이다.

그림 4 - 10. 제리맥과이어

주인공의 시선에 의해 심리적으로 부담감을 집중시키는 효과를 주고 있다. 건축도 마찬가지로 관찰자가 무엇을 바라보고 어디로 가고 있는지에 대한 표현이 굉장히 중요한 요소로 작용된다.

• **참고자료** 건축가가 뽑은 영화 Best 13

1. METROPOLIS (메트로폴리스) – 감독: Fritz Lang/독일/1927
   …가상도시의 원전, 미래에 대한 증오
2. Blade Runner (블레이드 러너) – 감독: Ridley Scott/미국/1982
   …현대 문명이 모순으로 갖는 '인간적인 인간성'을 표현
3. SPACE ODYSSEY 2001 (스페이스 오딧세이 2001) – 감독: Stanley Kubrick/미국(영국감독)/1968
   …놀라운 상상력, chilling 순간들
4. 베를린 천사의 시 (Wings of Desire) – 감독: Wim Wenders/독일/1987
   …도시와 인간의 이중구조에 대한 물음
5. 닥터 지바고 (Doctor Zhivago) – 감독: David Lean/미국/1965
   …영상이 좋다
6. 서편제 – 감독: 임권택/한국/1994
   …한국적 토속 이미지
7. 달마가 동쪽으로 간 까닭은 – 감독: 배영균/한국/1988
   …영상처리의 절제된 아름다움
8. Modern Times (모던 타임즈) – 감독: Charlie Chaplin/영국/1936
   …현대산업문영에 대한 재치있는 비평적 시각
9. Pierrot le Fou (네멋대로 해라) – 감독: Jean Lud Godard/프랑스/1963
   …형식에 얽매이지 않는 자유분방한 이미지 연출과 사실성
10. 율리시즈의 시선 – 감독: 테오 앙겔로포스/그리스/1995
    …역사의 내용을 갖고 있기 때문에
11. La Strada (길) – 감독: Federico Fellini/이태리/1954
    …배우와 내용이 좋다
12. The Fountainhead (마천루) – 감독: King Vidor/미국/1949
    …치열한 삶을 산 건축가의 집념
13. 패왕별희 (Farewell My Concubine) – 감독: Chen Keige/중국/1993
    …역사–예술–인간의 중첩의 영화화

(archforum에서 발췌)

2 건축과 미술

"재료는 맛을 결정하는 요인이다"

2.1. 건축과 미술에서의 재료

건축(Architecture)은 '집짓기'이다. 우리는 집에서 먹고, 자고, 생활한다. 일상생활을 하는 공간 속에 미술은 존재한다. 사람이란 더 예쁜

집에서 살고, 더 멋진 그림을 벽을 걸어두려 할 것이며, 더 전망 좋은 쪽에 창을 내려 할 것이기 때문이다. 하지만, 거리에 나서면 무수히 마주치게 되는 건물들 속에서 사람들이 미술을 찾아내기는 쉽지 않다. 그것은 사람들이 그만큼 마음에 여유가 없다는 이야기도 되겠고, 또 그만한 아름다움을 지닌 건물도 드물기 때문일 것이다.

인간이 집을 짓고 살기 시작한 것은 원시시대로 올라간다. 은신처로서의 동굴로 시작하여 반 지하(半地下)에서 지상(地上)으로 옮겨가게 되는 집은 생존을 위해 반드시 필요한 것이었다.

그리고 언제부터인가 집은 방범, 보온, 주거와 같은 생존적 가치뿐만 아니라, 가족이 평안을 얻고 피곤에 지친 육체를 머무는 그 이상의 가치를 지니게 되었다. 건축이 미적 요소를 필요로 했던 것은 이런 가치 변화에 따른 것이다.

디자인이란 미술에서만 쓰는 용어가 아니다. 건축에서 디자인의 시작은 점에서 시작되어진다. 벽에 그림을 걸기 위해서는 못을 박아야만 한다. 마찬가지로 공간을 쓸모 있게 만들기 위해서는 창과 문을 달아야 한다. 이 창과 문을 어느 위치에 얼마만한 크기로 결정할 것인가에서 건축디자인은 시작된다. 디자인뿐만 아니라 재료 면에서도 건축과 미술은 서로 밀접한 관계가 있다. 재료 없이는 그림이나 건물도 있을 수 없기 때문이다. 이런 점에서 재료는 1차 요소임에 틀림없다. 그러나 전통적인 관점에서 보았을 때 건축이나 회화의 심미적 가치와 아름다움을 논하는데 있어 재료는 2차 매개체에 불과하다. 재료는 형태나 양식 등과 같은 상위 개념의 미학적 가치를 구성하는 보조 요소에 불과한 것이다.

요리에서는 쇠고기와 돼지고기라는 재료의 차이와 요리사의 숙련도가 음식 맛의 근본적인 차이와 직결된다. 물론 건축에서도 석조건물과 목조건물 사이에, 회화에서도 유화와 수채화 사이에 재료 차이에서 오는 특성의 차이가 있긴 하다. 그러나 이런 차이는 물리적 차이일 뿐 미학적 가치의 차이로까지는 받아들여지지 않는 것이 건축과 미술에서의 통례였다.

그러나 2차대전을 전후한 시기에 건축과 회화에서는 재료의 고유한

그림 4-11. 볼스 <회색 바탕위의 구성>
재료의 속성을 있는 그대로 보여준 작품.

성질인 재료성 혹은 재료다움을 1차 매개로 정의하려는 시도가 있었다. 이러한 시도는 이 시기 실존주의 계열의 미술 운동에서 나타났다. 예를 들어 볼스(Wols)의 〈회색 바탕 위의 구성〉이라는 작품은 이런 내용을 잘 보여준다.

이 그림에서는 구상 형태나 추상 · 기하 형태 등과 같은 전통적인 형태 요소와 구도 · 위계 등과 같은 전통적인 구성 법칙이 철저히 배제되어 있다. 그 대신 거친 붓칠 · 짜바르기 · 긁기 · 문지르기 등과 같은 다양한 물감 칠하는 방법이 쓰이면서 거친 표면 질감을 형성하고 있는데, 이것으로부터 상처와 폭력의 이미지가 연상되고 있다. 또한 붉은색과 미색의 두 가지 물감이 쓰이면서 사람의 피부를 찢고 나오는 유혈의 이미지가 연상되고 있다. 이러한 재료의 특징들이 회색 바탕면과 어우러지면서, 2차대전을 통해 드러난 인간의 잔인한 본성을 고발하는 메시지를 전달하고 있다.

그림 4-12. 고호의 해바라기
고호의 회화적 특징도 건축과 마찬가지로 재료의 본질인 물성과 색채를 자유자재로 이용한 것에 있다.

고호의 작품 속에서 나타나는 색채와 회화형태도 이와 비슷한 느낌을 준다.

20세기 핀란드 건축을 대표하는 세계적 거장 알바 알토(Alvar Aalto)는 건축에서 재료가 지니는 표현적 가능성을 가장 폭넓고 심도 있게 탐구했던 건축가였다. 알토는 자연 재료가 갖는 풍부한 연상 기능을 마감 재료로 가리지 않고 노출시켜 스칸디나비아 반도의 토속성이라는 개념으로 해석해냄으로써, 재료미학쯤으로 이름붙여질 수 있는 자신만의 독특한 건축세계를 창조해냈다.

알토는 1946년부터 〈유화〉라는 동일한 제목을 갖는 일련의 회화 작품을 남기기 시작하였다. 1960년대까지 계속된 이 그림들에서 알토는 볼스의 예에서와 마찬가지로 형태나 구도와 같은 전통적인 상위 개념의 매개를 사용하지 않고 재료라는 한 가지 매개만으로 작품성을 결정했다. 이러한 회화적 훈련을 통하여 알토는 궁극적으로 건축 재료의 공예적 가능성을 확장하려 했던 것으로 보인다.

이와 같은 알토의 재료 미학관은 자신의 여름 별장에 집약적으로 나타나 있다. 〈알토의 여름 별장〉에는 벽돌이 주재료로 사용되는 가운데

타일과 목재가 혼용되고 있다. 여기서 알토는 벽돌을 쌓는 방식을 극도로 다양화함으로써 재료의 축조성이 공예적 특성으로 해석될 수 있는 가능성을 확실하게 보여주고 있다. 알토의 여름 별장은 축조 방향 · 축조 방식 · 크기 · 돌출 면 · 돌출 정도 등이 다양하게 처리된 벽돌로 인해 건물 전체가 공예적 인상을 강하게 드러내고 있다.

벽돌은 길이 방향으로 섰다가 너비 방향으로 눕기도 하고 통 줄눈과 막힌 줄눈이 교대로 나타나기도 한다. 벽돌의 면과 마구리가 교대로 돌출되며 돌출한 정도도 들쭉날쭉 심하게 처리되어 있다. 이렇게 다양하게 처리된 크고 작은 여러 벽돌 면은 마치 콜라주처럼 어우러져 건물의 벽면을 형성하고 있다. 이 사이사이에 더해진 목재와 타일은 분위기를 한층 살려주고 있다.[2)]

그림 4 - 13. 알바 알토
<알토의 여름별장> 1953

2.2. 조각과 건축

미술가이면서 건축가인 사람들은 많다. 그러나 그 중에서 역사를 막론하고 최고의 인물을 꼽으라면 레오나르도 다빈치와 미켈란젤로를 꼽을 수 있을 것이다.

레오나르도는 자신의 회화론 도입부에서 회화를 조각보다 우위에 두었으나 이 둘을 똑같이 다루어야한다고 강조하였다. 그가 전심전력으로 몰두한 거대한 조각계획은 성취되지 못했다. 그러나 그 조각계획을 위해 그가 남긴 글과 소묘는 청동 주조기법에 대한 그의 폭넓은 경험을 알려주는 동시에 거의 비현실적인 조각계획의 본질을 밝혀준다. 그는 단 한 번에 말을 주조해내길 원했으나 말의 거대한 크기는 기법상 불가능한 여러 문제를 야기 시켰다. 이 조각을 위한 소묘 계획안들을 보면 그의 서대한 조각 개념을 알 수 있다. 소묘를 하기에 앞서 살아있는 말에 대한 정확한 연구가 이루어졌다. 그러한 소묘들은 레오나르도의 예술 가운데 가장 아름답고 의미 있는 예가 되며, 개념에 있어서는 16세기 기마상의

그림 4 - 14. 다빈치의 말에 대한 연구

그림 4 - 15. 다빈치의 윈저궁 왕립도서관 스케치

2) http://www.wolganmisool.com/199907/article_04.htm참조

그림 4 - 16. 다빈치의 건축스케치

그림 4 - 17. 레오나르도 다빈치

그림 4 - 18. 미켈란젤로

발전에 막대한 영향을 끼쳤다.

그는 평생 건축에 관련된 일에 관여했으나 건축에 대한 그의 영향력은 고문의 역할에 그쳤다. 밀라노 대성당에 둥근 지붕을 세우기 위한 공모에서만 오직 한 번 그는 실제로 건축에 참여하려 했으나 그가 제출한 모형이 거절당하자 그 생각을 포기했다. 그밖에도 건축가가 되고자 하는 그의 욕구는 일반적 건물들의 스케치를 낳게 되는데 밀라노 귀족의 저택을 비롯해 밀라노 주재 프랑스 총독관사, 윈저궁의 왕립도서관, 피렌체의 메디치가 저택 등의 설계도가 이에 해당한다.

그러나 건축에 대한 그의 연구를 진정 특징짓는 것은 건축에 대한 그의 폭넓은 이해에 있다. 그는 종종 자신의 연구를 전파하고자 하는 충동을 보이며 건축에 관한 글들을 모아 건축론으로 집대성하길 원했다. 현재 프랑스 학술원에 분류, 소장되어 있는 그의 '건축론'은 건축의 형태와 양식뿐 아니라 항목들과 종교적인 건축과 범속한 건축 및 둥근 천장, 계단, 창문 등의 중요한 세부 요소들에 대한 개요가 포함되어있다. 이처럼 건축에 대한 그의 연구는 그 개념의 풍부함에서 그 시대 건축의 성과에 대한 폭넓은 통찰력을 보여준다

반면 미켈란젤로는 철저한 조각 우위자였다. 13살때 부친의 반대를 무릅쓰고 미켈란젤로는 피렌체의 도메니코 기를란다이오 문하에서 3년간 도제 수업을 받았다. 기를란디오는 그 당시의 부유한 피렌체 시민 계급의 생활을 명쾌하고도 매력적으로 표현해준 화가이다.

그의 화실에서 미켈란젤로는 화가로서 갖추어야할 일반적인 교양과 기법을 특히 프레스코벽화의 확고한 기초를 쌓았고, 이때부터 독특한 개성을 나타내기 시작한 미켈란젤로는 그 당시 피렌체풍의 세련된 미술을 거부하고 기념비적이고 강한 표현을 즐겨하게 된다.

1489년부터 그는 당시 피렌체시의 권력자인 메디치가[3]가 세운 조각

3) 르네상스는 상업과 도시의 발달, 그리고 막대한 부를 기반으로 권력을 손에 넣어 도시의 지배자가 된 대상인 가문과 밀접한 관련을 갖고 있다. 이들 대상인 가문은 도시의 최고 권력자인 동시에 문화, 예술의 후원자였다. 피렌체의 메디치가가 그 대표적인 경우이다. 메디치가의 한 사람인 로렌초는 뛰어난 수완을 지닌 정치가, 외교가인 동시에 철학, 건축, 문학에 깊은 조예를 가진 인물이다. 메디치가는 레오 10세, 클레멘스 7세 두 교황을 배출했으며 프랑스 왕 앙리 2세의 왕비 카트린도 메디치 가문의 딸이다. 개인을 중시하는 르네상스의 인본주의는 봉건귀족의 간섭과 견제를 받지 않고 자유롭게 마음껏 이윤을 추구하고자 하는 상인세력의 속성과 잘 맞아떨어져서 대부호들이 르네상스를 아낌없이 후원한 중요한 이유가 됐다.

학교에서 도나텔로 제자인 베르톨도로 부터 조각도 배우게 된다. 미켈란젤로는 1496년 로마 베드로 성당의 '피에타상'을 제작하고 피렌체에서는 '다비드' 상을 1504년에 완성하여, 많은 사람들로부터 찬사를 받는다. 1512년에는 시스티나 예배당 천정에 '천지창조'를 4년여만에 완성했으며, 그 후 '최후의 심판'을 그렸다.

말년에는 건축에 몰두하여 '피터 성당'의 둥근 지붕 설계, '포타피아'에 대한 설계와 연구 등이 있으며 생존 마지막 기간 중에는 '론다니니의 피에타' 등을 조각했는데 거의 죽어가는 순간까지 이 작품들을 조각하였다. 1564년 2월18일 미켈란젤로는 뇌일혈로 숨을 거두었다.

그는 죽기 이틀 전 플로렌스에 묻히기를 원하였기에, 로마의 성 아포스톨리 교회에서 국민장으로 장례를 치른 후 플로렌스로 가서 피렌체의 산타 크로체 성당에 안치되었다. 조각가 미켈란젤로는 어린시절 친구로부터 입은 코의 상처가 그를 평생 독신으로 살게한 동기가 되었을 정도로 편협하고 외곬수적이었으나 자신의 생김새에 대한 열등감으로 오히려 아름다운 인체를 생명력이 넘치게 표출해 내는데 정열을 쏟아부었다.

이들 다빈치와 미켈란젤로는 르네상스를 대표하는 종합예술가라고 할 수 있다. 르네상스시대는 건축뿐만 아니라 모든 예술이 활발하게 진행된 시대이기 때문에 지금도 부흥기를 르네상스시대로 바꾸어 표현하곤 한다. 그만큼 문화부흥기의 시대에 발군의 실력을 쌓은 사람들이기에 특히 미술을 하면서 건축을 한 사람들이기에 그 의미는 너무나 크다고 할 수 있다

2.3. 원근법의 발견

서양 예술작품만 놓고 볼 때, 가장 획기적인 예술작품은 무엇일까라는 질문을 한다면 여러 가지 답이 나올 것이다. 그러나 지금은 소실되어 전해지지 않지만 브루넬레스키가 그린 산지오반니 교회 그림이 적어도 건축적인 면에 있어서 그 첫머리에 나올 것이다.

이 작품은 1480년대에 안토니오 디 투치오 마테티라는 사람이 쓴 필리포 브루넬레스키의 전기에만 잠깐 언급돼 있다.

플로렌스의 건축가인 브루넬레스키는 2차원의 종이 위에 3차원을 표현할 수 있게 해주는 원근법을 발견[4)]한 사람이다.

원근법은 소실점 덕분에 소기의 효과를 낸다. 즉 관찰자의 앞에서 뻗어나간 모든 평행선이 한데 모임으로써 마치 평면에 깊이가 있는 듯한 느낌을 준다. 원근법을 이용하면 자기집 뒤뜰에 있는 자전거가 옆집의 정원보다 더 가까워 보이는 모습을 현실과 똑같이 그림으로 묘사할 수 있다. 마네티에 따르면 브루넬레스키는 한가지 실험을 통해 원근법의 효과를 입증했다. 그 실험은 말로 설명하기는 어려워도 사실은 간단하다.

우선 그는 작은 나무판자 위에 원근법을 이용해서 플로렌스에 있는 산지오반니 교회를 그렸다. 그 다음 그 판자 중앙에 작은 구멍을 뚫었다. 그리고 다른 사람에게 교회앞 광장에 서서 한손으로 그 나무 판자의 뒷면에 얼굴을 대고 중앙의 구멍을 통해 교회를 바라보게 했다. 그 다음에는 나머지 한손으로 판자앞에 거울을 들고 다시 구멍을 통해 판자에 그려진 그림이 거울에 비친 것을 보게 했다. 그 결과 그 사람은 거울을 들었때나 밑으로 내렸을 때나 같은 광경, 즉 똑같은 모습의 산지오반니 교회를 볼 수 있었다.

마네티는 자신의 책에서 "내가 그것을 직접 내손에 들고 여러번 보았기 때문에 증언할 수 있다"고 자신에게 말했다. 조그만 그림을 이용한 브루넬레스키의 실험은 사실 작은 재주같은 것이었다. 그러나 원근법은 예술의 새로운 경지를 개척했다. 화가가 종이나 나무판자 또는 캔버스 위에 자연의 모습을 그대로 그려넣을 수 있게 된 것이다.

브루넬레스키의 원근법 덕분에 레오나르도 다빈치, 쿠르베, 드가, 쇠라, 로드셴코, 스미손, 터렐 같은 화가들이 이 세상을 손에 잡힐듯 그려내고 갖가지 사상과 아이디어를 바탕으로 자연의 모습을 재현할 수 있었다. 예술은 길다는 말이 있다. 따라서 이미 사라져 버리고 없는 브루넬레

4) 발명이 아니라 발견이다. 가까이 있는 것은 커 보이고 멀리 있는 것은 작아 보이는 것은 자연현상이다. 이러한 원리를 잘 관찰하여 이해하고 이용하여 그림에 원근감을 나타내는 것을 선원근법이라 한다.

스키의 산지오반니 교회 그림이 가장 획기적인 작품이라는데 이견이 있을 수도 있다. 그러나 이 그림은 원근법의 효과를 실제로 보여줌으로써 화가들에게 지대한 영향을 미쳤다는 점에서 획기적인 것이라는 것만은 분명하다. 화가는 이제 우주를 이해하는데서 더 나아가 시각적인 형태로 표현할 수도 있는 사람이 되었던 것이다.

3 건축과 음악

"건축은 얼어붙은 음악이다." —괴테

3.1. 음악과 비교한 건축공간 구성원리

그림 4 19. 시드니 오페라 하우스
조형선에 있어서 아름다움을 인정받는 오페라 하우스는 지붕의 형상에서 리듬과 반복을 느낄 수 있다.

건축과 음악 사이의 관계는 오래 전부터 계속 언급되어져 왔고, 이 두 예술은 때때로 공동의 배경과 유사성, 더 나아가 특성까지도 어느 부분에서는 공통적이라고 말해진다.

독일의 문호 괴테는 "Architecture is a Frozen Music"이라고 건축을 압축하여 정의하고 있다. 이에 의하여 음악 요소 및 악곡 구성원리를 이해함은 건축공간에 대한 구성원리에 좋은 참고로 여겨진다.

음악은 리듬, 가락, 화성의 3요소로 이루어지고 악곡은 주제, 통일성, 다양성의 구성원리를 가진다.

음악과 건축의 구성원리

음 악	건 축
• 음악의 3요소	• 건축의 공간구성원칙
–리듬(Rhythm)	–축(Axis)
–가락(Melody)	–대칭(Semmetry)
–화성(Harmony)	–위계(Hierarchy)
	–리듬(Rhythm)
• 악곡의 구성원리	–변형(Variation)
–주제(Theme)	• 건축의 공간구성 원리
–통일성(Unity)	–변화와 통일감(Variety & Unity)
–다양성(Variety)	–균형(Balance)
–조화(Harmony)	–리듬(Rhythm)

이제 건축 공간구성의 원리를 음악과 비교해 보면 그 유사점을 알게 되며 더 나아가 기타 예술분야도 비슷한 맥락에서 해석될 수 있음을 알게 된다.

- 공간구성 원칙 …… 축, 대칭, 위계, 리듬, 기준, 변형
- 공간구성 원리
  - ① 변화 가운데에서의 통일감 (Unity in Variety)
  - ② 조화 (Harmony)
  - ③ 균형 (Balance)
  - ④ 리듬 (Rhythm)

(1) 점(Spot)/음(Note)

모든 형태는 동적인 점 자체로서 형성되며, 점의 움직임에서 선이 존재하며 선은 1차원이 된다. 선이 확장되어 2차원적 요소인 평면이 되고 평면에서 공간으로 이동하여 3차원의 입체를 형성한다. 이와 마찬가지로 음악은 음(Note)으로 형성이 되며 이 음들의 움직임으로 선율(Melody)이 형성된다.

(2) 선(Line)/선율(Melody)

근본적으로 선율이란 어떤 윤곽을 가진 음들로 구성된 선을 말한다. 이것은 올라갈 수도 있고, 내려갈 수도 있으며, 어떤 수준에 머무를 수도 있다. 이렇게 각각의 형태는 음악의 의미와 표현에 기여한다. 미술가의 붓이 움직여서 점차적으로 어떤 의미를 가진 상(像)을 만들어 내듯이 음들의 선 역시 선율의 외형을 만든다.

그림 4 - 20. 킴벨미술관
반복과 균제감이 잘 살아있다.

(3) 면(Surface), 입체(Volume), 공간(Space)/ 화성(Harmony)

화성을 가지는 것은 서양음악뿐이다. 이 때문에 서양음악은 입체적인 표현능력을 얻게 된다. 즉, 화성을 가지게 됨으로써 표현 능력에 있어서 공간적 확대가 이루어졌다고 할 수 있다. 높이를 달리하는 여러 음이 동시에 결합된 것을 화음이라 하며 이러한 화음이 진행하는 조직체를 화성이라 한다.

화성의 진행에 있어서는 조성법칙에 따라서 화음과 화음을 연결시켜야 한다. 앞의 화음과 뒤의 화음이 엄격한 법칙에 따라서 연결됨으로써 [illegible]구의 소재(所在)와 역할이 밝혀지는 것이다. 여러 음이 같이 소리 날 때 동시적이거나 연속적이거나를 막론하고 어떤 한 음이 다른 음들보다 훨씬 더 강하게 두드러짐으로 인해 일종의 중심점으로 확립되는 경향을 보인다. 곡을 마무리 짓는데 필요한 도착감을 느낄 수 있는 맨 나중음이

그림 4 - 21. 솔크연구소
반복과 균형, 통일감으로 리듬감이 살아 있는 루이스 칸의 작품.

그림 4 - 22. 환기미술관

바로 이 곡 전체의 조성을 암시하는 중심점이며, 이것이 '조성적 중심(tonal center)' 으로 확립된다.

전조(轉調)란 조성 중심을 바꾸는 과정을 말한다. 18~19세기 작곡가들에게 있어서 어느 악장은 같은 조에서 시작하고 끝나야 한다는 개념은 기본적 필수조건이었다. 전조란 작곡가들이 이 기본 조건을 충족시키기 위하여 사용한 기법이다. 전조는 주조(主調)로부터 떠남으로써 일종의 질문을 야기시킨다. 이러한 질문은 주조로 돌아가는 보상적 행위에 의하여 해답을 얻게 된다. 그러는 사이에 작곡가들은 보다 대담한 화성적 프로필을 창출한다.

(4) 색(Color)/음색(Tone Color)

두 음이 음의 높이, 강도, 길이가 모두 같으면서 다르게 들릴 때, 그 다르게 들리는 모든 성질을 음색이라 한다. 이 음색을 판별 자질화 한 것이 악기라 할 수 있다.

오케스트라는 우리에게 가장 풍부하며 다양한 음색의 팔레트(palette)를 제공하여 왔다. 18세기 초부터 현악기 – 바이올린, 비올라, 첼로, 콘트라베이스 – 는 오케스트라의 주축을 이루면서 중심적 소리로 확립되었다. 우리는 현악기의 음색을 식별할 수 있다. 즉, 고음역은 밝고 맑은 음색을 가지며, 저음역은 부드럽고 어두운 음색을 가진다.

그림 4 - 23. Villa Savoye
흰색의 면에 검정색의 포인트와 필로티를 둔 입면은 마치 음악의 악보를 보는 듯한 형상이다.

(5) 재질(Texture)/기조(基調, Texture)

현악4중주에서 네 악기가 각기 짧은 음들을 가지고 선율을 만들면서 바쁘게 움직일 때 한 가지 텍스추어를 만들어내고, 또 세 악기가 같이 긴 음으로 연주하면서 독주 악기를 반주할 때 또 다른 텍스추어가 생겨난다.

3.2. 건축과 음악의 형식

문학과 무용은 인간이 원래 갖추고 있는 언어와 육체의 동작에서 생긴 것이고 회화는 자연에 있는 그 무엇을 묘사하는 데서부터 출발한 것이다. 여러 예술 가운데서 음악과 건축만이 자연의 어떤 구체적 대상과 관계없이 스스로의 미의 법칙에 따라서 성립되는 예술이다.

건축예술과 음악예술을 성립시키는 근거는 바로 형식미이다. 여기에 구성원리는 제형식미(諸形式美)를 만들어 내는 영역이라고 할 수 있다. 일반적으로 미의 형식은 '형식과 내용' 이라는 두 가지 인자에 의하여 이루어진다. 이 두 인자는 서로 대립 개념이 아니라 예술에 있어서의 형식은 내용의 존재방식이다.

그림 4 - 24. 악보

악보의 운율은 리듬이 있고 은유적이고 상상적이다. 이러한 것들이 건축과 맞물려 상호 작용을 일으킨다.

음악의 형식적 부분에 있어서는 대부분 균형적으로 반복되며 각 부분이 조화를 이루고 있는 점에서 건축과는 결정적인 유사점을 갖고 있으며, 음악은 건축의 구성원리에 의하여 설계된 건축물의 총 형식과는 완전히 동일한 것이다. 음악이 비예술적인 목적없는 음의 유희물에서 벗어나기 위하여 적어도 건축적인 형식적 형태의 균형은 보유해야 하며 이 형태에는 정신이 깃들어 있어야 한다.

형식과 내용이라는 측면에서 건축은 보다 형식적이고, 음악은 보다 내용적이다. 그러나 결여되기 쉬운 빈대 부분을 상호 빌려 쓰는 것을 알 수 있다. 즉 건축은 음악에서 그 시적이고 정신적인 내용의 상상력을 빌어오고, 음악은 건축의 견고한 구조적 형식을 빌어 온다. 건축과 음악이 가장 유사한 부분은 음악적 은유와 건축적 상상이다.

음악적 운동의 개념은 이미 공인된 은유와 같은 것이다. 이와 비슷하게 음악의 경험은 상상의 특성인 자유로운 성격을 보여준다. 건축 경험도 역시 상상적 구조를 드러내고 있기 때문이다. 그 구조를 설명하는 우리는 건축과 음악과의 유추를 입증할 뿐 아니라 건축은 확실히 상상적 경험의 한 대상이 될 수 있다.

실재하는 형태를 다루는 건축은 이제 더 이상 물리적, 시각적인 형상뿐 아니라 무형적인 요소의 복합체로 인식함으로서 건축을 또 다른 시각으로 볼 수 있으며 새로운 디자인 가능성을 발견할 수 있는 것이다. 디자인의 물리적 시각적 측면들의 관심수준을 넘어설 수 있는 많은 가능성의 목표를 염두에 둔 건축은 이제 귀에 호소하는 건축으로의 요구가 필요하다.

4 건축과 수학

"비례는 아름다움을 창조한다."

역사적으로 볼 때 건축과 수학은 본질적으로 같은 범위 안에서 있었다. 즉, 기하학과 건축은 분리될 수 없는 관계였다. 로마의 Vitruvius의 시대의 건축가들은 수학, 천문, 지리 등 여러 가지 기술을 다루었고 르네상스시대에도 건축설계에 기하학을 이용한 투시화법 등이 수학자이며 건축가인 사람들에 의하여 도입되었다.

그 후 19세기에 들어와 문명이 발달하고 기술이 점차 다방면으로 분화해 나가기 시작하면서 건축가는 설계와 건물을 짓는 것만을 전문으로 하게 되었다.

4.1. 피라미드와 황금비

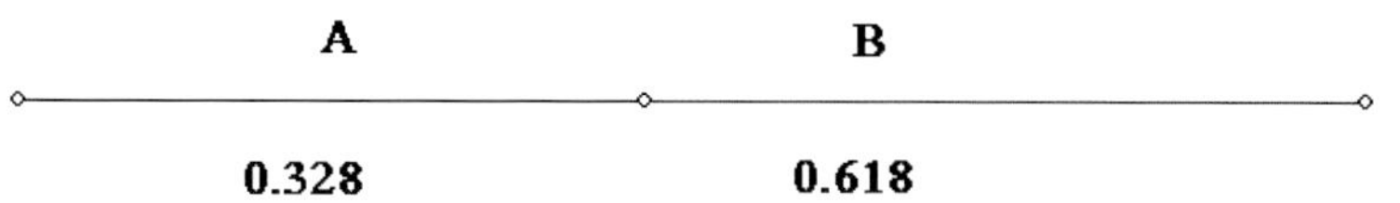

그림 4 - 25. 황금비의 비율

기원전 2575년경에 쿠푸(Khufu)왕을 위하여 이집트의 기자(Giza)에 세워진 피라미드의 측량에 관한 논문들을 보면 피라미드 건축에 황금비(Golden Ratio)와 그 수의 제곱근이 발견된다고 한다. 이것을 보면 인류가 황금분할의 개념과 효용가치를 안 것은 훨씬 그 이전부터일 것이라고 추측할 수 있다. 황금비의 정확한 정의는 $\phi/1=(1+\phi)/\phi$가 되는 수 ϕ 이다. 황금비라고 부르는 이유는 이 수가 비율로 정의되기 때문이다. 를 구하기 위하여 $\phi^2 = 1+\phi$를 근의 공식을 사용하여 풀면 $\phi= \frac{1\pm\sqrt{5}}{2}$ 가 나오며 $\frac{1+\sqrt{5}}{2}$=1.618033989...가 된다. 보통 황금비를 1.618033989... 또는 0.618 라고 하는데 그 이유는 다음과 같다. 황금비는 전체에 대한 큰 것의 비는 큰 것에 대한 작은 것의 비와 같은비를 말한다. 만약 전체를 1로 놓으면 A:B=B:(A+B)이되는 B=0.618이고 A를 1로 놓으면 B는 1.618033989 가 된다. 피라미드의 비율의 일치가 정말로 우연의 일치인지 또는 피라미드의 건축가가 마음속에 어떤 수의 비율을 정해서 설계하였는지는 정확히 알 수 없지만 아마도 많은 경험과 실패를 통해 얻은 지식에 의한 것일 수 있다.

4.2. 고대 그리스의 건축

역사에 남아있는 기록 중에 첫 번째로 건축에 영향을 준 수학자는 피타고라스 학파이다. 피타고라스 학파에게 수는 종교적인 의미가 있었다. '모든 것의 근원은 수이다' 라는 피타고라스 학파의 신조는 건축에 지대한 영향을 미쳤다. 그들은 황금비 안에서 우주질서의 비밀을 느꼈다. 그들은 황금비를 단순한 숫자의 비율로 생각하지 않고 "신의 비율"

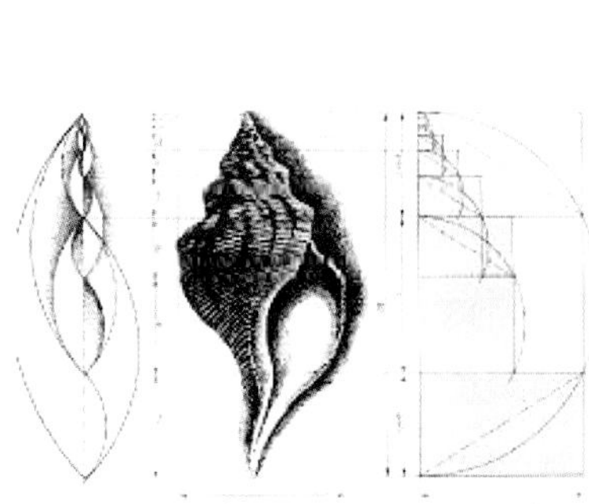

그림 4 - 26. 소라껍질과 황금비

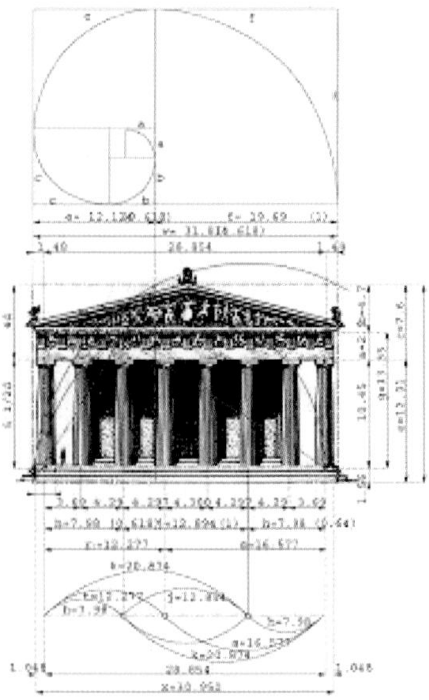

그림 4 - 27. 파르테논과 황금비

(devine proportion) 또는 "신성한 비율"(sacred ratio)이라 하여 신성한 상징으로 인식했고 황금비로 말미암아 숫자를 더욱 신비스럽게 생각하게 되었다. 피타고라스는 수학적, 기하학적 형태의 조화야말로 아름다움이라고 하였다. 악기가 내는 소리의 진동수 비율과 그 비율이 음높이의 차이에 의해 순서대로 나타날 때 음계와 선율의 아름다움이 나타나며, 이런 수의 질서가 천체의 운행이나 인생의 질서를 유지한다고 보았다. 피타고라스 학파들에게 수는 기하학적인 성질이었다. 피타고라스 학파들은 정사각수, 직사각수, 정삼각수들을 만들었고 기하학은 모양의 연구이고 모양은 수에 의해 결정된다고 생각하였고 비율에 근거한 미학의 개념을 발전시켰다. 황금비는 이 세상의 모든 피조물에 존재한다. 사람의 키와 배꼽의 높이의 비를 계산해 보라. 대신전의 두 벽의 길이의 비, 별의 긴 변과 짧은 변의 길이의 비, 전체에 대한 큰 것의 비는 큰 것에 대한 작은 것의 비와 같기 때문이다. 기하학적인 규칙으로 아름다움과 조화가 표현되었으며 이것은 대칭과 함께 건축에 사용되었다. 대칭이라는 단어는 고대 그리스 건축용어인 모양의 반복과 건물 전체와 건물의 가장 작은 부분과의 비례를 뜻했던 symmetria에서 온 것이다.

Rober는 아테네의 파르테논 신전 건축에도 황금비가 쓰였다고 주장한다. 오늘날 대부분의 사람들은 파르테논 건물이 황금비 사용에 의해 매우 뛰어난 아름다움을 이루었다고 생각한다. 그 외부윤곽은 완벽한 황금분할 사각형이며 이 비율은 건물의 곳곳에 적용되고 있다.

4.3. Vitruvius와 고대건축

로마의 건축가였던 Vitruvius는 고대 건축의 수학적 방법들에 관하여 De architectura라는 제목으로 10권의 책 "건축십서"를 썼다. 이것은 건축에 대하여 쓰여진 책 중에 현존하는 가장 오래된 책으로 라틴어로 쓰였으며 후에 Alberti가 "건축십서"를 "건축론"이라는 이름으로 분석하여 정리하였고 지금도 영어 번역본이 발간되고 있다.

그는 이 책에서 건축의 목적과 본질은 효용성, 견고함, 아름다움에 있다고 말한다. 그가 제시한 이 세 가지 기준은 이후 16세기 영국의 외교관이자 건축학자인 Henry Wotton을 거쳐서 현대 건축학에서 기능, 구조, 아름다움이라는 건축의 3대 요소가 되고 있다.

Vitruvius에게는 인간의 몸의 비율들이 아름다움을 성취하는 기본이었고 사원의 비율들도 인간 몸의 비율들을 따라야 한다고 말한다. 인체의 치수는 간단한 비례를 형성하는데, 안면은 턱에서 이마 위 머리카락이 있는 부분까지로 신장의 10분의 1이고, 손바닥은 손목에서 장지 끝까지로 팔길이의 10분의 1이며, 머리는 턱에서 머리끝까지로 신장의 8분의 1이라는 것이다. 또, 인체는 간단한 기하학적 도형에 들어맞으며, 사람이 손과 발을 펴고 드러누웠을 때 컴퍼스의 선단을 배꼽에 놓고서 원을 그리면 손과 발끝이 이 원주선에 닿는다. 또 양발을 붙이고 양손을 펼치면 정방형이 된다. 그는 자연이 바로 인체를 이처럼 전체적으로 비례에 맞추어 만들었으므로 신전도 이러한 비례로 만들어야 한다고 하였다.

우리가 일반적으로 아름답다고 느껴지는 몸매를 가진 팔등신의 여인들의 몸 전체길이와 발바닥에서부터 배꼽까지의 길이를 비교하면 이 길이는 정확히 몸 전체의 61.8%에 해당되며 이 것 역시 황금비와 관련이 있다. Vitruvius는 원과 정사각형은 펼쳐진 인간의 몸의 기하학에 가깝기 때문에 원과 정사각형이 건축의 설계에서 완전한 모양이라고 말했으며 인간은 하나님의 형상으로 만들어졌기 때문에 완전한 것이라고 믿었다. 최근에는 고대 그리스 사원에서 황금비가 발견된 증거가 인간의 몸의 비율과 관계가 있다고 설명되어진다

4.4. 레오나르도 다빈치의 수학과 건축

수학사에 있어서의 르네상스의 의의는 바로 이 새로운 예술의 탄생과 깊은 관련이 있다. 비록 획기적인 수학 이론을 낳지는 않았지만 예술

과의 접점에서 새로운 연구 분야가 개척되었다는 점에서 중요한 의의가 있다. 그 중 레오나르도 다빈치는 60구 이상의 인체를 해부하여 그것들을 모두 노트에 묘사하였으며, 그 밖에 축성, 운하, 선박, 교량의 건설을 계획하였다. 그는 건축에 대하여 폭넓게 이해하고 있었고 건축에 관한 글들을 모아 "건축론"이라는 책을 저술했다. 현재 프랑스 학술원에 분류, 소장되어 있는 그의 "건축론"은 건축의 형태와 양식뿐 아니라 항목들과 종교적인 건축과 일반적인 건축 및 둥근 천장, 계단, 창문 등의 중요한 세부 요소들에 대한 개요가 포함되어있다. 이처럼 건축에 대한 그의 연구는 그 개념의 풍부함에서 그 시대 건축의 성과에 대한 폭넓은 통찰력을 보여준다. 르네상스시기에 레오나르도는 한가지의 예술에 국한되지 않았으며 다양한 방면에 연구하고 활동하였다. 그의 노트를 보면 도형의 그림과 수식으로 가득 채웠고 '기하학을 모르는 자는 들어오지 말라' 는 Plato의 말을 써 놓았는데 이것은 그가 수학을 얼마나 중요하게 생각했는지를 보여준다.

제 5 장

건축과 공간디자인

1. 건축과 영화
2. 건축과 수학
3. 건축과 음악
4. 건축과 미술

1 조형이란 무엇인가?

"어떠한 기법을 선택하고 건축가의 역할이란 생활양식을 제안하는 것이다."

—Peter Smithson

1.1. 기초조형(Basic Design)의 의의

디자인(Design)의 기본적인 의미는 '계획' 내지는 '설계'라고 할 수 있다. 즉 어떠한 일정의 목적을 마음속에 품고, 그 실천을 위하여 세우는 일련의 행위 개념을 말하는 것이다. 디자인은 인위적이고 합목적성을 지닌 창작행위를 말하며, 넓은 의미로는 심적 계획으로 우리들 정신 속에서 싹이 터서 실현으로 이끄는 계획 및 설계를 의미하며 좁은 의미로는, 보다 사용하기 쉽고 안전하며, 아름답고 쾌적한 생활환경을 창조하는 조형 행위이며, 미술에 있어서의 계획으로 특히 회화 제작에 있어서의 예비적인 스케치류를 의미하기도 한다.

디자인은 일상생활 속에서 행하는 행동전체를 목적에 알맞게 조절하는 생각일수도 있고 기술자, 건축가, 기타 디자인 전문가들이 예술, 과학, 수학적 요소들을 조화시켜 특정한 목표를 달성하려는 복합적인 활동의 결과일 수도 있다. 이러한 디자인 중 예술적인 요소에 기능적 요소를 추가한 디자인을 응용조형이라고 한다.

응용조형인 건축조형에 대하여 기본이 된다고 여겨지는 기초 연습을 기초조형(basic design)이라 하며. basic design은 건축조형의 기초로서 지극히 중요한 역할을 한다. 즉, 기초조형은 건축조형의 추구과정에서 가장 필요한 창조력, 구성력 및 창조감각을 길러주며 건축조형에 유력한 실마리를 제공하여 준다는 점에서 커다란 의의가 있다. 예술성과 즐거움을 주는 것에서 더 나아가 실용성까지도 겸비해야 하는 것이 건축조형이다. 이러한 건축조형의 기본이 되기 위해 기초조형이 필요한 것이다.

디자인의 분야

생활			전달	
공간	생산	유행	시간	시각
경관/도시/건축 외부공간/실내공간	인더스트리얼/핸디크래프트/액세서리	의상/미용/무대	영화/텔레비젼	그래픽/포토그래픽/디스플레이/옥외표시

1.2. 디자인의 원리(principles of design)

디자인의 원리란 어떤 실체를 형성하기 위하여 그것이 이루어져야 할 각 요소들의 상호의존적인 질서를 만들기 위한 구조적 계획이다. 즉 디자인 요소들이 어떤 특정한 효과를 성취하기 위해 어떻게 결합되어야만 하는가를 결정하는 연관 법칙 또는 구성 계획이라 할 수 있다.

이러한 형식원리들은 본래 미학(美學)적인 개념이지만, 오늘날에는 많은 예술분야에서도 사용되는 원리로서 조화, 비례, 균형, 율동 등이 있다. 이러한 원리들은 독립적으로 나타나는 것이 아니고 상호 보완적인 관계를 갖고 형식적 요소나 감각적 요소의 영향에 의해 총체적으로 나타난다.

(1) 조화(harmony)

조화란 두 개 이상의 요소 또는 부분의 상호관계에서 그들이 서로 분리되거나 배척하지 않고 통일된 전체로서 높은 감각적 효과를 발휘한 때 일어나는 현상이다.

두 가지 이상의 요소가 동일하거나 유사할 때 그들은 완전히 조화되고 있다고도 생각할 수 있으나, 오히려 단조롭다. 따라서 합리적인 조화는 요소 상호간에 공통성이 있음과 동시에 무엇인가의 차이가 있을 때에 얻어지는 것이 보통이다. 이 차이성이 현저할 때 그들은 대비를 이룬다고 한다. 다른 말로 표현한다면 적절한 통일과 변화가 이루어질 때 조화를 이룬다고 볼 수 있다.

그림 5-1. 대전 새로남 교회, 정림건축
원형과 사각형이라는 이형(異形)의 디자인 요소를 잘 조화시키고 있다.

통일감은 주제, 모양, 무늬, 크기를 반복하는 것은 물론 색채, 질감,

재료에서 조화를 이루도록 함으로써 기본적인 통일을 성취할 수 있다.

또한 모양의 반복이나 유사한 이미지를 반복하는 방법도 있는데, 이는 통일된 이미지를 적절한 변화로 효과적인 디자인을 한 것이다. 이는 통일과 변화가 조화의 기본임을 알려주는 것으로 이외에도 주제, 크기, 색채, 재료 등으로 디자인을 변화시킬 수 있다.

(2) 균형(balance)

두 개 이상의 요소 사이에서 부분과 부분 또는 전체 사이에서 시각상의 힘이 안정되어 있으면 보는 사람에게 안정감을 준다. 균형이 잡혀 있다는 것은 자연스럽다는 것을 의미하며, 규칙 또는 균형이 깨어진 것은 불안정하지만 시각적으로 자극이 강하다. 시각적인 균형은 모양, 명도, 질감, 색채의 균형으로 구분하여 생각해 볼 수 있다. 모양의 균형은 대칭과 비대칭의 두 가지 형태로 구별된다.

그림 5-2. 대칭

① 대칭

가장 정형적인 구성형식이며, 가장 일반적으로 균형이 잡힌 형태로서 구성의 중앙을 지나는 선을 축으로 양쪽 면을 접으면 완전히 일치되는 것을 말한다. 일반적으로 대칭의 균형을 이룬 구성은 안정되고 위엄이 있으며, 고요하게 보이는 경향이 있다.

그림 5 - 3. 비대칭

② 비대칭

한 형태의 양쪽이 서로 다른 모양이지만 시각적 무게를 갖고 있어서 보는 사람에게 변화 있는 형태로서 안정감을 주며, 개성적인 감정을 느끼게 한다. 비대칭 또는 부정형의 균형이 가지고 있는 다양성은 정형적인 균형보다 훨씬 매력적이고 은밀한 신비로움을 준다

(3) 비례(proportion)

모든 사물의 상대적인 크기를 다룬다. 이것은 물건의 크기나 길이에 대하여 그가 가진 양의 관계를 가리키는 말인데, 조화의 근본이 되는 균형을 말한다. 과거에는 비례를 미술과 무관한 과학이나 수리의 세계라고 생각했으나 근대에 이르러 몬드리안이나 바르트 반 데어 레크와 같이 적극적인 비례 체계의 주창자들이 나타나 건축이나 그래픽 디자인의 분야에 이르기 까지 그 영향력이 확대되었다.

그림 5 - 4. 비례

(4) 율동(rhythm)

조형 작품에서의 리듬은 반복된 형태나 구조, 선의 연속과 단절에 의한 간격의 변하로 일어나는 시선의 시각적 운동을 말한다.

율동은 다른 원리에 비해 생명감과 존재감이 가장 강하게 나타나며 동적인 질서가 활기 있는 표정을 가지고 있다. 율동은 형이나 색의 반복, 방사, 점이에 의해 이루어진다.

① 반복

반복은 동일한 요소나 대상 등을 두 개 이상 배열시켜 시선 이동을

그림 5 - 5. 반복

그림 5 - 6. 방사

유도하여 동적인 느낌을 줌으로써 율동감을 느끼게 하는 것이다. 이러한 반복은 대상의 의미를 강조하는 수단으로 사용되기도 한다

② 방사

한 개의 점을 중심으로 방사적인 것에 의해서도 만들어 질 수 있다.

③ 점이

점이는 반복의 경우보다 동적인 표정을 갖고 있으며, 서로가 대조되는 양극단이 유사하거나 조화를 이룬 일련의 단계이다. 예로 초승달이 보름달까지 점차 만월로 변화는 점이는 변화와 운동을 내포하고 있으며, 이것은 시각적인 힘의 경쾌한 율동감을 가져온다.[1)]

1) http://www.designview.co.kr*참조.

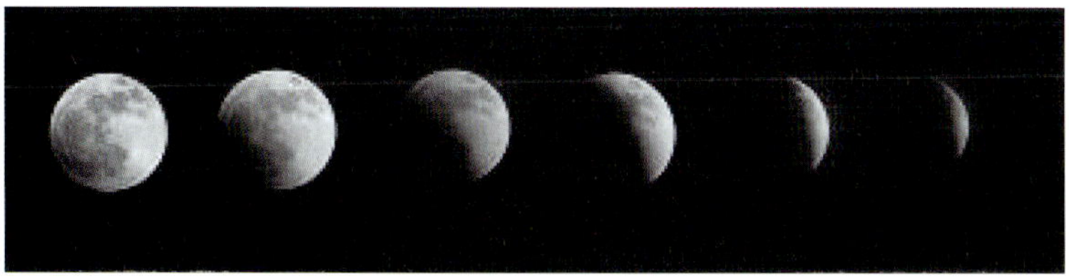

그림 5 - 7. 점이

1.3. 건축조형의 의의

건축조형도 디자인의 한 분야지만 회화나 조각 등의 순수예술과는 달리 생활공간으로서의 실용성도 동시에 만족시켜야 함이 중요하다. 즉 건축은 예술성과 실용성(공간, 구조, 설비, 재료, 경제, 환경 등의 여러 측면에서의 요구)의 이원적인 성격을 갖고 있으며, 어느 한쪽이 결여되어서도 안 된다. 그러므로 이 두 가지 성격이 하나의 작품에 종합되어 표현되어질 때 비로소 진실한 뜻의 건축이 구현된다.

그림 5 - 8. 아름다운 건축조형물
건축조형은 이처럼 아름다움과 동시에 기능성을 추구한다.

1.4. 공간구성요소

공간의 구성방법을 체득하기 위해서는 우선 공간구성의 요소와 그 성격에 대하여 충분히 인지하여야 한다. 이는 원활한 조형행위와 풍부한 조형표현을 가능케 하여 주기 때문이다. 다만 여기서 유의해야 할 것은 공간구성요소를 이해한다는 것은 그 자체가 목적이 아니며, 그 공간 구성 요소가 공간연출에 어떻게 작용되는지를 아는 것이 보다 중요하다는 것이다. 이러한 공간구성요소는 형태와 색채로 크게 나눠 볼 수 있다.

(1) 형태요소

공간구성요소로서 실제 쓰이고 있는 형태요소에는 점, 선, 면, 공간, 입체, 질감(texture), 빛과 음영을 들 수 있다. 이들 요소는 각각 특유의 표정을 갖고 있으며, 이들은 조합되어 종합적인 표현효과를 이루게 되며 건축에 특색을 주게 된다.

기하학의 정의에 따른 점, 선 등은 크기 또는 폭이 없으므로 직접 지각될 수 없지만 만약 점에는 크기가 있고 선에는 폭이 있다고 가정하여 표시하면 이들은 지각될 수 있다. 이때 전자를 이념적 형태라 하며, 후자를 순수형태라 한다. 순수형태는 현실적 형태와 같이 공간구성의 요소로서 취급될 수 있다.

그리고 형태에는 직접 지각될 수 있는 것과 2차적으로 암시되는 것이 있는데, 전자를 포지티브(positive) 형태, 후자를 네가티브(negative) 형태라 한다. negative형태는 positive형태보다 오히려 표현효과가 좋은 경우도 많다.

① 점(point)

그림 5 - 9. 롱샹성당의 외벽 positive한 형태

그림 5 - 10. 롱샹성당의 내벽 negative한 형태

형태의 분류와 요소

형 태	공간구성요소
포지티브(positive)형태 (적극적 형태) 네거티브(negative)형태 (소극적 형태)	점(point)/선(line)/면(plane)/입체(form) 공간(space) 양감((量感, volume) 질감(texture) 빛과 음영

*Positive 형태 : 직접적 · 시각적으로 인지될 수 있는 것.
Nagative 형태 : 은유적 · 암시적으로 인지되어 지는 것.
–공간의 사용에서 Nagative한 형태가 오히려 효과가 좋은 경우가 많다.

㉠ 점의 크기와 모양

점의 모양은 보통 원형이나 그림과 같이 정사각형, 정5각형. 정6각형이나 그 밖의 부정형일 수도 있으며 경우에 따라서는 물체의 형태를 띠기도 한다.

㉡ 점의 표현효과

면 또는 공간에 1개의 점이 주어지면 그 부분에는 시각적인 힘이 생기고 점은 면이나 공간 내에서 안정된다. 여기에 1개의 점이 더 주어지면, 이들 2개의 점들 사이에는 서로 끌어당기는 시각적인 힘이 생기고 네거티브(negative)한 선이 암시된다.

점이 3개일 때 꺾어진 선이나 3각형의 네거티브(negative)한 면이 암시되며 점의 수가 늘어감에 따라 다시 긴 선이나 다각형으로 발전하기는 어렵고 인접된 수 개의 점으로 정리된 하나의 군(郡)으로서 지각된다. 이 때 각 군 상호간에 마주보는 시각적인 힘이 생기며, 네거티브한 선이나 면이 암시된다.

또한 크기가 서로 다른 점들을, 예를 들어 대 · 중 · 소의 3개의 점을 줄지어 배치하면 대 · 중 · 소의 방향이나 그 반대방향으로 운동감이 생겨나며 어떠한 방향이 암시되게 된다. 크기가 서로 다른 점들의 모임은 전체적으로 볼 때 운동감을 일으킨다. 점의 크기가 같은 경우에는 운동감은 없지만 서로 마주보는 시각적인 힘이 생기며 네거티브한 면이 암시된다.

건축에 점이 구성요소로서 사용될 때는, 점의 크기나 형태 이외에 점이 어떻게 구성되는가에 의해서도 여러 가지 조형효과를 나타내게 된다.

그림 5 - 11.
한 공간에 점이 하나가 있으면 공간을 지배하게 된다. 점을 중심으로 시각적인 힘이 생긴다. 공간에 점이 두 개가 있으면 두 점들 사이에는 서로 끌어 당기는 시각적인 힘이 생기고 네거티브한 선이 암시된다.

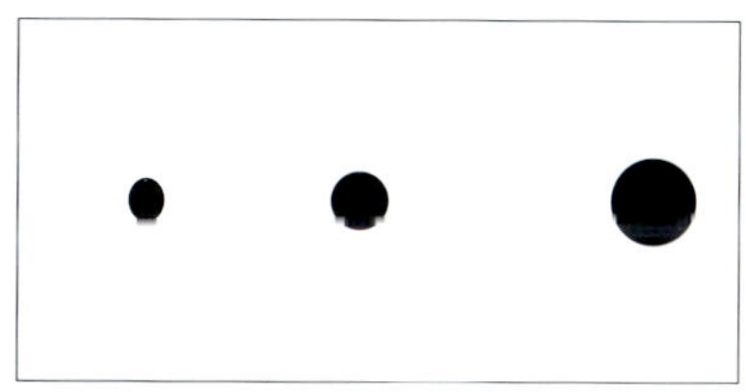

그림 5 - 12.
크기가 서로 다른 점들을 한 방향으로 배치하면 방향성이 생기게 되어 운동감을 느끼게 한다.

그림 5 - 13. 롱샹성당의 벽
창은 하나의 점으로 느껴진다. 점이 하나일 때 시각적 집중력을 높이는 반면 크기가 다른 여러개의 점이 운동감과 율동을 느끼게 한다.

그림 5 - 14. 고딕양식의 첨탑
첨탑은 점으로서 인식된다.

모든 조형의 최소 단위로 더 이상 나눌 수 없는 것이 바로 점이다. 점은 크기를 갖고 있지 않고 위치를 표시하는 것이다. 선의 끝과 시작, 선들이 만나거나 교차하는 곳 등에 존재한다. 지면의 크기와 점의 관계, 점의 양, 위치관계 등에 따라 같은 점이라도 그 느낌이 달라진다.

기능에 따라 점, 소수점, 표시점, 부점 등으로 불린다.

② 선(Line)

* 건물의 첨탑은 점으로 인식된다. 웨스트민스터 궁의 입면을 보면 여러 갈래로 치솟은 첨탑들의 끝은 모두 점으로 인식되어 진다.
* 점의 크기와 형태 그리고 위치에 따라서 롱샹성당의 벽과 같이 전체 구성에 커다란 영향을 미친다.

그림 5 - 15. 웨스트민스터 궁
뾰족하게 솟은 탑들은 전부 하나의 점으로 인식된다.

그림 5 - 16. 도쿄 빅사이트, 단게 겐조

그림 5 - 17. CITE DE LA MUSIQUE, 포잠박

㉠ 선의 폭, 굵기, 모양

선의 폭, 굵기는 다양하며 윤곽으로 판단한 선의 형태도 여러 가지다. 그리고 선은 폭이 넓어지면 면이 되고, 굵기를 더하면 입체 또는 공간이 된다.

㉡ 선의 종류와 표현효과

선이란 길이와 위치만 있고 폭과 부피가 없는 것, 공간에서의 방향성과 길이가 있는 가늘고 긴 것 등을 말한다.

크기가 없는 점의 연장으로 선도 또한 굵기가 없고 점의 이동에 따라서 직선, 곡선이 생긴다.

그리고 선이 놓여지는 방향과 길이에 따라 각각 방향성이나 운동력을 표출하는 것이다.

그림 5 - 18. 퐁피드 센터

선과 선으로 이어져 하이테크(high-tech)적이고 매우 기계적인 느낌이 나도록 디자인 했다.

선의 종류와 표현효과

선의 종류	표현효과
직선	수직선(수직선) / 수평선(수평선) / 사선(사선)
곡선	기하곡선 - 원출곡선(원호선/포물선 /쌍곡선) - 와선 (와선) - 고차함수곡선 자유곡선

폭이 너무 크거나 폭과 길이의 차이가 거의 없으면, 점이나 면으로 보일 수도 있다.

- 직선 : 경직, 단순한 성격, 남성적인 느낌
  (가는 직선 : 신경질적/ 가벼움 / 굵은 직선 : 힘, 무거운 느낌 / 수직선 : 고결, 희망 등을 나타내고 긴장감과 상승감 / 수평선 : 평화, 정지, 안정감.)
- 사선 : 동적이며 불안정하다. 이런 사선의 성질은 오히려 건축조형 표현에 강한 효과 부여.
- 곡선 : 유연, 복잡하고 동적이며 여성적인 느낌.
  (기하곡선은 정돈된 이지적인 표현감 / 자유곡선은 분주하고 감성이 풍부한 느낌.)

그림 5 - 19. 은각사의 정원

자갈밭을 직선과 곡선으로 이루어진 매우 단순한 형태의 무늬로 만들었지만 보는 이에게 운동감(運動感)과 사색감(思索感)을 동시에 주고 있다.

그림 5 - 20. 쿄토의 음식점앞의 정원

용안사와 은각사의 정원의 형상을 현대적인 해석으로 꾸며 조화롭게 완성한 예

- 기타

원 : 충실한 느낌 / 타원 : 유연한 느낌

포물선 : 스피드감 / 쌍곡선 : 균형 잡힌 아름다움과 현대적 감각

와선 : 곡선 중에서 가장 동적이며 발전적인 느낌

고차함수곡선 : 극히 이지적인 느낌과 변화감.

③ 면 (plane or surface)

그림 5 - 21. 곡선과 직선으로 구성되어진 다리

그림 5 - 22. 빌라 사보아

지극히 단순한 선인 수직선과 수평선으로 이루어진 입면에서 건축조형이 보여줄 수 있는 비례와 아름다움을 모두 표현하고 있다.

평면은 정확하게 정방형이고, 입면은 수평으로 길게 이어진 창으로 인해 합리주의적 사고가 느껴진다.

그림 5 - 23. 곡선과 와선으로 표현되어진 계단

㉠ 면의 종류와 표현효과

면의 종류와 표현효과

종 류	표현효과
평면	수직면, 수평면, 경사면
곡면	기하곡면(선직면, 비선직면, 회전면, 비회전면) 자유곡면

- 수직면 : 긴장감과 고결한 느낌
- 수평면 : 평화, 정지를 나타내며 안정감
- 경사면 : 동적이며, 불안정한 느낌/ 공간조형에서 강한 효과.
- 곡면 : 온화, 유연하고 동적이며 친밀한 느낌

  (기하곡면은 정돈된 이지적인 표정을 주며 자유곡면은 분주하고 감정이 풍부한 느낌)

  (곡면과 평면의 조합에 의한 공간조형효과 고려 요)
- 기타

  선직면 : 면내에 직선을 갖는 곡면(원추면, 원주면, 나선면, 쌍곡회전면, 쌍곡포물면 등).

  비선직면 : 면내에 직선을 포함하지 않는 곡선(구면이나 타원 포물면 등)

  회전면 : 원추면, 원주면, 구면, 쌍곡회전면

  비회전면 : 나선면, 타원 포물면, 쌍곡 포물면 등.

그림 5 - 24. National Center for Atmospheric Research

면과 면으로 이어지는 건물의 입면

㉡ 면의 형태와 표정

면이 주는 표현효과(표정)는 종류에 따라 다르며 모양(형)에 따라서도 나타난다. 그 표현효과는 면을 구성하는 직선, 곡선 각각의 성격을 나타내면서 또는 형태의 방향성에 의해 종합적으로 나타난다.

면의 기본 형태에는 정사각형과 원이 있다. 정사각형과 원은 서로 대립되는 모양이지만, 양쪽 모두 규칙적이며 단순한 구조를 갖는 것이 공통점이다.

이 두 가지 모양을 출발점으로 하여 직선계, 곡선계, 중간계의 여러 가지 모양을 생각할 수 있다. 건축조형에 사용되는 형에는 정사각형, 직사각형, 원, 부채꼴 등이 보통이지만 삼각형, 5각형, 6각형 등도 사용되

그림 5 - 25. 안도 다다오의 물의 절 진입부

사람 키의 두 배 되는 콘크리트 벽이 하나는 직선으로 길게 뻗어 있고 하나는 곡선으로 시선의 유입을 촉진하고 있다. 평면상의 직선과 곡선은 입면상의 완전한 면으로서 볼륨감 있는 형태를 완성한다.

그림 5 - 26. 미술회관 벽면, 서울, 김수근 1979

그림 5 - 27. 구겐하임 미술관
곡면으로 중첩된 이미지

그림 5 - 28. void된 공간
내부가 개방된 형태의 중공성(中空性)을 띠고 있다.

며 이들도 각각 특유의 표현효과(표정)를 갖고 있으므로 공간의 조형 표현효과를 높일 수 있다.

또한 자유형은 그 느낌이 분방하고 풍부한 감정을 주게 되므로 이를 구성요소로서 사용하면 보다 효과적인 조형표현을 얻을 수 있다.

④ 공간(space)

공간은 점, 선, 면들의 구성으로 이루어진다. 또한 건축이라는 전체공간은 각각의 단위공간을 요소로 하여 구성되어지기 때문에 단위공간이야말로 공간구성의 가장 중요한 요소라 할 수 있다.

공간의 분류

- void 공간과 solid공간
- positive 공간과 negative공간
- 정적공간과 동적 공간
- hard space와 plastic space
- 내부공간과 외부공간

㉠ void 공간과 solid공간

내부가 비어있는 공간을 void공간이라 한다. 또한 개구부(opening)가 넓은 공간은 시각적으로 내, 외부의 공간이 연속되어짐에 따라 중공감(中空感)이 강하게 나타나므로 이 공간도 void 공간이라 할 수 있다. void 공간은 폐쇄감이 없고 개방적이며 그 느낌이 대단히 경쾌하다.

내부가 꽉 차있고 생활공간을 담지 않는 공간을 solid공간이라 한다. 그리고 개구부가 작으며 외부벽의 면적이 넓은 공간도 시각적으로는 내부가 차있음을 암시하게 되므로 이 공간도 solid 공간이라고 말할 수 있다. solid공간이 주는 느낌은 중후하며 성격이 내향적이다.

㉡ 포지티브 공간과 네거티브 공간

면으로 둘러싸여 완결된 공간이 포지티브 공간(positive

space)이며 이러한 positive 공간은 인간을 완전한 상태로 내포하게 되므로 평안한 공간감을 주게 된다.

점이나 선에 의해 암시되는 공간이 네거티브 공간(negative space)이다. 또한 일부 면에 의해 불완전하게 둘러싸여 있어 완결되어 있지는 않으나 공간을 암시하는 경우도 있는데 이 공간도 negative 공간인 것이다. 전통건축에 있는 처마밑의 깊은 공간, 개방된 툇마루의 공간, 필로티에 의해 뚫어진 공간 등은 그 좋은 예로서, 현대건축의 조형수법으로 많이 사용되고 있다. negative 공간은 표현방법이 소극적이며 존재감이 약함에도 불구하고 우리에게 주는 느낌은 한층 의미 깊고 미묘한 것이다.

그림 5 - 29. 산청덕천서원
처마밑의 공간이나 툇마루와 같은 공간은 네가티브한 공간으로 현대의 조형적 요소로서도 많이 쓰이고 있다.

그림 5 - 30. 종묘
수평선과 수직선으로 이루어진 입면에서 정적인 느낌과 동적인 느낌을 함께 가지게 된다. 정적인 공간도 표현에 따라 동적인 공간이 될 수도 있고 그 반대의 경우도 있을 수 있다.

㉢ 정적 공간(static space)과 동적 공간(dynamic space)

수평면과 수직면에 의해 구성되는 단순한 공간은 운동감이 결여된 정적 공간이 된다. 곡면이나 사면으로 구성되는 공간은 곡면이나 사면과 같은 성격과 표정을 반영한 동적 공간이 된다. 단위공간으로서의 정적 공간도 전체공간을 구성할 때 그 구성방법에 따라 동적 공간이 되기도 한다.

㉣ hard space와 plastic space

수평면, 수직면, 사면 등에 의해 구성되는 공간은 구성요소의 성격과 표정을 반영하여, 딱딱하고 단정한 느낌을 주게 되므로 hard space가 된다. 곡면에 의해 구성되어, 경우에 따라서는 천정과 벽면의 구별이 없게 되는 공간이 plastic space이다. 그 표현되어지는 느낌은 hard space와는 대조적으로 유연하며 자유분방한 풍요감을 주며, 친근감과 생명감을 준다.

㉤ 내부공간과 외부공간

내부 공간 외에 외부 공간 또는 옥외공간이라고 불리는 건축외부의 개방된 공간도 중요한 생활공간인 것이며 이를 일반적으로 오픈 스페이스(open space)라 한다. open space는 공간의 크기에 따라 도로, 몰(mall), 광장(plaza), 공원 등의 도시공간으로 발전하여 우리의 생활공간을 구성하고 있으며, 내 · 외부 공간 모두 생활공간으로서 쾌적성이 요구된다.

그림 5-31. 일본 나가노현의 한 레스토랑
건물의 입체감을 살리기 위해 기형의 형태로 조형했다.

⑤ 입체(volume, form)

입체의 조형효과는 공간의 결과로서 나타나기 때문에, 건축에 있어서는 공간과 입체를 따로 분리하여 생각할 수 없다. 따라서 입체의 조형표현에 있어서는 내부공간의 조형효과에 대해서도 동시에 생각할 필요가 있으며 입체의 조형은 단순히 외부 표면처리만의 문제는 아니라는 것을 잊어서는 안 된다.

⑥ 텍스추어(질감 : texture)

공간의 조형에는 여러 가지 재료가 쓰이는데, 재료는 제각기 특유한 질감과 표현효과가 있다. 이것을 질감이라 한다. 매끈매끈함, 거칠거칠함, 울퉁불퉁함, 반들반들함, 축축함 등의 단어들이 질감을 표현하는 말이다.

텍스추어(texture)의 조형표현에 있어서는 조화를 이루도록 하는 것이 대단히 중요하다. 그 조화는 일반적으로 유사한 재료의 조합에 의한 조화가 많으나 나무나 돌등이 천연재료와 공업생산물인 철, 스테인리스 스타일, 알루미늄과의 조합이나 콘크리트 타설면과 모르타르 마감면과의 조합 등 대비적인 조화 등에서도 대단히 높은 조형효과를 얻을 수 있다.

그림 5 - 32. 빛의 교회, 안도 다다오
콘크리트란 재질을 사용하여 빛과 공간을 적절하게 조화시킨 건축물이다.

⑦ 빛과 음영

빛과 음영이 공간에 주는 효과는 대단히 크며, 건축의 조형표현에 없어서는 안 될 요소이다. 외부공간에서 투사된 빛은 대상물체를 주위로부터 분리시키고 그의 존재를 돋보이게 한다. 빛과 음영은 일체가 되어 공간에 깊이를 주는 동시에, 텍스추어의 조형효과를 높이고 건축에 다양한 표정을 준다.

빛은 또한 내부공간에 생명감을 준다. 외부공간에서 투사된 빛은 내부공간에 흡수, 확산되어 적당한 조도를 부여함으로 내 · 외부공간을 쾌적한 상태로 일체화시킨다.

그림 5 - 33. 빛의 교회
빛을 이용한 공간의 아름다움을 보여주는 한 예로 종교적인 십자가의 형태를 어두운 콘크리트 상자의 한 벽면으로 처리해 신비스러움을 더해주고 있다.

(2) 색(色)

색이란 빛의 스펙트럼에 의한 조성차(造成差)에 의해서 성실의 자가 인정되는 시감각의 특성으로 사람의 눈은 외계를 색과 형태에 의해서 지각하므로 색은 시각의 기본적 요소 중 하나로 되어 있다. 물론 꿈에서 색을 보거나 강한 빛을 받고 감은 눈 속에서 색의 상을 보는 등 특별한 색

지각도 있지만, 보통은 빛이 눈에 들어와서 색지각을 일으키게 된다. 눈의 망막에는 원추세포 · 간상세포라는 두 종류의 시세포가 있는데, 태양이나 전등과 같은 밝은 조명 밑에서는 원추세포가 작용하여 색지각을 만들고, 달빛과 같은 어두운 조명 밑에서는 간상세포가 작용하여 흑백사진과 같은 무채색의 시각을 만든다. 빛은 전자기적 진동, 즉 전자기파이며, 그 파장이 380nm(1nm=10^{-9}m)에서 약 780nm 사이가 가시광선이다. 이 빛을 프리즘을 사용하여 각 파장으로 나누면, 파장이 짧은 쪽부터 남보라 · 파랑 · 청록 · 초록 · 연두 · 노랑 · 귤색 · 주황 · 빨강의 차례로 배열되어 무지개색이 된다. 이와 같이 파장순으로 나눈 빛의 배열을 스펙트럼이라 한다.

태양과 같은 백색광의 스펙트럼은 남보라에서 빨강까지의 모든 무지개색을 균등한 세기로 포함하고 있으나, 황색을 띤 전구의 빛의 스펙트럼은 남보라 파장이 극히 약하고, 거기서부터 장파장 쪽으로 향해서 차차 강해지며, 빨강 파장에서 가장 강하다. 결국 빛의 색(光源色이라 한다)은 그 스펙트럼의 성질(분광조성)에 의해 결정된다.

빨간 사과, 갈색 맥주 등과 같이 우리는 물체에 색이 있다고 느낀다. 이것은 빛이 물체에서 반사하거나 물체를 투과할 때 그 물체에 특유한 스펙트럼 특성에 의해 변화를 받기 때문이다. 사과의 경우는 빨강이나 귤색 파장을 잘 반사하지만, 노랑 이하의 짧은 파장의 빛을 거의 흡수하므로 반사광이 빨강이 된다.

맥주의 경우는 녹색보다 긴 파장을 많이 투과시키지만, 청록 이하의 짧은 파장은 흡수하므로 투과광이 갈색이 된다. 이와 같이 물체색은 반사 또는 투과에 대해 그 물체가 가지는 스펙트럼 특성에 의해 결정된다. 색은 연상을 수반하는데, 그 연상이 지역적으로 공통성을 지니고 전통과 결부되면 어떤 관습이 생겨 지역이나 민족에 따라 특수한 것으로 고착한다. 보라는 많은 나라에서 고귀한 색으로 여겨지지만, 브라질이나 인도에서는 슬픔을 뜻하며, 브라질에서는 보라와 노랑의 배색은 재수가 없는 것으로 여긴다. 또 흰색은 인도에서는 신성한 색으로 여기지만 중국이나 한국에서는 상사의 색이고, 흰 담은 불길한 것으로 생각한다. 또한 녹색은 많은 나라에서 평화 · 젊음의 상징이지만, 미국 동부에서는 녹색 차양은 장의사를 뜻한다.

① 빛

망막을 자극함으로서 감지되는 방사의 시각적 양상, 망막을 자극하여 시각점을 일으킬 수 있는 방사, 이 방사의 파장 범위는 실용상 380nm~780nm까지로 이 범위를 가시광선이라고 한다.

780nm 이상은 열선으로 적외선과 라디오에 사용되는 전파이다.

380nm 이하는 주로 병원에서 사용되는 자외선과 X선이다.

② 스펙트럼

1666년에 아이작 뉴튼은 프리즘을 통과한 빛이 파장에 따라 굴절하는 각도가 다른 성질을 이용하여 순수한 가시색을 얻어 냈다.이 색을 스펙트럼이라고 한다. 그 결과 흰색이 단색이 아니라 여러 가지 색의 혼합색이라는 것을 알게 되었다. 이것을 분광이라고 한다. 가시광선을 분광기로 분해했을 때 굴절에 의해 빛이 여러 가지 색으로 나뉘어져 나타나는 색깔의 배열. 태양이나 백열전등의 빛과 같이 빨강에서 보라까지 연속적인 색깔의 띠가 나타나는 연속 스펙트럼과 어떤 일부 색깔의 빛만 있을 때와 같이 연속 스펙트럼의 그 색깔에 해당하는 자리에 밝은 선만 나타나 보이는 선스펙트럼이 있다. 일반적으로 원자는 각 원자에 고유한 선스펙트럼을 내므로 분석에 이용된다. 형광등은 가시 광선에 의한 연속 스펙트럼과 수은 증기에 의한 선스펙트럼이 동시에 나타난다.

- 분광 : 한 번 분광된 빛은 다시 프리즘을 통과해도 재분광되지 않기 때문에 단색광이라고 한다.

③ 물체의 색

물체는 자연광을 받으면 일정한 파장의 빛만 반사하고 나머지는 흡수하는 성질이 있다. 빛 이 파장에 따라 반사하는 비율의 차이가 물체의 색을 다르게 보이도록 하는 이유이다 색의 색채각에 앞서서 색이 시공간을 나타내는 방식을 색의 현상성이라 한다. 심리학자인 Katz 등에 의하면, 색이 나타나는 방식은 표면색, 평면색, 공간색, 투명 평면색 그리고 경영색, 금속색, 형광색, 간섭색, 광원색, 조명색, 작열, 광택, 광휘 등으로 구분되어서 설명된다. 이러한 색의 현상성은 빛의 여러 성질들 즉 직진, 반사, 투과, 굴절, 회절, 편광 등의 성질과 연관된 것으로 이해된다.

표면색

물체 표면으로부터 반사하는 빛에 의한 색을 말한다. 거의 대부분의 불투명한 물체의 표면에서 볼 수 있는 색을 표면색(surface color)이라 한다. 이 표면색은 거리를 정확히 느낄 수 있고, 표면의 질감을 알 수 있으며, 방향감이나 위치를 확인할 수 있는 특징이 있다. 그러므로 표면색은 색의 즐거움을 제공하는데 보다는 사물의 상태를 나타내는데 적용된다.

- 투과색

빛을 투과시키는 물체를 통과해서 나오는 빛에 의해 느끼는 색을 말한다. 유리처럼 투명한 물체에서 볼 수 있다. 투명체 속의 일정한 공간에 3차원적인 덩어리가 꽉 차있는 듯한 부피감을 느끼게 해주는 색, 반투명체 위에 일치하여 상이 맺는 것처럼 보이는 것을 투명평면색이라 부른다. 평면색(film color)은 부드럽고 즐거운 미적 상태를 나타낸다. 면색이라고 불리우는 평면색은 거리감이나 물체감 또는 표면색이나 평면색이 불투명한 물체에 적용된다면, 그와는 달리 투명 또는 반투명 상태의 색에 적용되는 공간색(bulky color, volume color)이나 투명평면색(transparent film color) 등이 있다.

- 광원색

형광물질을 이용한 도료의 색도 특정한 파장의 강한 반사를 일으키며, 금속색과 구별해서 형광색이라 부른다. 빛을 발하는 광원에서 나오는 빛이 직접 인식되어 그 광원에 색 기운이 느껴지는 것을 말한 다. 백열등, 형광등,네온사인 등 조명기구에서 볼 수 있다.

- 금속색

금속색은 금속의 표면에서 겉보기로 나타나는 색으로, 어떤 특정한 파장의 강한 반사로 인하여 지각되어지는 표면색이다. 금속은 물론 야간도로 표지판, 생명선 등에서 볼 수 있다.

- 공간색

공간색 유리병처럼 투명한 3차원의 공간에 덩어리가 꽉 차보이는 색을 말한다.

- 경영색

거울과 같이 불투명한 물질의 광택면에 나타나는 색을 경영색 또는 거울색(mirrored color)이라 한다. 거울처럼 비춰서 보여지는 색으로 좌우가 바뀌어 보인다. 경영색은 거울면에서의 물체감만 크게 의식하지 않는다면 사물의 고유색과 거의 같게 지각된다.

④ 항상성

밝기나 색이 조명의 변화에도 불구하고 본래의 모습을 유지하려는 것을 말한다.

– 밝기의 항상성

주위 조명의 변화에도 불구하고 밝기를 그대로 유지하려는 것을 말한다. 밝거나 어두운 물체에 강하며 시야가 좁거나 보는 시간이 짧으면 약하다.

– 색의 항상성

주위 조명의 변화에도 불구하고 색을 그대로 유지하려는 것을 말한다. 색광의 시야가 크고 복잡하면 강하고, 조명이 단색광이고 가까우면 약하다.

2 건축의장과 원리

"건축은 Mass의 예술이 아니며, 또 빛이나 색깔의 예술은 아니다. 3차원의 예술, 즉 공간예술이다." —Herman Sorgel

2.1. 건축공간과 형태

건축이 충족시켜야 할 요구에는 건축의 목적이나 기능에 대한 요구, 정신적으로 안식과 즐거움을 주는 쾌적성과 이를 가능케 하는 구조체(構造體)의 형태나 강성에 대한 요구 등 다양한 요구에 대응하기 위해, 지금까지 여러 가지 용도와 규모, 형태를 갖는 건축이 구조체(構造體)를 수단으로 조형되어 왔다. 이를 역사적인 흐름에서 살펴보면 지역적, 민족적, 집단적으로 또한 시대적으로 특유한 형태를 지니게 되는데 이를 양식(樣

式 : style) 이라고 한다.

이러한 건축양식은 고대로부터 중세 근대를 거쳐 현대에 이르기까지 각각 조형표현상의 특징을 가지고 변천하여 왔다. 이렇듯 건축양식은 다양한 변천과정 속에서 새로운 건축공간과 형태를 창조하고 있는 것이다, 따라서 각 양식들의 기본을 이루고 있는 공간과 형태를 살펴보는 것은 새로운 조형의 창조에 대단히 중요한 것이다.

2.2. 건축 의장 원리(design principles in architecture)

건축의장에는 몇 가지 중요한 원리들이 있다. 이를 바탕으로 모든 건축디자인은 시작된다. 그 원리들을 살펴보면 다음과 같다.

(1) 통일(Unity)의 원리

통일은 감각적으로나 또는 실제적으로도 형, 색, 양, 재료 및 기술상에서 미적 관계의 결합이나 질서를 말한다.

(2) 주조(dominance)의 원리

우세하다, 우월함 등의 의미를 내포하고 있다. 그래서 선두나 중앙에 위치하게 되고 힘이 한쪽으로 집중되는 현상이 생긴다.

(3) 조화(harmony)와 파조(discord)의 원리

두 가지 이상의 요소 또는 부분의 서로 분리되거나 배척하지 않고 각 요소가 통일된 전체로서 종합적으로 고차의 감각적 효과를 발휘할 때에 일어나는 미적 현상이다.

(4) 점이(gradation)의 원리

그라데이션이라고도 하며 조화적인 단계에 한하여 일정한 질서를 가진 자연적인 순서의 계열로써 기본적으로 유사한 일련의 흐름을 나타내는 것이다.

(5) 반복, 교체(repetition, alternation)의 원리

일정한 간격을 두고 되풀이되는 것을 반복이라고 한다. 단순한 반복은 단조롭고 용이하지만 리듬감 있는 반복은 흥미유발을 일으킨다.

(6) 균형, 대칭(balance, symmetry)의 원리

정신생물학적으로나 사회학적으로 그리고 형태학적으로나 역학적으로 안정(stability)과 중심성(centraliza-tion)을 의미하고 있다.

(7) 대비, 비례(contrast, proportion)의 원리

대비는 단위형, 형태나 색채 같은 요소에다 대비를 줌으로써 변화를 일으키게 하는 원리이다.

(8) 대립(conflict)의 원리

양쪽이 서로 화합되지 않고 양립해 있으면서 항상 갈등과 경쟁적인 상태에 놓여 있는 것, 따라서 대립은 항상 조화를 깨고 주조를 약화시켜 통일을 방해하는 역할, 그렇지만 너무 주조가 강하면 독선적이고 획일적인 현상을 빚어 구성이 매우 싱겁고 단조로움에 빠지게 되므로 대립은 그것을 견제하고 대응 함으로써 흥미 있는 구성 연출

(9) 다양(variety)의 원리

여러 가지의 성질, 색깔, 모양, 크기, 방향 등을 뜻하므로 변화의 의미를 내포하고 있다. 그래서 여러 가지나 변화의 반대는 자연히 한가지, 똑같은 것, 획일적인 것 등이 그것들이 동일로 표현된다.

그림 5 - 34. 빛불상과 사진(김동유 작)
멀리서 보면 부처님의 얼굴이지만 가까이서 보면 각각의 사진이 모여서 하나의 전혀 다른 형상을 이루게 된다. 이러한 원리도 착시의 하나이다.

(10) 착시(visual illusion)의 원리

착시란 생리적 작용에 의해 일어나는 시각적인 착각을 말한다.

이상의 원리들이 서로 조화롭게 이루어져 완성된 하나의 건축물인

예술품을 만드는 것이다.

그림 5 - 35. 타일의 줄무늬

통줄눈이냐 막힌줄눈이냐에 따라 시각이 인지하는 기능은 차이가 난다.
지하철에서 수평과 수직의 무늬가 눈의 피로도를 결정하는 것처럼 벽면의 무늬도 그에 따른 조형적 특징을 지니게 된다.

지하철의 벽무늬(세로와 가로 : 수평과 수직)

눈의 피로도를 감안하여 지하철의 벽무늬가 세로와 가로중 어느것이 효율적일까하는 질문을 던진다면 눈이 사물을 인지하는 속도를 늦추면 늦추는 만큼 피로도는 감소할 것이라는 말이 된다. 다시말해 세로의 무늬는 지하철이 전진하면 할수록 눈이 인지할 수 있는 기회를 그만큼 많이 주게되고 가로줄무늬는 선으로 인지되어 눈에 주는 피로도는 상대적으로 적어질 것이다. 이러한 점을 이용한다면 지하철의 선로나 벽에 어떠한 디자인을 해야 하는지 감이 잡힐 것이다.

일반 건축물의 외관에 타일을 시공 할때도 마찬가지다. 타일이란 하중을 받지 못하는 건축재료이다. 때문에 시공시 막힌줄눈보다 통줄눈으로 시공해야 하지만 모든 건축의 외관이 그러한 것은 아니다. 주변과의 조화와 건축가의 의도에 따라 디자인은 바뀔 수 있다.

2.3. 건축의 성격

(1) 공간성

조형예술에는 회화, 건축, 조각, 공예 등을 들 수 있다. 그러나 이들 중에서 내부로 공간을 갖고, 그 공간 속에서 인간의 생활이 영위될 수 있는 것은 건축뿐이며, 이러한 성격은 다른 조형예술에서는 찾아볼 수 없는 건축만의 특징이다. 그러므로 공간은 건축의 가치판단의 기준이며, 구조체는 인간에게 적정한 생활공간을 확보시켜줌으로서 존재의의를 가지며 건축의 가치판단의 한 요소로서 작용하게 된다.

(2) 예술성

공간이 생활의 요구에 완전히 대응되고 그 구성이 우수하며, 또한 건축가의 주장이나 사상이 명쾌하게 표출되어 있을 때, 사람은 그 공간에서 감동을 받게 되며 희열을 맛보게 된다. 그러므로 건축에 있어서의 예술성의 표현은 에워싸진 공간의 생활체험에 근거하며, 이 예술성은 공간의 존재에 의해 지지된다. 즉, 건축은 공간예술이라 할 수 있다. 따라서 건축의 가치판단은 먼저 공간의 질에서부터 이루어져야 하며 단지 외부형태나 표면처리뿐 아니라 건축의 모든 것에 대해 논하지 않으면 안된다.

(3) 사회성

건축은 단독으로 존재할 뿐만 아니라 또한 무리를 지어 지역사회 및 도시를 이루게 된다. 그러므로 현대에서 건축은 단독으로서의 의미를 넘어서서 무리 또는 집단으로서의 뜻을 갖게 되며, 상호간의 영향이 고려되어야 한다. 즉, 건축은 사회성이 요구되어 지역사회나 도시의 생활환경, 경관의 향상에 적극적으로 기여할 수 있어야 하며, 그 자체로서 어느 정도 위대한 건축물일지 몰라도 그것인 지역사화나 도시의 향상에 아무런 기여도 하지 못한다면 이는 좋은 건축이라고는 할 수 없다.

올림픽대교의 상징성과 조형성

올림픽 대교는 강상판(鋼床板)이 아닌 콘크리트 공법에 의한 국내 최초의 사장교(斜張橋)이다. 교량 본체 중 교각이 없는 사장교 구간은 300m이며, 한가운데 88올림픽을 뜻하는 높이 88m의 주탑 4개가 서 있다. 이를 중심으로, 지름 25㎝의 케이블이 양측 각각 12가닥씩 모두 24개가 늘어뜨려져 교량상판을 떠받치고 있다. 여기서 주탑 4개는 연 · 월 · 일 · 시의 4주와 4계절 · 4방향을, 케이블 24개는 제24회 올림픽 경기대회를 의미한다. 다리 남단과 북단에는 강변남북로와 연결을 위해 각각 인터체인지가 마련되어 총길이 1,770m, 너비 4,055m의 진입램프가 신설되었다. 올림픽대교 건설과 함께 남난 한상 눈지에는 2,500평 규모의 도로공원이 조성되었고, 지구촌의 화합을 상징하는 지름 6m의 5륜과 24개의 주변 조형물로 구성된 기념조형물이 조성되었다.

그림 5 - 36. 올림픽대교

건축에서 가장 중요한 이야기(Sequence)

이야기가 있는 건축이야말로 진정한 건축이라 불리울 수 있다. 다시 말해 소설처럼 건축도 진입과 동선의 차이에 의해 기승전결의 과정을 거치게 만들어야 한다는 이야기다.

극적인 효과를 느끼게 만드는 건축물은 항상 인간에게 편안함과 경이로움을 준다. 그런 장소야 말로 진정한 공간이라고 일컬을 만하다.

우리가 사는 방도 하나의 공간이다. 책상과 책장이 있고, 의자가 있고 침대 또는 장롱이 있다. 창문도 있고 천장에는 전등이 있다. 이곳도 하나의 공간이다. 어떻게 꾸미느냐에 따라 우리의 방은 천국일수도 그렇지 않을 수도 있다. 만약 내가 사는 공간이 천국이고 그 천국을 가는 과정이 극적이라면 천국에서 받는 느낌은 배가 될 것이다. 이러한 느낌을 조성하는 것이 건축설계인 것이다.

sequence의 예

기	승	전	결

안도다다오의 빛의 교회

동선에 따른 변화와 절정을 느낄 수 있는 요소를 갖고 있다.

제 6 장

건축과 색

1 색의 성질

"색은 감정을 갖는다."

1.1. 색의 구성

색이란 다양한 파장의 빛이 눈에 들어옴으로써 생기는 감각의 하나이다. 일반적으로 우리가 느끼는 색이라고 하는 것은 빛이 사물에 반사되어 나오는 광선의 색깔로서 결정되어 진다. 가시광선 내에서 형성되어진 파장에 따라 각기 다른 색을 띠게 되고 이것을 시각적으로 느낄 때 그것을 우리는 색이라고 한다.

우리는 석양의 화려하고 아름다운 빛깔에서 가쁨을 느끼고, 선홍빛과 황금빛으로 물든 단풍잎을 보고 즐거워한다. 그리고 화사하게 꽃핀 식물과 색깔이 화려한 아치 모양의 무지개에 매료된다. 또한 옷 색깔을 주위깊게 고르거나 집을 여러 가지 색깔로 아름답게 단장하는 것처럼 색

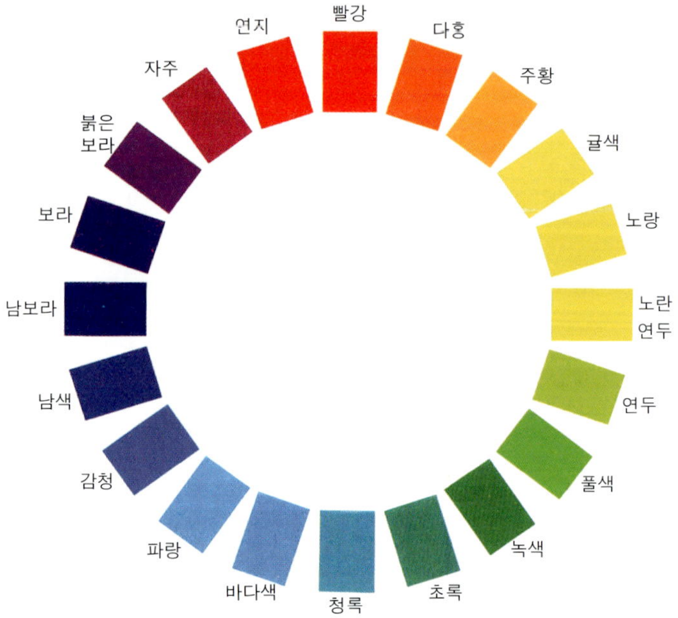

그림 6 - 1. 교육부 제정 교육용 20색상환

을 다양한 방식으로 이용하여 삶을 더 즐겁고 흥미롭게 만들기도 한다.

물체는 그 자체가 색을 발하는 것이 아니라 빛을 받아서 흡수, 반사, 투과 등을 거쳐서 독특한 색을 나타내는 것이다. 결국 물체 표면에서 반사되는 빛의 분광조성에 의해 색이 결정된다. 물체마다 다양한 분광반사율을 갖고 있는 것이다. 예로서 특정 물체의 표면이 장파장을 많이 반사하고 단파장은 흡수해 버린다면 우리 눈에 반사되어 들어오는 빛은 붉게 보인다. 그리고 무채색(흑, 백, 회색)의 경우에는 어떠한 파장의 빛도 동일한 비율로 흡수하고 반사하기 때문에 그렇게 보이는 것이다. 그러나 같은 물체라도 조명광의 색에 따라 다른 분광반사율을 나타낸다. 일반적으로 우리는 태양광선의 백색광에 적응해 있기 때문에 색상이란 고정된 것이라 믿기 쉬우나 실상 색은 빛의 색에 의해 결정되는 것이므로 광원에 따라 같은 색도 달리 보인다. 예로서 같은 물체라도 백열등 아래서는 물체색이 황색을 띄고, 형광등에서는 푸른색을 띄는 현상이 일어난다. 국제적으로는 이러한 색의 혼돈을 막기위해 표준광을 결정하여 사용하고 있다.

전문가들은 사람이 색을 천만가지나 구별할 수 있다고 말한다. 그런데 색마다 색상, 명도, 채도[1]가 다 달라서 우리가 색에 붙이는 이름만으로는 모든 색을 정확하게 묘사하지 못한다. 그래서 어떤 색을 묘사하거나 그와 똑같은 색을 만들어내는 데에 어려움을 겪는다. 색을 똑같게 만드는 일은 물감 제조업과 직물 제조업에서 중요하다. 물감이나 직물 생산자는 물감이나 옷감의 색이 달라지지 않게 만들어야 한다.

색을 나타내거나 똑같은 색을 만들 때 생기는 문제를 해결하고자 색체 전문가들은 색체분류체계를 여러 가지로 개발했다. 널리 사용되는 색체분류체계로는 먼셀색채계와 CIE 색도좌표가 있다.

---

1) 색의 3요소라고 하며 각각의 특징은 다음과 같다.
① 색상(Hue) 빨강, 노랑, 파랑 등과 같이 다른 색과 구별되는 색의 구분이나 색의 독특한 성질
색상은 유채색에만 있으며 표준 20색상을 둥글게 배열한 것을 색상환이라고 한다.
빨강, 노랑, 파랑, 녹색, 보라를 5가지 주요색이라고 한다
색상환에서 색상 거리가 가장 멀고 서로 마주 보고 있는 색을 그 색의 보색이라 한다.
② 명도(Value) 명도는 무채색과 유채색에 모두 있다.
명도 단계는 검정을 0, 흰색을 10으로 하여 모두 11단계이다.
밝은 색일수록 명도가 높은 것이며, 어두운 색일수록 명도가 낮다.
③ 채도(Chroma) 색의 맑고 탁한 정도를 말한다.
무채색에는 채도가 없고 유채색에는 있다.
채도 단계는 114까지이며, 가장 채도가 높은 것은 빨강과 노랑이다.
순색이란 한 색상 중에서 채도가 가장 높은 색이다.

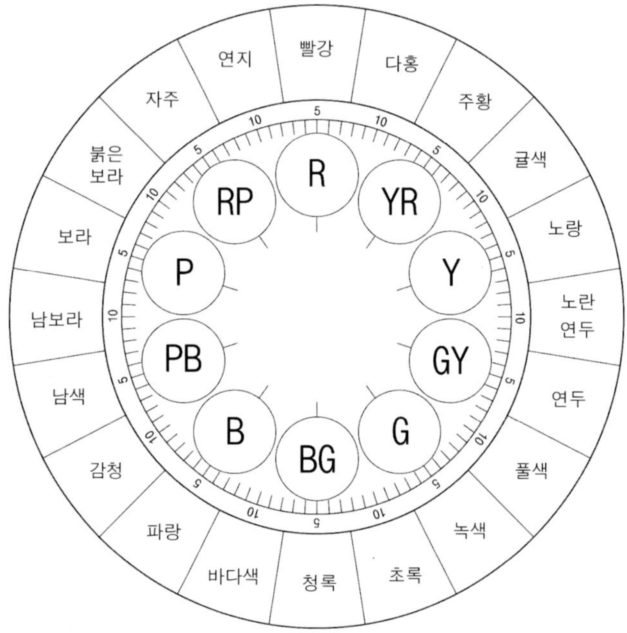

그림 6 - 2. 교육부지정 20색상환

(1) 먼셀색채체계

가장 널리 사용되고 있는 색채분류방법으로 20세기 초 미국의 초상화가이자 교육가인 앨버트먼셀이 개발했다. 먼셀색채체계에서는 색을 이루는 세 가지 요소인 색상, 명도, 채도에 따라 색채를 분류한다.

먼셀 색채체계표는 여러 가지로 나타낼 수 있다. 흔히 수직축을 중심으로 그 둘레에 서로 다른 색상들이 바퀴살같이 축 둘레에 배치되어 있다. 각 바퀴살에는 한 가지 색상이 있으며, 축은 명도단계로 쓰인다. 명도단계는 11단계로 나누어져 있는데, 가장 아래에 검은색이 있고, 중간 부분에 밝고 어두운 여러 가지 회색이 있으며 맨 위에는 흰색이 있다. 등급이 같은 보기색들은 모두 명도가 같다. 축에 가까이 있는 색들은 채도가 낮으며, 축에서 멀리 떨어져 있을수록 채도가 높다. 먼셀색채체계나 그와 비슷한 색채체계를 사용해 어떤 색을 똑같이 만들려면, 보식색 중에 그 색이 있는지 확인해야 한다. 그러나 이런 색채체계에 제시된 보기색은 우리가 구별할 수 있는 색채 수에는 못 미치므로, 똑같은 색을 찾을 수 없을 때도 있다.

(2) CIE색도좌표

음식, 물감, 종이, 플라스틱, 직물 등을 생산하는 사람들은 대개 똑같은 색을 만들어내야 한다. 사람에 따라 색을 알아보는 감각이 다르기 때문에, 어떤 사람에게 똑같아 보이는 두 색이 다른 사람에게는 다르게 보일 수도 있다. 그래서 제조업자들은 똑같은 색을 만들 때 사람의 눈으로 판단하지 않고, CIE색도 좌표를 이용한다. CIE는 국제조명 위원회(Commission Internationale de L' Eclairage)를 줄여서 부르는 말로, 색을 측정하는 기준을 만드는 국제기구이다.

공장 두 곳에서 같은 녹색을 만들고자 하는 물감 생산업자는 CIE 색도좌표를 이용하여 두 녹색을 똑같이 만들면 된다. 먼저 색채 전문가들이 한 공장에서 만든 녹색 물감을 분광측정기로 분석해 그 색을 이루고 있는 빛의 파장을 결정한다. 분광측정기는 물감에서 반사되는 빛을 다양한 파장으로 나누고, 빛의 세기를 잰다. 그런 다음 수치표를 사용해서 그 빛의 파장과 세기를 빛의 3원색 각각에 해당하는 수치로 바꾼다. 이 3원색을 한데 섞으면 처음 녹색과 똑같은 색을 만들 수 있다. 이 수치표를 표준관찰치라고 하는데, 색각이 정상인 사람의 눈이 같은 색을 알아볼 수 있도록 색의 속성을 정해 놓은 것이다.

둘째 번 공장에서 만든 물감도 분광측정기로 분석한다. 그리고 안료(색소)를 조금씩 넣으면서 색을 맞춘다. 처음 공장에서 만들 물감에서 나온 3원색의 수치와 똑같이 될 때까지 안료를 넣는다. 이 3원색의 수치에 이르면 안료를 섞은 비율이 다를지라도 두 녹색 물감은 똑같아진다.

1.2. 색과 느낌

색은 자연에서 중요한 일을 한다. 색깔이 화려한 여러 가지 꽃들은 곤충을 꾀어내는데, 곤충이 꽃가루받이를 하면 씨앗과 열매가 지리게 된다. 색깔이 다채로운 과실은 열매를 먹는 동물들을 꾀이내고, 그 동물들의 배설물이 떨어지는 자리마다 씨앗들이 싹을 틔운다. 이렇게 하여 열매가 열리는 식물은 자연스럽게 새로운 지역으로 퍼져나간다.

숫공작이 암공작에게 사랑을 구할 때 색깔이 화려한 깃털을 활짝 펼치는 것처럼 색깔로 짝을 꾀어내는 동물도 있다. 그 밖에도 많은 동물들이 몸의 색깔을 이용해 적에게서 도망친다. 예를 들면 북극의 산토끼는 털이 여름에는 갈색, 겨울에는 흰색으로 바뀐다. 그러면 눈 속에서 적의 눈에 띄지 않아 생존확률을 높일 수 있다.

사람이 색이나 사물을 본다고 말하기는 하지만, 실제로 색이나 사물을 보는 것은 아니다. 사실은 사물이 반사하거나 내쏘는 빛을 본다고 말하는 것이다. 사람의 눈은 그 빛을 흡수하여 전기화학 신호로 바꾼다. 그 신호는 신경을 지나 뇌로 전달되고 뇌는 그 신호를 색채 개념으로 해석한다. 그렇지만 인간의 눈과 뇌가 어떻게 색을 느끼고 아는지에 대해서는 과학자들도 아직 모르는 것이 많다.

색은 의사 소통의 수단으로도 이용된다. 운동경기에서는 유니폼 색깔로 선수의 소속팀을 알 수 있다. 그리고 도로에서 운전자는 빨간색 신호등이 켜지면 멈추고, 녹색 신호등이 켜지면 간다. 컬러로 된 지도에서 파란색은 강과 그 밖의 수역(水域)을, 녹색은 숲과 공원을, 빨간색은 길을 나타낸다.

또한 이렇게 색마다 다른 느낌과 표현을 함으로써 인간이 느끼는 감정을 매우 다르게 변화하게 한다. 이는 색마다 가지고 있는 파장이 우리의 눈을 통해 들어왔을 때 각각 고유의 성질을 갖고 있기 때문이다.

적색의 경우 고대의 주술적 치료에 많이 사용된 색상이다. 긍정적인 의미로는 낙관적, 혁명적, 자극적, 정렬적인 성격을 가지고 있으며, 부정적으로는 공격적이고, 위협적이고, 이기적인 성격도 가지고 있다.

반면에 비슷한 계통인 핑크색의 경우 로맨틱한 분위기를 자아내는데 여성적이고 온화하고 귀엽고 부드러운 긍정적인 이미지와 함께 가련하고 연약한 부정적 이미지도 갖고 있다.

색이 주는 느낌과 의미

색명	느낌	긍정적 의미	부정적 의미
적색	고대 주술적 치료에 많이 이용	낙관적, 혁명적, 자극적, 정렬적	공격적, 위협적, 이기적, 스트레스
핑크색	로맨틱한 분위기	여성적, 온화함, 귀여움, 부드러움	연약함, 가련함
청색	편안한 분위기	평화, 신뢰감, 단정함, 편안함	냉소적, 차가움
갈색	상대방에게 마음을 쉽게 열게함	신뢰감, 소박함, 세련됨	눈에잘 띄지 않음
황색	밝고 화사한 분위기	밝고 명랑함, 희망	경박, 불성실, 충동적, 변덕스러움
초록색	자연의 색상으로 긴장완화	활기찬, 신선한, 안정감	권위적이지 못함
오렌지색	따사하고 활력적인 분위기	활력, 열정, 사교적	천박함, 경박함, 충동적
회색	편안한 분위기	고상함, 점잖음	중성적, 우울, 어둠, 음침
흑색	강하고 신비적인 분위기	세련됨, 신비함, 강함	음산함, 어둠, 절망, 고통
보라색	신비스럽고 우아한 분위기	고귀함, 신비함, 엄숙함, 여성적	경솔함, 천박함, 촌스러움

청색은 편안한 느낌을 갖게 한다. 평화롭고, 단정한고 신뢰감을 주는 긍정적 이미지와 냉소적이고 차가운 감정적인 이미지를 갖고 있다.

갈색은 상대방에게 마음을 쉽게 열게 하는 색상이다. 소박하고 세련되고, 사교적이며 신뢰감을 주는 긍정적의미와 반면에 눈에 잘 띄지 않는 색상이라는 의미도 갖고 있다.

황색은 매우 밝고 명랑하고 희망을 주는 긍정적 의미를 갖고 있다. 반면에 경박하고 덜 성숙되고 충동적이고 변덕적인 부정적 의미를 갖고 있다.

초록색은 자연의 색상으로 긴장을 완화시켜 주는 역할을 하는 색상이다. 활기차고 안정적이고 신선한 느낌을 주며 권위적이지 못한 의미를 갖고 있다.

오렌지색은 활력이 넘치고, 열정적이고 사교적인 의미와 천박하고 경박하고 충동적의미를 갖고 있다.

회색은 사람의 시신경을 평형상태로 유지시키는 편안한 색상이다. 고상하고 점잖은 긍정적 의미와 중성적이고 우울하고 음침하며 무감각한 부정적 이미지를 갖고 있다.

흑색은 강한 대비효과 갖고 있어 강한 인상을 갖게 하는데 효과가 있다. 세련되고 신비하며 강인한 느낌을 주고 반면에 음산하고 절망과 어두음, 고통의 의미도 함께 갖고 있다.

보라색은 신비스런 느낌으로 세련되고 우아해 보인다. 고귀하고 여성스럽고 신비하고 엄숙한 분위기와 경솔하고 천박하고 촌스러운 이미지를 갖고 있다.

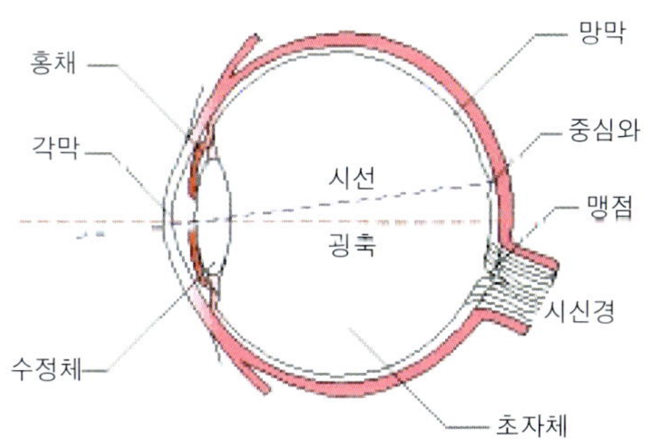

그림 6-3. 눈의구조

1.3. 색의 혼합

색은 그 자체만으로도 충분한 가치와 의미가 있다. 그러나 건축에서의 빛과 색의 관계는 보다 복잡하게 작용한다. 우리의 눈은 외부의 빛이 망막에 상을 맺으면서 망막의 시세포에 빛에너지를 수용해 물체의 색을 분별한다. 시세포는 간상체와 추상체의 두가지로 구성이 되어있는데 간상체는 주로 명암의 판단에 작용하며, 추상체는 색상의 판단과 관련해서 작용한다. 이렇게 망막에서 시신경 섬유를 거쳐 보내진 신호는 뇌세포를 자극한 결과로 우리에게 색상을 지각하게 한다. 색은 눈으로 지각한다기보다는 뇌 속에서 지각된다고 볼 수 있는 것이다. 때문에 색들을 어떻게 혼합하고 배색하여 좋은 느낌을 갖게 할 수 있는가가 중요한 과제라 할 것이다.

색의 혼합에는 가법혼합과 감법혼합이 있다.

가법혼색(가산혼색, additive mixture of colors)은 빛의 스펙트럼을 3등분하여 이들 파장 범위를 대표하는 세가지 색인 적(red), 녹(green), 청자(blue)를 3원색으로 하는 혼색을 말한다. 이를 색광의 3원색 또는 빛의 3원색이라 하며 색광을 겹칠수록 밝게된다. 3색을 모두 혼합할 경우 백색광이 된다.

감법혼색(감산혼색, subtractive mixture of colors)은 색필터와 같은 흡수매체의 겹침에 의해 별개의 색이 생기는 것을 말한다.

색필터 청(cyan), 적자(magenta), 황(yellow)을 조합해 2중으로 겹친 필터에 백색광을 투과시킬 경우 빛이 필터를 통과할 때 흡수되기 때문에 혼색 결과는 원래 개개의 색보다도 어두운 색이 된다. 예를 들어 황과 청을 겹친 필터를 통해 백색광을 통과시켜보면 황색 필터에서 단파장의 빛이 흡수되고 청색 필터에서 장파장의 빛이 흡수되어 최종적으로는 녹색 광만이 나오게 된다. 같은 원리로 청과 적자에서는 청자색의 광이 나오며 황색과 적자에서는 적색 광이 나온다. 이와 같이 색광의 혼색의 경우와는 반대로 원색이 역(보색)으로 되어 있다. 이상적인 청, 적자, 황의 삼색필터를 모두 겹치면 빛이 투과하지 않기 때문에 검은색이 된다.

이러한 색의 혼합 원리를 잘 이해하고 활용하면 각각의 요소에 적절한 색의 배치를 하는데 도움이 될 것이다.

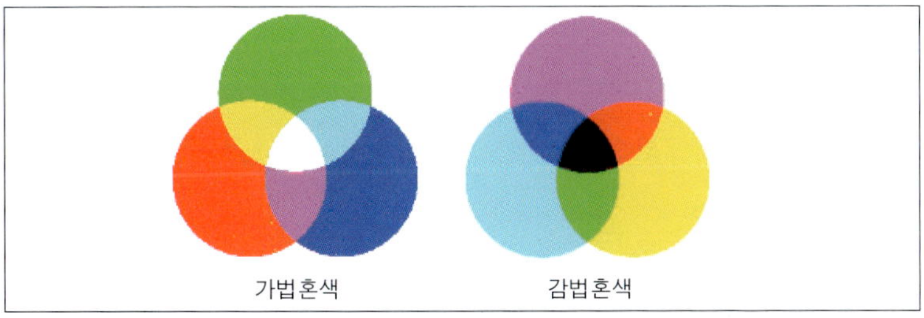

그림 6 - 4. 가법혼색과 감법혼색

그림 6 - 5. 맹점에 대한 간단한 TEST
왼쪽 눈을 감고 오른쪽 눈으로 왼쪽그림을 보면서 점차 가까이 가면 오른쪽 그림이 안보이게 된다.

2 주거와 색채와의 관계

"잘쓰여진 색은 주거(住居)를 활기있게 만든다."

2.1. 주거공간과 색채

실내환경의 색채는 우리들의 생활에 많은 영향을 미치고 있다. 우리는 색에 대해 매우 민감하며 물리적, 생리적 자극을 많이 받게 된다. 실내의 색채를 어떻게 조절하느냐에 따라서 작업능률의 향상과 심리적 안정감, 그리고 위험방지 등 여러 효과를 볼 수 있다. 이러한 의미에서 우리의 생활의 원천이 되고 에너지를 재충전 시켜 주는 주거공간의 색채조절은 매우 중요한 의미를 갖고 있다고 할 수 있다.

그림 6-6. 벽면색채계획
천장은 백색계통을 쓸 때는 광택을 없앤다.

그림 6-7. 거실에서의 색채계획
반사율은 천장, 벽, 바닥 순으로 색채를 계획한다.

(1) 외부의 색채 조화

외부에 칠한 색을 선택할 때는 색의 반사와 흡수 능력이 가장 중요한 요소이다. 기후가 따뜻할 때에는 태양열을 반사시키기 위하여 밝은 색을 칠하는 것이 좋다. 어두운 색은 그 반대 효과를 가지고 있으므로 추운 기후에 적합하다. 건축물의 외벽에 칠할 때 또 하나 고려할 것은 반사에 의한 눈부심이다. 반대쪽에 있는 건물의 추녀가 마주보는 창문에 반사 광선을 보낼 때에는 특히 눈부시다. 건물의 외부에 어두운 색을 칠하면 이런 피해를 덜 수 있다. 눈에 아름다운 느낌을 주기 위하여 공장이나 군영 내의 건축물은 통일된 계획으로 색채의 조화가 잘 이루어져야 한다.

(2) 내부의 색채 조화

내부의 색채를 계획할 때는 심리적, 물리적 요소를 함께 고려하지 않으면 안된다. 조명은 가장 중요한 요소이다. 보기 쉽고 눈의 피로를 덜어주기 위해서는 천정의 색은 반사율이 좋아야 하며 눈이 부시지 않기 위해서는 광택을 없애야 한다. 백색, 상아색, 크림색, 황토색 등은 반사율이 8~90 %인 회색, 남색

등을 사용하고 광택을 없앤다. 벽의 하부나 벽판은 벽의 상부보다는 어두운 색으로 하나, 기둥이나 창틀 등 목재로 된 것을 걸레질하기 좋게 광택 마무리를 하고 벽의 색에 맞추든가, 대조를 이루게 하려면 모두 같은 백색, 상아, 크림, 회색 등의 밝은 색으로 하면 좋다. 바닥은 반사율을 15~30 % 로 하는 것이 좋으나 너무 어두운 색은 좋지 않다.

2.2. 실내색채

실내에서의 색채계획은 실의 방향을 제일 먼저 생각해야 한다. 북향일 경우는 차가운 느낌을 주는 푸른색이나 녹색을 쓰지 않도록 하며 서향일 경우는 따뜻한 느낌을 주는 노란색 계통이나 주황색 계통의 색을 쓰지 않아야 한다. 북향일 경우 실내공간은 따뜻함과 쾌활함을 심어주어 햇빛을 받는 듯한 효과의 분위기를 만들어 줄 필요가 있고, 햇빛이 잘 드는 서향인 경우 지나치게 밝고 따뜻한 느낌을 주는 색은 가급적이면 피하는 것이 좋다. 이와 동시에 중요한 것은 실내공간의 규모와 균형을 어떻게 적절히 유지하는 것이다. 때문에 실내에서의 색채는 신중하게 선택되어져야 한다. 보통 커다란 실내공간이라면 좁아 보이도록 어두운 색을 쓰고, 반대로 작은 공간이라면 밝고 화사한 연한 색을 사용하여 넓고 시원한 감을 느낄 수 있도록 하여야 한다. 실내공간의 깊이를 깊게 보이게 하려면 벽면중의 하나를 어두운 색으로 배색하거나 한벽면을 장식장이나 가구 및 소품을 사용하여 장식을 하고 나머지 벽면을 같은 색으로 배색하면 동일한 효과를 얻을 수 있다. 색채계획에서 정답은 없다. 그때 그때의 상황과 심수인의 취향 및 선호도 등 변화의 요인이 나올 수가 있는데 이를 얼마나 적절히 적당한 방법으로 계획하느냐가 실내색채를 결정짓는 가장 중요한 요인이라고 할 수 있다.

그림 6-8. 침실에서의 향에 의한 색채계획

보통은 침실에서 따뜻한 느낌을 주기 위해 핑크색이나 적색계통 또는 엷은 황색계통의 색을 주로 배색하게 되는데 향이 정남향이나 서향으로 햇빛이 강하게 들어오는 경우의 색채는 파란색이나 녹색계통의 시원한 느낌을 주는 색채로 계획하는 것이 좋다.

실내색채계획의 일반적인 사항을 보면 다음과 같다.

(1) 실내 색채계획의 일반

① 위(천장)에서부터 아래(바닥)로 향하여 명도를 낮추어야 안정감이 생긴다.

② 밝은 부분과 어두운 부분이 인접하면 어두운 부분은 더욱 어둡게 하고 밝은 부분은 더욱 밝게 해주면 입체감과 볼륨감이 생긴다.

③ 밝은 물건은 어두운 배경에, 어두운 상품은 밝은 배경에 배치하면 더욱 돋보인다.

④ 회색은 흰색 배경에서는 더 어둡게, 검정 배경에서는 더 밝게 보여진다.

⑤ 넓은 공간은 전체적으로 저채도, 좁은 공간은 고채도가 좋다.

⑥ 흰색 배경일 때 밝은 색은 색조가 감소하며, 어두운 색은 색조가 증가한다.

⑦ 검정 배경일 때 밝은 색은 색조가 증가하며, 어두운 색은 색조가 감소한다.

⑧ 문이나 창, 커튼 등 움직이는 면은 눈에 잘 뜨이는 색이 좋다.

⑨ 밝은 한색(후퇴색)으로 마감한 실내는 더 넓어 보인다.

⑩ 난색(진출색)으로 마감한 실내는 더 좁게 보인다.

⑪ 단색으로 마감한 실내는 무미건조해지기 쉽다.

⑫ 목욕실, 화장실, 세면실 등 작은 실내는 저채도를 사용하면 넓게 느껴진다.

⑬ 천장이 높은 실내나 큰 실내공간은 연한 난색으로 배색한다.

⑭ 공간이 넓을수록 더 밝거나 중성색을 사용한다.

⑮ 창이 있는 벽에는 고명도를 사용한다.

일부 학자들은 '색채'가 식품 다음으로 인체 기능을 조절하는 중요한 요소라고 지적하면서, 색채는 앞으로 인간의 질병 치료까지 응용, 활용 소지를 가지고 있다고 주장하고 있다. 미 캘리포니아주 산버나디노에 있는 어린이 교육연구소는 성격이 난폭한 아이들을 가로, 세로 1~2 m 크기의 핑크색 방 안에 수용한 결과 이들 모두가 곧 조용해지고 10분만에 잠을 자기 시작했다는 보고를 발표하고 있다. 이러한 연구 결과는 곧 여러 학자들의 호응을 얻었고 건물안 실내의 색채가 인간의 행동과 관련이 있음을 인식하게 했다. 최소한 핑크색이 인간의 성격을 조용하게 만든다는데 의견의 일치를 본 것이다. 이미 빨간색 등은 식욕을 증대시킨다는 생각에서 많은 레스토랑이 이용하고 있으며 자외선은 어린이의 IQ를 높이는 것으로 알려져 있다. 청색등(燈)을 남미산 친칠라 다람쥐에게 계속 쬐었더니 수컷보다 암컷의 출생이 압도적으로 많아졌다는 연구 결과도 나와 있다.

미국 산업계는 인조등 아래 오랫동안 일한 노동자에게 색이 그들의 심리와 생리에 중요한 영향을 끼쳤을 것으로 추측하고 있다. 과학의 발달로 우주나 해저에서 시급한 문제로 등장하게 되었다. 최근의 연구는 여러가지 다른 색채들이 인간의 혈압, 맥박, 호흡, 뇌의 활동과 생체 리듬에 영향을 끼친다는 데까지 진전되고 있다. 실제적 사례로서 10년 전부터 미국 내 곳곳의 병원들이 신생아 목욕실에 청색등을 달게 되면서 신생아 황달의 발병률이 높은 조숙아들이 치료법이 달라졌다. 황달 치료법의 하나였던 수혈이 필요 없게 된 것이다. 그러나 청색등이 간호원들을 자극한다는 보고가 나와 휴게실에서는 황색등을 마련한 병원도 등장하고 있다.

재미있는 색채 이용의 예로는 이런 이야기도 있다. 낙서로 골치를 앓는 미국의 몇몇 대도시는 시 당국이 낙서를 막기 위해 벽을 핑크색으로 칠하기도 하며, 어떤 미식 축구팀은 초청팀의 라커 룸을 핑크색으로 칠하여 상대팀의 전의를 떨어뜨리는 작전으로 사용하고 있다. 영국의 경우 자살이 많이 일어나는 런던의 블랙 프라이어 교(橋) 에 청색등을 설치하여 자살자 감소 효과를 거두고 있다. 광선 생물학 연구에 앞장서고 있는 소련은 탄광의 규폐증 환자를 줄이기 위해 자외선을 쬐게하고 있으며 국민학교 교실의 형광등을 자외선 등으로 바꾸었는데, 그 결과 아이들의 성장이 빨라지고 학습 능률과 성적이 나아졌으며 감기 발병률도 눈에 띄게 떨어졌다.[2)]

---

2) http://myhome.thrunet.com/~donghokim/LNKs/coL2/021_030/coL2_023.htm 인용

3 주거공간과 색채 계획

"우리에게는 우리만의 고유한 색이 있다."

3.1. 전통사상과 색채

그림 6-9. 무용총 수렵도
여러 가지 화려한 색채의 사용을 알 수 있다.

그림 6-10. 안악3호분 무덤 주인
주택에서도 화려한 색의 사용으로 색채를 사용했음을 알 수 있다.

고대로부터 음양오행사상을 바탕으로 한 색채문화를 지니고 있었던 우리 민족은 자연환경과 사회문화적 배경에 적응하여 생활해 오면서, 아름다움을 추구하기 위한 요소로서뿐만이 아니라 상징적인 수단으로 색채를 이용하였다.

색채는 희노애락(喜怒哀樂)의 감정이나 미적 감수성을 표현하는 수단으로 이용되는 것이 일반적이지만, 우리 민족은 음양오행적 우주관에 근거한 상징적 관념을 표현하는 수단으로 색채를 사용하는 경우가 더 많았다. 다시 말해서 한국의 전통사회에서 색채는 우주만물의 질서 및 조화를 나타내는 사상체계에 따라 형성되었다고 할 수 있다.

한국 전통의 색채체계는 시각적 체험의 결과로 이루어진 것이라기보다는 음양오행사상에 근거한 관념적인 것이었다. 이와 같이 색채를 의미와 상징의 수단으로 이용했던 우리 민족은 색채 사용에 있어서 여러 가지 제약을 받았다.

조선시대의 정신세계와 생활양식을 지배하였던 유교는 인간적인 감정을 멀리하고 인격, 형식, 규범 등을 중요시 여기는 사상이어서 색이 있는 것은 천하고 품위 없는 것으로 여기게 하였다. 또 계급에 따라 의복의 색에 대한 금기 사항이 많아서 서민들은 모두 흰옷을 입을 수 밖에 없었다.

이러한 배경 때문에 한국은 전통적으로 색채문화를 적극적으로 발전시키지 못하였다. 색의 사용이 지나치게 금지된 데에 대한 반발로 나타난 것이 여자들의 색속옷이나 화려한 색의 노리개, 그리고 풍자적 화법의 민화 등이다. 색채 사용에 제약이 많았던 이러한 사회적 배경에서도 혼례와 같은 특별한 행사가 있을 경우에는 색채 사용이 허용되었다.

주택에 나타나는 색채는 재료색(材料色), 제품색(製品色), 도장색(塗裝色)으로 구분해 볼 수 있다. 목재나 석재처럼 재료 자체의 색을 그대로 드러내는 것은 재료색이며, 벽돌, 기와 등과 같이 제조시의 소성온도나 첨가된 안료에 따라 나타나는 색은 제품색, 재료 표면에 색을 칠하여 얻어지는 색은 도장색이다. 한국 전통주택의 색채라고 하면 무채색을 떠올리게 되는데 이는 주택에 이용된 재료인 목재, 석재, 기와, 전(塼)을 채색하지 않고 그대로 이용하였기 때문이다. 그러나 수렵도, 무용도, 사신도와 같은 고구려 고분벽화에서의 흔적이나 『삼국사기(三國史記)』「옥사조(屋舍條)」의 규제사항을 보면 일반 주택에서도 색채를 사용하였다는 것을 알 수 있다. 조선시대에는 건축물의 색채 사용에 사회적 규제가 심하였다. 『경국대전(經國大典)』에는 '절 이외의 건물에 진채(眞彩, 색물감)를 사용하는 자, 꽃방석을 사용하는 자, 붉은 옻칠을 한 그릇을 사용하는 자는 곤장 팔십대에 처한다' 고 기록되어 있다. 조선시대 채색에 대한 개념은 통치이념인 유교사상과 맥을 같이 한다. 역사적으로 왕들이 궁궐을 화려하게 짓기를 자제하였는데, 특히 조선시대에 와서는 검소한 유교정신을 숭상하게 되면서 그러한 개념을 더욱 중요하게 생각하였다. 일반적으로 조선시대의 주택은 무채색 계통이었는데 전통주택의 이러한 색채는 단순하면서 정갈한 분위기를 갖는 전통 실내공간의 색과 어우러져서 한민족만이 가질 수 있는 우아한 주거문화로 전해 내려왔다.

전통주거에서 사용된 색채는 구조재의 색채와 마감재의 색채를 통해 살펴 볼 수 있다.

그림 6-11. 보수중인 안동 북촌댁의 뼈대

지붕의 골조(骨彫)와 내부구조 및 전체색조를 알 수 있다.

(1) 구조재의 색채

한국 전통주택은 목조가구식(木造架構式) 구조이며 기둥, 보, 도리, 서까래 등 구조재가 실내에 노출되는 것이 특징이다.

때문에 이들 구조재의 색채는 실내공간의 분위기를 결정하는데 중요한 역할을 하였다. 구조재 중에서 가장 많이 사용되었던 것은 소나무였는데, 서민들의 집에서는 소나무의 껍질을 벗겨 흰색의 속살이 드러난 상태를 그대로 사용하였다. 이렇게 나무의 속살이 드러난 것을 백골(白骨)이라 하는데, 백골은 시간이 지나면서 거무스름한 색으로 변하고 윤기와 탄력이 없어지며 나뭇결이 드러나면서 뒤틀리거나 균열이 생겼다.

이런 단점을 보완하기 위해서 상류주택에서는 저포(紵布)라고 불렸던 모시로 백골을 감은 후에, 납을 산화시켜 만든 살충제인 누런 빛깔의 밀타승을 바르고 옻칠을 하였다. 모시 대신에 고급 비단을 사용하기도 하였다.

구조재를 백골상태로 이용하는 경우에는 청솔가지로 굽거나 송진이 많은 관솔불로 나무 표면을 그슬려 이용하였다.

이와는 달리, 대청마루 끝의 귀틀이나 난간에 사용되는 나무에는 동물의 가죽을 끈끈하도록 고아서 굳힌 황갈색의 아교풀에 붉은색의 주토(朱土)를 풀어서 칠하거나 콩댐을 하였다. 나무 색깔이 일정하지 못한 경우에는 콩댐에 치자물을 타서 색깔을 일정하게 만들거나, 잿물을 먹여 목재 표면을 정리하고 취색(取色)을 하기도 하였다.

이렇게 마무리된 구조재는 명암의 차이는 있으나 거의가 나무의 색을 그대로 지닌 자연스러움을 지니고 있었다.

(2) 마감재의 색채

조선시대에는 온돌이 일반화되었고 경제적으로 여유가 생기면서, 흙바닥은 부엌이나 광, 외양간에 이용되었을 뿐 사람들이 일상적으로 기거하는 방은 온돌바닥에 장판지마감이었다. 그러나 가난한 서민은 흙바닥에 삿자리나 돗자리를 깔고 지내기도 하였다. 방바닥의 마감으로는 장판지에 콩댐[3]을 하여 색깔을 내는 방법이 일반화되었다. 장판지마감은 치자물을 콩댐에 섞어 노르스름한 색으로 만들어 장판지에 문질러 기름을 먹여 피막을 형성하는 것이다. 이렇게 완성된 노르스름한 색의 방바닥은 흰색의 벽으로 쓸쓸한 느낌이 드는 온돌방을 아늑하고 따뜻한 분위기로 바꿔주었다.

3) 불린 콩을 갈아서 들깨 기름 따위에 섞어 장판에 바르는 일

전통주택의 마룻바닥은 목재를 썼는데, 아교물에 붉은 색의 주토(朱土)를 풀어서 칠을 하거나 색을 정리하였다. 나무의 색깔이 일정하지 않은 경우에는 콩댐에 치자물을 타서 색깔을 고르게 하기도 하였다. 그러나 일반주택의 마룻바닥은 시간이 지나면서 거무스름한 색으로 변하는 것이 대부분이었다.

전통주택은 정면이 대부분 창호로 구성되고 옆면과 뒷면이 벽체로 구성되는데 벽체의 내부, 즉 실내 벽면은 일반적으로 회벽(灰壁)이나 벽지로 마감되었다. 그러나 서민주택의 경우에는 실내 벽을 토벽 그대로 두거나, 회벽 대용으로 백토를 깨뜨려서 굵은 모래를 추려낸 굴림백토[4]로 벽을 마감하였다.

전통주택의 방은 상아빛이 도는 흰색의 벽지와, 창호지에 비치는 은은한 창살과 노르스름한 색의 장판지와 조화를 이루어 부드러운 분위기가 조성되었으며, 마감재료가 갖는 질감으로 깊이 있는 자연스러움을 느끼게 하는 공간이었다.

천장은 대청마루의 경우 서까래와 보가 실내에 그대로 노출되는 연등천장으로 되어 있고, 방은 종이를 바른 반자천장이 대부분이었다. 반자천장은 온돌방에 흔히 이용되었던 천장으로, 반자에 바르는 종이는 처음에는 벽지와 같은 것이 이용되었으나 차츰 청색, 녹색 등의 단색, 또는 황색 칠을 한 한지가 이용되었다.[5]

이처럼 우리의 전통주택에서 쓰이는 색들은 단순하지만 은은하고 깊이 있는 흥취(興趣)를 자아내게 하는 색채라 할 수 있다.

그림 6 - 12. 마루에서 바라본 천장
서까래와 보가 그대로 드러난 사이로 회칠을 한 모습이 보인다. 구조제의 노출로 인해 자연스럽고 정겨운 느낌을 연출한다.

그림 6 - 13. 전통건축의 방
장판마감을 하고 벽에는 벽지를 대어 단아하고 아늑한 풍취(風趣)를 자아낸다.

3.2. 주거공간에서의 색채계획

최근의 주거형태는 외부에서 지친 몸을 편안하게 해줄 수 있는 효용적인 평면을 택하고 있고 이것은 색채계획을 통해서 보다 활발하게 연출

4) 백토(白土)를 잘게 부수어 왕모래를 추려낸 백색의 고운 흙으로, 회벽대용의 벽마감재로 이용되었다.
5) 박영순외 7. 우리옛집이야기 열화당, 1999, 151~170 참조.

그림 6-14. 거실의 색채계획1

편안하고 아늑한 조용한 장소로서의 거실은 난색(暖色)계통의 밝은 색채를 사용하는 것이 좋다. 바닥의 색이 연하고 부드러울 때 가구의 색을 약간은 강하게 조절하면 실내의 분위기는 더욱 편안한 공간으로 느껴진다.

그림 6-15. 거실의 색채계획2

같은 난색(暖色)계통이라도 어느 부분의 색이 강렬하냐에 공간의 깊이가 달라진다. 바닥의 색을 강한 체리(Cherry)나무 색을 띤 자재로 마감을 했을 경우 공간이 깊어 보이는 느낌을 준다.

될 수 있다. 어떤 색을 어느 공간에 효율적으로 배치하느냐에 따라 느끼는 감정은 보다나은 생활을 위한 발판이 되어준다. 보통 실내의 색채를 선정할 때, 개개인의 감정이나 기호, 취미가 선택에 주요한 작용을 하는 경우가 많은데 공간의 기능성과 함께 심리적으로 적당한 색채 사용을 위해서는 전문가의 도움이 필요하며, 충분한 만족감을 얻기 위하여 적당한 색채의 사용이 필요하다. 같은 색에서도 명암의 정도에 따라 느끼는 감정은 많은 차이가 있다. 일반적으로 사람이 많이 모이고 자주 이동이 일어나는 공간인 거실의 경우 난색(暖色)의 밝은 색채를 선택하는 것이 좋다. 난색계통은 따뜻함, 편안함 같은 부드러운 느낌을 전달해 주기 때문이다. 과거 거실의 기능은 주택 구조상 다목적성을 띠고 있기 때문에 색채를 선정하는데 어려움이 많았다. 그것은 가구가 차지하는 비중이 상당히 크므로 색채를 선정할 벽면의 크기가 상대적으로 적었기 때문이다. 하지만 현대에 와서 가족 단란 중심의 공간으로 기능이 변하면서 공간을 평화롭고 조용하고 아늑하게 만들기 위한 시도로써 색채계획이 유용하게 사용되고 있다.

침실의 경우 보통 주거공간에서 가장 정적이면서도 중요한 공간이다. 이 공간에서는 안락한 수면으로 인한 휴식과 함께 생리적이고 정신적인 피로를 회복하는 장소이기 때문에 개인적인 공간으로서의 독립성을 유지하고 안정감을 주어야 한다. 이러한 조건을 만족시키기 위해 보통 연한 핑크나 베이지색 계통의 엷은 황색을 쓰는 것이 적당하다. 하지만 침실의 향(向)에 의해 조건에 맞는 색을 취해야 한다. 일반적으로는 따뜻하고 안락한 느낌의 색을 쓰지만 햇빛이 많이 드는 향에 위치한 침실에는 강한 햇빛을 감소시켜주는 느낌의 엷은 한색계통의 색을 쓸 때도 있다.

욕실의 경우 주거공간에서 가장 소홀히 다뤄지기 쉬운 부분이지만 매일 매일 사용하는 장소이기 때문에 항상 기분좋게 사용할 수 있는 배려가 필요하다. 위생상 중요한 공간인 동시에 심신의 피로를 풀 수 있는 장소인 만큼 공간전체의 청결한 느낌을 주는 청색 계열이나 백색 계열의 색이 무난하다.

그림 6 - 16. 욕실의 색채계획1

밝고 산뜻하고 명랑한 분위기를 위해서 청결한 느낌을 주는 옅은 청색이나 백색계통을 주로 사용한다.

그림 6 - 17. 욕실의 색채계획2

욕실계획에 있어서도 작시반 깊이 있는 공간을 만들기 위해 청색이나 백색계동의 동일한 색채를 3면에 배색하고 나머지 한면은 진한 색조를 넣어 줌으로써 공간이 깊어보이는 효과를 얻고 있다.

주방의 경우 과거에 중요시되지 않았던 장소 중의 하나이다. 주부의 사회적 지위가 약했을 때의 생각을 한다면 주부들이 시간을 가장 많이 보내는 장소이면서도 소홀하게 생각했던 공간이지만 지금은 그 어느 장소보다도 더욱 중요한 위치를 차지하고 있다. 단지 식사만을 위한 장소가 아니라 단란이라는 또 하나의 거실로서의 기능을 갖게 되면서 색채계

그림 6 - 18. 침실의 색채계획1
엷은 황색 계통의 색을 써서 아늑하고 밝은 분위기를 조성하는 공간으로 느껴진다.

그림 6 - 19. 침실의 색채계획2
엷은 황색계통에 진한 색의 가구를 사용함으로써 공간이 더욱 깊어지는 효과를 느끼게 한다.

그림 6 - 20. 주방의 색채계획
무채색계통의 색을 쓰는 것이 무난하나 가족단란이라는 유희의 공간적 기능이 추가되면서 밝고 화사한 색조를 쓰는 것도 좋다.

획도 그 중요성을 더하고 있다. 보통을 무채색계열이 무난하지만 때론 원색계통을 써서 단란한 분위기를 만들어 보는 것도 좋다.

서재의 경우 정적인 공간중에서도 매우 안정된 작업을 위한 장소로서 눈에 피로감을 적게 느끼게 하고, 비교적 자극이 적은 색채를 쓰는 것이 좋다. 보통 주황색 계열이나 갈색 계열이 무난하다. 난색계열의 색은 심리적으로 느슨하고 긴장을 풀어주는 효과가 있고 한색계열의 색은 긴장감을 주는 효과가 있다.

계절상 여름에는 한색(寒色)계통을 사용하여 시원하고 청량한 감을 느끼게 하며 겨울에는 난색(難色)계통을 사용하여 아늑하고 따뜻한 느낌을 갖게 하는 것이 좋다. 또한 실(室)의 공간을 무겁게 느끼게 하려면 진한 색조를 사용하고 공간을 가볍과 쾌활하게 느끼게 하려면 옅은 색조를 써야하므로 각 실의 용도와 기능을 잘 고려하여 공간에 맞는 색채를 사용하여야 한다.

(1) 분위기에 따른 칼라 연출 테크닉

같은 색이라도 어떤 색과 함께 사용하느냐에 따라, 어떤 비율로 사용하느냐에 따라 다른 느낌을 줄 수 있다.

- 하나의 색상만을 사용하는 단색조(單色調) 방법은 채도, 질감, 패턴, 마감재의 차이로만 변화를 준다.

- 조화의 방법은 색상환에서 인접한 색상을 사용하는 방법으로 지배적인 분위기를 가라앉히는데 사용한다.
- 대조의 방법은 강렬한 색상을 이용해 대담하고 박진감 있고, 드라마틱한 분위기를 자아낸다.
- 따뜻한 색 계통 : 주황, 빨강 등 팽창색은 진출하는 느낌의 색상이 있고 심리적으로 느슨함과 여유를 준다.
- 청록이나 파랑 등 찬색 계통의 색은 수축하고 후퇴하는 느낌이 있고 긴장감을 준다.

그림 6 - 21. 서재의 색채계획1
정적인 공간인 서재는 심리적인 안정감을 주고 눈의 피로를 적게하는 주황색이나 갈색계통의 색을 쓰는 것이 좋다.

(2) 색채와 계절감

각각의 색채는 다른 느낌을 줄 뿐만 아니라 그 색의 차이에 의해 계절적인 성격을 갖는다.

- 봄 : 연두, 초록, 핑크
- 여름 : 무채색, 순백색, 파랑, 물색, 옅은청록, 보라
- 가을 : 갈색, 보라, 짙은살색
- 겨울 : 흑색, 회색, 초콜릿색

그림 6 - 22. 서재의 색채계획2
자극이 적고 안정된 색채를 쓰는데 무채색계열이 쓰이기도 한다.

(3) 색채와 촉감

색채는 그 밝기와 깊이, 톤의 차이에 의해 다른 촉감을 갖는다.

- 광택감 : 밝은 톤의 색
- 윤택감 : 깊은 톤의 색
- 경질감 : 은회색, 회색
- 거친감 : 진한 색, 회색 톤의 색
- 유연감 : 따뜻하고 가벼운 톤의 색

(4) 색채조절상의 고려사항

① 실별 용도에 따른 색채선택

주택의 여러 방 중에는 매우 활동적인 곳과 아늑하고 정적인 방이 있

기 마련이다. 또한 거실이나 식사실처럼 가족전원이 모이는 곳과 침실, 서재 등의 개인적인 프라이버시(Privacy)가 보장되어야 하는 방도 있다. 전통적인 한식주거와 같이 방마다의 독립성이 유지되지 못하고 사용방법도 분명치 못했던 시대에는 별문제가 되지 못했으나 요즘처럼 각 방의 성격이 분명해지면 각 방에 따른 색채계획이 필요하게 된다.

② 실별 상호간의 조화고려

하나 하나의 방이 제아무리 아름답게 되어 있더라도 주거전체로서의 색채조화가 이뤄지지 않으면 이상한 것이 되고 만다. 한 실내에서의 색채가 아름답게 조화되고 있는 것처럼 개성을 가진 각 실이 상호간에 아름답게 조화됨으로써 전체적인 색채조절이 이뤄진다고 생각된다. 바닥에서 바닥에로의 연결, 벽에서 벽, 벽과 도어, 도어와 가구와의 조화로 아름다운 하모니가 창출되도록 해야 하는 것이다.

③ 실내조도를 고려한 색채계획

방의 밝기나 조명의 상위에서 같은 색채가 전혀 다르게 보이는 수가 있다. 남향의 밝은 방에서는 안정된 색조가 좋으나 북향의 어두운 방에서는 다소 따뜻한 느낌을 주는 색채를 선택함이 좋을 것이다. 또한 형광등이냐 백열등이냐에 따라 나타나는 색채의 느낌은 전혀 다르므로 주의가 필요하다.

④ 마감재의 자연색조 고려

너무 인공적인 색채 속에서는 곧 실증이 나고 지루함을 느끼게 된다. 따라서 마감재가 갖고 있는 자연스러운 소재성을 충실히 살려 친근감 있는 색상을 나타냄이 필요하다. 다만 재료에 따라서는 같은 색의 것이라도 느낌이 다를 수 있음도 염두에 두어야 한다.

⑤ 색명의 크기에 따른 색채선정

색을 결정할 때 대개는 작은 색견본(Color Sample)으로 대신하는 경우가 많은데, 그때 큰 면에 칠해지거나 확대됨을 감안해야 한다. 색채란 면적이 커지면 진한 색으로 보여지기 때문에 벽이나 천 정 등은 "컬러 샘플"보다 다소 엷은 색으로 선택하는 편이 무난하다.

⑥ 계절에 따른 색채고려

방의 색채를 계절에 따라 변화시키면 아름다운 것이 된다. 커튼이나 깔개를 바꿔보는 것도 좋으며 벽지를 새로 도배하거나 다시 페인팅 하는 것도 방법이 될 수 있다. 이것이 다소 거추장스러우면 의자의 쿠션을 바꾸는 것으로도 방의 분위기는 일신되는 것이다.

⑦ 주조색의 결정과 색수의 제한

작은 방에서 여러 색을 쓰면 더 작은 방으로 보이게 된다. 한색이든 난색이든 주조로 되는 색을 결정하여 그 농담으로 배색하고 액센트가 되는 곳에 반대색을 사용하게 되면 비교적 무난한 배색이 된다.

보통 주거의 색채계획에서 여러 가지 종류의 색상을 같은 계열로 맞추어 놓고 이를 이름짓는 경우가 있는데 그 예를 들면 다음과 같다.

• 클래식 & 네오클래식 스타일(Classic and Neo classic style)

클레시즘은 바로크나 로코코의 과장적인 형식미를 모더니즘으로 비판하고 사회주의 리얼리즘을 강조하면서 고전으로 되돌아가자는 취지에서 등장한 건축사조이다, 이러한 사조가 반영된 인테리어는 장시적인 조형형식을 존중한 스타일로 도시적이고 세련된 모더니즘이나 장식이 절제된 미니멀리즘에 비해 기품 있고 웅장하며 화려하며 고급스러운 이미지를 풍긴다. 소위 전통적인 스타일로 클래식한 분위기가 세기말을 전후하여 다소 심플하게 변형되어 네오클래식으로 불리기도한다. 전통적인 유러피안 스타일에서 많이 접할 수 있는 분위기로 나무를 재료로 많이 이용하는편이다.

응용된 조각물과 조각된 의자, 고동색 계열의 가구 중세풍의 디자인 소품들 꽃무늬 등을 이용한 것이 많다.

그림 6 - 23. 클래식 스타일
은회색이 감도는 고상한 느낌의 벽지와 카펫이 사용된 거실. 우아한 느낌을 살리는데 초점을 두었다.

그림 6-24. 내츄럴 스타일

나무의 결이 살아있는 마루와 2층으로 통하는 계단의 원목이 아름다운 내추럴 공간. 단순한 가구 배치와 독특한 곡선으로 휘어져 내려온 조명이 실내를 더없이 한가롭게 한다.

• 내츄럴 & 컨츄리 스타일 (Natural & Country style)

인간지배 중심의 서양문화로 인해 인류는 끊임없는 발전을 하게 되었다. 하지만 극도로 기계화, 문명화된 현대사회에서 가장 문제시되는 것은 자연의 배제 즉 환경파괴이다. 이러한 문제에 대한 반발로 인테리어, 건축분야에서 새롭게 부각된 것이 흙, 삼베, 나무, 돌, 식물 등과 같은 자연적인 소재를 응용한 네츄럴 & 컨츄리 스타일인 것이다.

자연이 가지고 있는 온화함, 친근함, 넉넉함을 반영한 내유럴 스타일은 현대인에게 자연의 풍요로움과 여유를 선사하고 투박함과 소박함을 추구하는 스타일로 보기에도 편하고 포근하다. 주 색감은 베이지, 연노랑, 연초록, 브라운톤의 중간톤 색채를 주조로 온화하고 자연스러운 분위기를 연출한다. 넓은 창이나 발코니에 식물로 장식하거나 실크소재의 패브릭, 밝은톤의 가구, 무늬목 가구의 사용, 자연적 질감 나무바닥소재 이러한 소재들이 최첨단 하이테크 사회에 대한 거부감으로 나타난다.

그림 6-25. 모던스타일

모노톤으로 꾸민 거실, 천장, 마루, 가구가 모두 밝은 브라운 계열로 안정되고 정돈된 느낌을 준다.

• 모던 & 심플 스타일(Modern & Simple style)

모던 스타일(Modern style)은 우선 합리적이고 실용적이면서 보기에도 군더더기가 없어서 많이 채택되는 스타일 중에 하나이다.

모던스타일은 기능에 중점을 둔 것으로 장식을 배제하고 철저하게 합리적이고 기능적인 스타일로 비례와 대칭성이 중요한 화두로 작용하기도 한다. 또한 모던 스타일에는 곡선적인 이미지보다는 직선적인 이미지가 많이 쓰이고, 컬러는 블랙, 브라운 계열이나 화이트 계열이 주로 쓰이며, 유리나 스틸, 원목등이 재료로 많이 쓰인다.

나무에 차가운 질감의 금속과 유리를 혼합한 가구, 다양한 형태의 조합이나 배치, 모양변화가 가능한 인테리어 붙박이장 등이 이에 속하는 것으로 자주 쓰이는 금속, 돌, 유리 같은 차갑고 딱딱한 느낌의 소재들을 심플하고 부드럽게 때로는 따뜻하게 표현하고 있다.

자연의 색상을 그대로 사용하기보다는 자연의 칼라에 모던한 그레이를 가미 전체적인 톤다운을 통하여 현대적인 느낌을 만들어내며 가끔은 화이트 계열로 전체를 표현하기도 한다.

• 절충 스타일(Fusion style)

가끔식 고급호텔에 가보면 현대적인 서양식 호텔로비나 객실 한 부분을 한국의 화초장이나 문갑이 차지하고 있는 경우가 있다. 텔레비젼 받침대나 꽃병받침 내지는 삼베모시로 제작된 커튼 그러한 동서양의 절묘한 매치를 통해 새로운 분위기를 연출하거나, 심플한 미니멀리즘에 최근 부각되고 있는 사이버 스타일을 도입 하이테크한 분위기속에 심플함을 느낄 수 있다.

뚜렷한 정답은 없지만 개인의 개성을 존중 자신만의 공간을 연출하기엔 알맞은 사조라 할 수 있다.

노출된 콘크리트공간과 자연주의의 만남, 유리와 광택나는 금속과 네오클래식의 만남,동양적인 스타일과 서양모던함의 만남. 다양하게 표현되고 유행되는 한 주류이다.

• 젠 스타일(Zen style)

서양의 기계문화의 반대편에는 늘 동양의 여백의 미 즉 자연친화사상이 자리해있다. 젠이란 "선"의 일본식 발음으로 절제된 아름다움과 동양적인 여백의미를 건축이나 인테리어 공간에 도입, 단아하고 담백한 이미지로 표현한 것이다. 장식의 배제, 간결의 미란 의미에서 심플모던한 미니멀리즘과 마찬가지지만, 도시적인 분위기 대신에, 카키, 브라운 자연에서 추출한 파스텔칼라 같은 자연스러운 칼라를 가미 주거공간을 부드럽고 포근하게 만들어낸다.[6]

3.3. 한국건축에서의 색

한국건축에서 색채는 자신이 살고 있는 세계에 대한 인식의 표현이다. 자신과 주변과의 관계를 색을 통해 표현했다. 그것은 오방색이라는 체계 속에서 이루어진다. 각 방위에 대해 색깔을 청색, 백색, 적색, 흑

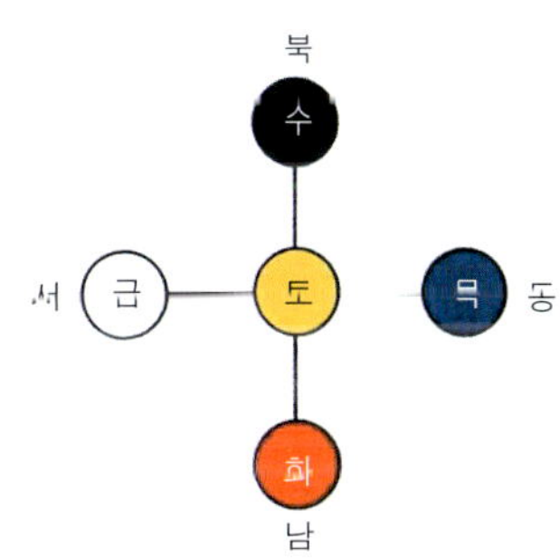

그림 6-26. 오방색

우리의 전통색채는 방위에 따라 색을 쓰이는 위치가 달랐다. 기본으로 황색을 중심으로 동, 서, 남, 북으로 청색, 흰색, 적색, 흑색의 순으로 쓰이는 것이 기본이다.

6) http://www.interiorwoojin.co.kr/sub/t_int1.htm참조.

그림 6 - 27. 오방색에 의한 예

사찰단청의 경우 전통색채를 이용해 구성한 좋은 사례이다. 다섯가지 색으로 의장적인 효과와 재료의 보호와 같은 이중적인 목적을 갖고 있다.

색, 황색의 다섯 가지 색깔로 배정함으로써 공간적 구분을 시도하고 있다. 실체적으로 느껴지지 않은 공간을 색채를 통해 공간을 명확하게 구분하고 인식하기 위한 시도다. 색채를 통한 주변과의 관계 설정은 각 건물이나 각 건물이 지어지는 시기의 성격에 따라 다양한 방법으로 표현되었다.

귀족 생활문화의 고려 시기는 근면하고 검소한 생활을 추구했던 조선 시대보다 한층 세련됐다. 또 같은 시대라 하더라도 각각의 용도에 따라 색채 사용이 다양하다. 같은 사찰 내에서도 대웅전과 다른 전각 간에는 색채의 활용에 있어 차이가 있다. 특히 사찰 내의 생활공간이라고 할 수 있는 요사채는 단청을 하지 않아 '보기 위한 대상으로서의 건축' 과 '생활을 위한 건축' 의 색채 사용에 대한 생각을 느끼게 한다.

조선 시대 가장 중요한 건축물이라고도 할 수 있는 종묘는 기다란 수평선이 갖는 엄숙함과 장엄함을 화려한 모루단청이나 금단청보다는 단순한 가칠단청이나 긋기단청을 통해 연계시키고 있다. 형태 요소와 함께 색채계획을 통해 세속의 현란함을 잠재우고 있다. 일상생활이 이뤄지는 주거 내에서도 죽은 사람과의 연결을 맺어주는 사당 역시 이러한 기조 아래 색채계획이 이루어진다. 한국건축에 있어서 색채계획은 하나의 건물 내에서도 각 부재와 위치, 무늬에 따라서 상당히 체계적이고 다양한 방법으로 이루어지고 있었다.

한국건축의 기본이 되는 다섯 가지의 오방색은 음양오행설과 연관된다. 오행에는 각각 대표적인 색이 있는데 금(金)은 하얀색, 목(木)은 파란색, 수(水)는 검정색, 화(火)는 붉은색, 토(土)는 노란색이다. 중앙의 토(土)는 노란색을 나타내는데 노란색은 권력을 상징하기 때문에 황제 전용의 색이 되었다. 특이한 것은 오방색이 동쪽의 청색에서 남쪽의 적색, 서쪽의 흰색, 북쪽의 검정색으로 배치되어 연차적으로 대조되는 색 대비로 이루어졌다는 것이다. 어떠한 연유에 의하여 이러한 색채 개념이 이루어졌는지 알지는 못하지만, 보다 적극적으로 색채에 대한 개념이 설정되어 있었음은 분명하다. 한국건축의 색채는 보색 대비가 적극적으로 이루어진다. 붉은색은 푸른색과, 흰색은 검정색과 같이 배합하여 즐겨 사용되고 있다. 즉 한국건축의 색깔이라고 할 수 있는 단청은 보색이라고 하는 양극의 색상을 적절하게 소화해냈다.

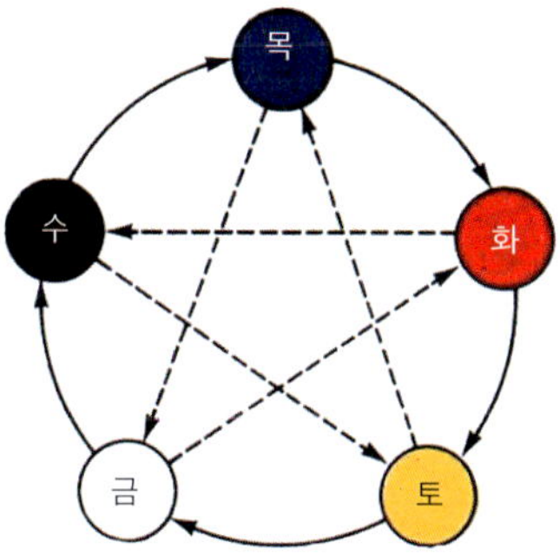

그림 6 - 28. 음양오행의 상생과 상극

오행은 서로가 보완(상생:실선)해주고 서로를 견제(상극:점선)하는 기능이 있다.

그림 6 - 29. 단청하는 모습

현대의 감각 있는 디자이너라 해도 보색 대비의 표현은 쉽지 않다. 오방색의 색상에 대한 배치 개념은 오행상생도와도 연결된다고 할 수 있다. 청색은 적색을, 적색은 백색을, 백색은 흑색을 빛나게 해준다. 실제로 이러한 개념은 한국건축에 고스란히 표현되고 있다. 공포 부재의 단청이 그러하다. 붉은색 기둥은 흰색 창호와 흰색 심벽 구조를, 흰색 벽면과 용마루선 밑 흰색의 양성은 검정색 지붕을 두드러지게 해주고 있다.

각각의 색상에 대한 배합을 조절하는 인자는 중앙의 황색으로 적절한 배합을 통해 전체 색상을 조절했다. 즉 청색과 적색 사이를 황색으로 조절하여 색상의 배합이 이루어짐으로써 공포 부위의 단청이 이루어지고, 흰색과 적색 사이에 황색이 가미되어 기둥의 색상이 정해지는 것이다. 지붕의 색상 역시 이러한 개념에 의해 이루어진다고 생각한다. 황색의 적절한 배합을 통해 한국건축은 붉은 기운이 구조를 이루는 중국이나 검정색 톤이 구조를 이루는 일본건축과는 다른 독특한 색조를 보여주고 있다.

한국건축의 색 배합은 동일한 색조를 조합하는 개념이 아닌 각각 대립되는 색조를 통해 적극적으로 대조의 미를 표현해준다. 다시 말해 건

그림 6-30. 근정전
햇볕을 많이 받는 부분은 적색계열을 쓰고 처마 밑은 짙은 녹색계열을 써서 서로 상호 보완하는 관계에 있다. 이러한 것을 상녹하단(上綠下丹)이라 한다.

축의 배치나 형태, 재료의 활용에 있어서 주변과의 관계 또는 자연과의 조화에 대한 고려가 이루어진 반면, 색조에서만큼은 각 부위에 대조적인 성격을 강조하여 적절한 변화를 시도하고 있다. 오방색은 한국건축의 색상을 만들어나가는 데 기본이 된다. 따라서 색채 활용에 대한 개념도를 형성하고 있었던 것은 아닌가 생각한다. 이렇게 본다면 오방색은 각 방위의 특성을 설명하는 공간적 성격을 지니고 있었지만, 먼셀의 색채도와 같이 색채 활용에 대한 지침적 역할의 실제 기능을 수행했다고도 볼 수 있다.

한국건축의 색채계획은 적색과 녹청색이 주조를 이루고 있다. 적색은 주로 기둥이나 첨차나 도리 및 보의 하단부에 칠해지고, 녹색은 추녀나 천정 또는 첨차 · 창방 · 평방 등의 측면에 사용된다. 여기에 각 색상을 구분하기 위하여 검정색과 흰색을 이용하여 테두리를 두르고 있다. 이러한 기본적인 생각에 따라 적색은 주로 기둥에 집중되고 지붕에 의해 그림자가 지는 처마 밑은 녹청색이 칠해진다. 처마 밑은 그림자가 드리워져 자칫 어두운 분위기를 낼 수 있는데, 녹청색을 이용해 처마 밑을 밝게 빛나게 해주고 있다.

이렇게 햇빛이 많이 받는 부분에는 적색, 그 측면에는 녹색을 칠하여 명도를 높이는 효과를 상록하단(上綠下丹)의 원칙으로 설명하기도 한다.

햇빛이 적은 천장 부위의 내부공간 역시 녹청색을 중심으로 칠해졌음은 당연한 일이라고 하겠다. 이러한 색상의 표현은 보색 대비에 의해 한국건축이 갖고 있는 형태상, 재료상의 한계를 극복한 것이다. 이렇듯 한국건축의 색채는 각개의 건축과 별개로 분리된 마감이 아니라 한국건축이 갖고 있는 공간과 형태와 유기적으로 밀접하게 연관되고 있는 것이다.

한국현대건축에 있어서 가장 큰 아쉬움 중 하나가 과거 우리 건축과의 연결이 부족하다는 것이다. 그나마 형태적으로는 접근이 이루어졌다고 할 수 있으나, 60~70년대 민족문화 창달이라는 거창한 이념을 내세워 콘크리트에 색을 칠한 것 이외에는 건축계 내부에서조차 색채 회복에 대한 논의는 거의 없었다.

하지만 르 꼬르뷔지에(Le Corbusier)에서 그래이브스(Michael Graves)나 바라간(Luis Barragan)에 이르기까지 색채는 현대건축에서 매우 중요한 어휘였다. 한편으로는 60년대의 한국건축은 노출 콘크리트에서 얻어지는 회색, 70년대는 붉은 벽돌에서 얻어지는 붉은 색, 80년대에는 화강석에서 얻어지는 엷은 회색, 90년대에는 노출 콘크리트의 투명한 회색이나 드라이 비트에서 얻어지는 다양한 색조의 표현, 2000년대의 철골과 유리에 의해 얻어지는 투명함 등이 각 시기별 조류를 형성해 왔다. 그러나 그러한 조류가 색채계획에 대한 어떤 의도와 의지의 표현이라기보다는 유행에 그치고 말아 앞으로의 색채 발전에 도움이 될 만한 기반을 형성하지 못하고 있다.

그렇다면 우리의 색은 어디에 숨어 있는가? 현대 생활에 맞는 우리의 색을 찾기 위한 노력은 간판에 대한 규제에서 시작되어야 한다. 현재 우리의 도시 미관을 형성하는 주된 요소는 건물 자체보다도 색채에 대한 체계적 접근이 이루어지지 않은 간판에 의한 것이다. 도시 미관 형성이 하나의 건물 전체를 잠식해 들어가는 간판에 의해 좌지우지될 때, 건축에 있어서의 색채 계획은 요원하다. 간판이 만들어내는 요란하고 무질서한 색채 환경을 벗겨낼 때 우리의 색은 조금씩 조금씩 그 모습을 드러낼 수 있을 것이다.

그림 6-31. Luis Barragan, Giladi House, Mexico, 1978

1988년 86세의 나이로 세상을 뜬 건축가 바라간은 모던 건축에서 걸출한 건축가 중에 한 사람으로 평가되고 있으며 1980년에는 필립 존슨에 이은 프리츠커 상의 두 번째 수상자이기도 하다. 주로 멕시코 내에서만 활동한 그는 뛰어난 색채와 공간의 사용으로 잘 알려져있으며 스스로를 랜드스케이프 디자이너라고 불리길 원할만큼, 파티오나 정원같은 외부공간을 실내로 끌어들이는 작업에 관심을 가졌다.

그림 6-32. 건대앞 노유거리

어지러웠던 간판들을 정리하여 새 모습으로 단장한 노유거리의 모습.

제 7 장

건축재료

1 개요

"좋은 재료에 따라 건축의 질이 달라진다"

1.1. 개요

건축물(建築物)은 설계(設計)로 시작되어 완공(完工)으로 끝을 맺는다. 설계의 과정은 매우 중요하여 하나의 건축물을 창조하는데 수많은 노력(努力)과 공부(工夫)와 절차(節次)가 필요하다. 이러한 과정을 통하여 완공된 건축물에 속옷과 겉옷을 입히게 되는데 이처럼 건물에 옷을 입히는 것과 같은 과정은 건축재료를 통해서 이루어진다.

그림7-1 스페인 바르셀로나의 빌딩
구조체에 따라 어떤 재료, 어떤 색상을 사용하느냐에 따라 건축물은 다양한 느낌을 준다.

구조물을 형성하는 것도 건축재료이고 건축물에 옷을 입히는 것도 건축재료이다. 어떤 질감의, 어느 정도의 옷감이나 종류를 사용하느냐에 따라 건축물이 제3자의 눈에 비치는 정도는 많은 차이가 나게 마련이다. 때문에 건축재료에 대한 일반적인 고찰 없이는 건축물을 짓는 것도 요원(遙遠)하다고 할 수 있다. 건축재료는 다음과 같이 분류할 수 있다.

1.2. 건축자재의 분류

1. 천연재료와 인공재료

1) 천연재료 : 목재, 석재, 골재, 점토 등

2) 인공재료 : 콘크리트제품, 금속제품, 석유화학제품, 요업제품

2. 무기질재료와 유기질재료

1) 무기질재료

금속재료(철강, 알미늄, 동, 아연, 합금류 등),

비금속재료(석재, 시멘트, 유리, 석회, 콘크리트, 세라믹 등)

2) 유기질재료

천연재료(목재, 아스팔트, 섬유류 등),

합성수지(플라스틱계, 도료, 접착재, 실링재 등)

3. 사용용도에 따라 구조재, 수장재, 설비재 등

4. 기능에 따라 방수 방습재, 방호 및 내화재, 음향재, 보온보냉재, 방부방습재, 접합재 등

5. 사용부위에 따라 지붕재, 바닥재, 천장재, 내벽재, 외벽재 등

6. 시공상으로 타일재, 미장재, 창호재, 유리재, 수장재, 도장재, 방수재 등

2 재료의 성질

건축재료의 올바른 사용을 위해서는 재료가 갖고 있는 역학적 물리적 성질을 이해하여야 한다. 단단한 재료 즉 강성이 크거나 압축력에 강한 재료는 구조체로서 사용할 수 있을 것이고 접착력이 크거나 성형이 자유로운 재료는 벽체를 구성하는데 쓰일 것이고 흡수율이나 투과율이 큰 재료는 창호재료로 사용할 수 있을 것이다. 어느 부위에 어떤 재료를 써야 할지는 재료가 갖고 있는 성질에 따라 달라지기 때문에 재료의 성질을 이해한다는 것은 사용목적을 파악할 수 있다는 의미를 갖는다. 모든 재료는 역학적, 물리적 성질을 갖고 있다.

2.1. 재료의 역학적 성질

①탄성(彈性, Elasticity)

재료에 외력이 작용하면 변형이 생기나 외력을 제거했을 때 원래의 모양으로 되돌아가는 성질을 말한다.

②소성(塑性, Plasticity)

재료에 외력이 작용하면 변형이 생기며 외력이 제거되었을 때도 변형된 상태로 남는 성질이다.

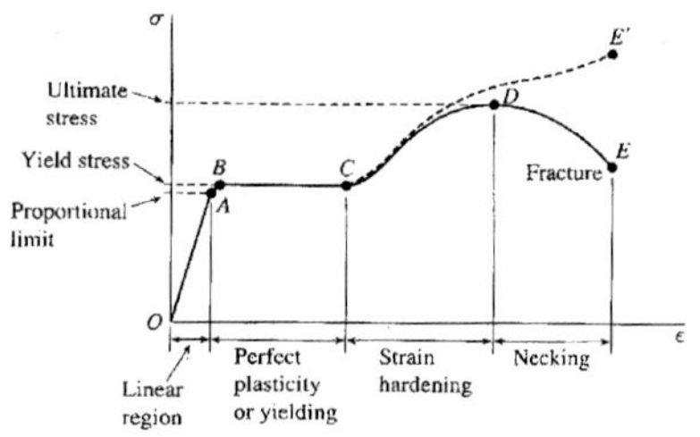

그림7-2 응력-변형도 곡선

강재(鋼材)는 힘이 작용하면 어느 정도까지는 탄성한계(A-B)에서 소성흐름(B-C)이 지속되다가(이 구간을 항복yield구간이라 함) 최대인장강도(D)에 도달해서 변형(E)된다.

③점성(粘性, Viscosity)

소성과 함께 비탄성으로 외력에 의한 재료의 변형이 일어났을 때 재료 각부에 서로 저항이 생기는 성질이다.

④경도(硬度, Hardness)

재료의 단단한 정도를 말한다.

⑤강성(剛性, Rigidity, Stiffness)

재료가 외력을 받아도 잘 변형되지 않는 성질이다.

⑥연성(延性, Ductility)

탄성한계이상의 외력을 받아도 파괴되지 않고 가늘고 길게 늘어나는 성질이다.

⑦취성(脆性, Brittleness)

유리와 같이 외력에 의해 변형되지 않거나 극히 미미한 변형을 수반하고 파괴되는 성질이다.

⑧인성(靭性, Toughness)

외력을 받아 변형을 나타내면서도 파괴되지 않고 견딜 수 있는 성질이다.

⑨전성(展性, Malleability)

금속재료(금,은,알미늄,구리 등)의 일반적 성질로 압력이나 타격에 파괴됨 없이 판상으로 되는 성질이다.

2.2. 재료의 물리적 성질

①비중(比重, Specific Gravity)

어떤 물체의 무게를 동일체적의 4℃물의 무게로 나눈 값을 비중이라고 한다.

②함수율(含水率, Water Content)

재료내 수분중량을 그재료의 건조시 중량으로 나눈 값으로 완전건조된 재료의 함수율은 0 일반적으로 목재에서는 15~20%를 적당한 함수율이라고 한다.

③흡수율(吸水率, Coefficient of Water Absorption)

재료를 일정시간 물속에 넣었을 때 건조중량에 대한 흡수량의 비율로 중량백분율로 표시하며, 절건상태의 골재가 침수로 골재 내부에 흡수하는 물의 양, 표면건조 내부포수상태의 골재중에 포함되는 물의 양.

④비열(比熱, Specific Heat)

중량 1g인 재료의 온도를 1℃올리는데 필요한 열량 (단위 Kcal/kg ℃)

⑤열전도율(熱傳導率, Thermal Conductivity)

동일재료내 온도차가 있는 경우 높은 온도의 분자로부터 낮은 분자로 열이 전달되는 열전도특성을 나타내는 비례정수. 단위길이당 1℃의

온도차가 있을 때 단위시간동안 단위면적을 통과하는 열량 (단위 Kcal/mh℃)

⑥열저항(Heat Resistance)

벽체의 특정두께에 대한 실제적인 열저항, 열전도비저항×벽체두께 (단위 m2hC/Kcal)

⑦열관류율(熱貫流率, Heat Transmission Coefficient)

재료내의 열전도와 재료양면의 열전달을 포함한 열이동과정을 열관류라고 하며 열관류에 대한 관류열량의 계수를 열관류율이라고 함 (단위 Kcal/㎡h℃)

⑧열관류저항(Resistance of Heat Transmission)

열관류율의 역수로 열관류의 어려운 정도를 표시

⑨열팽창계수(Coefficient of Thermal Expansion)

온도변화에 따라 재료가 수축팽창하는 비율

⑩열용량(Heat Capacity)

재료에 열을 저장할 수 있는 용량, 비열×비중 (단위 Kcal/℃)

⑪연화점(Softening Point),융융점(Melting Point)

재료에 열을 가하여 고체에서 액체로 변화하게 되는데 그 경계점이 되는 온도. 경계가 불분명한 재료(아스팔트,유리)의 경우에는 연화점으로, 금속재료와 같이 명확한 재료는 융융점으로 표시

⑫투과율(Transmission Factor)

재료에 대한 광선의 투과정도로 재료에 입사하는 광속에너지에 대한 투과하는 광속에너지의 비율(%)

⑬반사율(Reflection Factor)

재료에 대한 광선의 반사정도로 재료에 입사하는 광속에너지에 대한 반사하는 광속에너지의 비율(%)

⑭흡음률(Absorption Coefficient)

재료가 어느 주파수의 음에 대하여 음의 에너지를 흡수하는 효율을 그 주파수에 있어서의 흡음률이라 하며 입사음파의 에너지에 대한 흡수 에너지의 비율(%)

⑮차음도(遮音度,Noise Insulation Factor)

재료가 음을 차단하는 정도로 한편에 투사된 음의 세기가 반대편에서 약화된 정도(dB)

3 구조체에 의한 재료

3.1. 콘크리트조(Concrete construction)

그림7-3 콘크리트로 바닥공사 하는 현장

콘크리트조는 시멘트와 모래 자갈 등을 섞어 만든 구조체이며, 가장 일반적인 구조방법이고 콘크리트블록주라고도 한다.

현대적인 재료로서 널리 사용되는 시멘트는 1824년 영국의 벽돌공인 죠셉 애스프딘(Josepe Aspdin)이 석회석을 구워 만든 생석회를 가루로 만들고 거기에 점토를 혼합하여 다시 소성(燒成)시킨 제품을 특허출원함으로써 재탄생하게 되었으며, 굳어진 모양이 포틀랜드(Portland)섬에서 산출되는 건축용 석회석과 비슷하다고 하여 포틀랜드 시멘트라 명명하게 되었다. 콘크리트는 특허를 얻은 시멘트 제품에 모래, 물, 자갈을 섞어 만든 구조재료이다.

그러나 로마시대에서도 이미 화산재인 포졸란(Pozzolan)을 사용한 콘크리트로 건물의 뼈대를 형성하였고 그 구조물은 지금까지 남아있다. 콘크리트는 사용한지 꽤 오래된 재료라 할 수 있다.

콘크리트는 그 자체만으로는 압축강도가 높으나 인장강도에는 매우 취약하기 때문에 인장에 대한 보강없이 구조체로 사용하기에는 한계가 있다. 무근콘크리트나 생콘크리트를 가끔 이용하고는 있으나 사용범위가 지극히 한정되어있지만 목재나 석재만의 구조체에 비해 내화, 내수, 내구성이 강하고 거푸집의 사용으로 형태의 자유로움을 추구할 수 있어 구조미를 살릴수 있는 좋은 재료이기도 하다. 이러한 콘크리트의 탄생은 건축구조의 대단한 발전이라고 할 수 있다.

3.2. 철골조(Steel construction)

그림7-4 철골구조물

철골구조는 형강(形鋼) · 강판(鋼板) · 평강(平鋼) 등의 강재(鋼材)를 사용하여 이들을 리벳이나 볼트 또는 용접 등에 의해 접합하여 조립하는 구조를 말한다. 철재로 조립한 주요골조를 철골이라 하며 철골조 · 강구조라고도 한다. 철근콘크리트와 철골을 함께 사용하는 구조를 철골철근콘크리트구조라고 하며, 철근콘크리트를 단순히 철골의 내화피복(耐火被覆)의 의미에서만 사용하고 있는 경우나 철골조와 콘크리트 블록조 및 연와조와 함께 사용하고 있는 경우라도 구조계산의 단계에서 철골을 주요구조부재로서 설계한 것이면 철골구조라고 할 수 있다

그림7-5 철근콘크리트 구조물

3.3. 철근콘크리트조 (Reinforced concrete construction)

철근 콘크리트 구조(reinforced concrete construction)는 건물의 뼈대가 되는 주요부를 철근과 콘크리트를 써서 구성한 구조로, 힘을 받는 주요 구조 부분이 철근으로 보강한 콘크리트로 구성되어 전체를 일체로 만들며 내진, 내화, 내구적으로 우수한 구조이다. 콘크리트는 압축력

에 강하나 인장력에 약하지만 철근은 그 반대이다. 따라서 인장력이 작용하는 곳에 철근을 넣어 인장력은 철근이, 압축력은 콘크리트가 받게 하여 상호 약점을 보완하고 그 장점을 살려 일체가 되도록 한 구조가 철근콘크리트조이다.

철골철근콘크리트 구조(Steel framed Reinforced Concrete construction)는 건축물의 뼈대가 되는 주요 구조물을 철재로 구성하고 철근과 콘크리트로 보강한 구조이다.

두 구조의 장점을 딴 가장 내진적, 내화적, 영구적 구조로 경간을 크게 할 수 있고 높은 층수의 건물에는 이상적인 구조이다.

건축의 구조방법

1. 일체식 구조

-전체 구조체가 일체가 되면서 균등한 강도를 낼 수 있도록 거푸집에 콘크리트 등을 부어 만든 구조로 철근콘크리트, 철골철근콘크리트를 들 수 있다.

2. 가구식 구조

-기둥과 보에 가늘고 긴 부재를 조립하여 구축한 방식으로 나무구조와 철골구조가 이에 속한다. 각 부재의 짜임새와 접합 정도에 따라 구조 강도가 달라지게 된다.

3. 조적식 구조

-아래층의 벽체가 위층벽체의 힘을 받아 주는 기둥, 보, 벽의 역할을 하는 구조이며 블록조, 벽돌조, 석재가 대표적 조적식구조이다.

이 세가지 구조방법외에 트러스구조, 박판구조, 공기막구조, 현수구조, 쉘구조 등의 방식이 있다.

3.4. 목조(Wood construction)

그림7-6 목조로 지은 주택

인류의 탄생과 함께 사용되어져 온 건축재료를 꼽으라면 석재와 함께 목재를 빼놓을 수 없다. 목재는 건축이 시작된 초기에 사용된 최초의 구조체라고 할 수 있다.

목재는 다른 재료와 달리 적응성이 우수하고 가공과 감촉이 좋으며 무게가 가볍고 경쾌한 장점을 가지고 있다. 하지만 가연성 재료이기 때문에 내화성이 약하며, 부식과 비틀림, 쪼개짐으로 인해 내구성 또한 약하다고 할 수 있다. 이러한 장점과 단점 때문에 목재를 구조재로 사용할 경우 목재의 방향성에 따른 각 방위마다 강도와 물리적 성질차이 및 건조와 습윤 상태에 따른 함수율 변화에 대한 분석이 필요하다.

건축구조재로서의 목재는 인장과 휨에 대한 강도가 압축강도보다 큰 특징을 갖고 있는데, 침엽수재는 송백과에 속하는 육송, 삼송, 낙엽송, 적송, 흑송, 솔송, 미송 등이 연목(軟木)으로서 구조재나 장식재로 많이 사용되며, 활엽수재로는 밤나무, 느티나무, 떡갈나무, 나왕, 물참나무 등의 경재(硬材)가 많으며 성질도 일정하지 않으므로 주로 장식재에 많이 사용된다.

3.5. 석구조(Stone construction)

그림7-7 석구조로 지어진 그리스 파르테논 신전

고대로부터 석재는 건축과 토목의 구조 및 의장재료로서 중요한 부분을 차지하고 있다. 기원 6세기의 스페인 타라고나의 거석벽을 비롯하여 현재까지 남아있는 이집트의 피라미드, 그리스의 파르테논 신전, 로마 포럼의 건물 등, 대다수의 현존하는 고대의 유물들은 석재로 이루어져 있다. 콘크리트와 철이 사용되기 시작한 근세이후에 석재를 사용하는 용도는 급격히 감소되었으나 재료의 특성상 토목공사나 장식 재료로서 여전히 사용되고 있다.

석재는 매스의 현실감과 실재감을 잘 표현할 뿐 아니라 재료의 공급이 용이하기 때문에 기념비적 건물의 외부장식용으로 많이 사용되어져

왔다. 현대에서도 압축력만 받는 구조체에서 가끔 사용되고 있으나, 구조적 성격상 인장을 받게 되는 구조체에서 그 가치의 효용성이 떨어져 석재의 기능은 건물의 외장재료나 콘크리트용 골재 등으로 그 범위가 한정되어 있다.

4 실외 건축재료

4.1. 지붕재

그림7-8 아스팔트쉥글1

그림7-9 아스팔트쉥글2

(1) 아스팔트 쉥글

아스팔트 쉥글은 아스팔트 펠트에 아스팔트를 침투시킨 후 무기질 유리섬유로 특수 융화시켜 변색되지 않는 특수 안료로 광물성 가루 또는 채색 돌 입자를 입혀서 적외선 및 태양열의 투과를 차단할 수 있게 만든 지붕재이다. 돌가루가 표면에 쓰이는 이유는 크게 두 가지로 첫 번째는 석유(Petrolum) 바탕의 쉥글 메트를 UV광선으로부터 보호하는 것과 그 두 번째는 지붕에 입체감이나 색깔을 주기 위해서이다.

아스팔트 쉥글 제품은 저렴한 것부터 아주 고가의 비싼 제품까지 다양한 가격의 제품이 있다.

방수성과 강풍에도 강하고 다음과 같은 특성이 있다.

ⓐ 유연성으로 가공 및 시공이 자유롭다.

ⓑ 경량이므로 지붕의 중량이 감소한다.

ⓒ 비교적 저렴하다.

ⓓ 공급이 쉽다.

ⓔ 다양한 제품, 모양, 색상 등이 있다

(2) 기와

가. 동기와

그림7-10 동기와

동기와는 동판을 기와의 모양으로 만들어 조립 시공함으로써 전통적 지붕양식인 한식기와의 격조 높고 단아한 한국의 미를 잘 살려주면서 한옥 건축의 전통적인 지붕의 곡선미를 그대로 재현할 수 있는 재료로 동의 장점을 살리고 전통기와의 단점을 보완한 제품이다.

ⓐ 동의 특징을 갖고 있기 때문에 건축물을 보다 안정되고 완벽하게 보호하며 불연성을 갖고 깨지거나 동파로 인한 손실이 없는 반영구적장점이 있다.

ⓑ 세월이 지나면 눈, 습기를 품는 일반기와와는 달리 맞물림 방식으로 제작되어 완벽한 방수가 가능하다.

ⓒ 지붕바닥과 동기와 사이에 공간이 생기므로 지속적인 환기가 이루어져 건축물 수명을 연장시켜준다.

ⓓ 완전 조립식이므로 시공이 간편하다.

ⓔ 역순으로 분리하여 재사용이 가능하다.

ⓕ 평당 중량이 한식기와의 15분의 1정도이므로 건물에 무리를 주지 않는다.

그림7-11 한식기와

나. 한식기와

우리의 살림집에 한옥이라는 이름이 붙여진 것처럼, 그냥 기와였던 우리의 기와는 오늘날 한식기와라는 이름으로 알려져 있다.

한식기와는 주로 전통건축물의 복원 등에 국한적으로 사용되고 있다.

한식기와는 기본기와, 막새, 서까래기와, 마루기와, 특수기와 등 5가지로 분류할 수 있는데, 이를 다시 세분하면 그 종류가 20여종이 넘는다.

그림7-12 스페니쉬기와

다. 스페니쉬기와

점토를 성형 건조 후 1,200도의 고열에 구워낸 기와로서 암키와와 수키와가 합쳐진 모양으로 "스페니쉬 S형 오지기와"가 정식 명칭이다.

유약의 착색 유무나 방법에 단색기와, 변색기와, 유약기와로 종류가 나뉘어지며, 일반건축물에 대중적으로 사용되는 기와이다.

사용되는 건물은 일반주거용건물(고급단독주택, 빌라), 공공건물, 기타건물 등 이다.

다. 시멘트기와

시멘트 기와는 잔골재와 시멘트를 일정한 혼합으로 배합한 뒤 일정 이상의 강도로 가압하여 양생 생산하는 방식으로 일반 점토기와나 동기와 보다 저렴하고 다양한 종류의 색을 선택할 수 있다. 시멘트를 주원료로 사용되는 기와로 시멘트 스페니쉬 S형 기와, 시멘트 한식형 기와, 개량 한식형 기와와 같은 종류가 있다.

그림7-13 시멘트기와

4.2. 벽체

벽체의 외부 구조는 지붕과 함께 비 · 바람 · 햇빛에 견딜 수 있어야 하고 소리나 외부의 시선으로부터 보호될 수 있어야 한다. 이 밖에 건물의 형상 · 방식에 의한 종류로도 나누는 경우가 있고, 시공 과정에 의한 분류, 그리고 그 밖에도 특수한 목적으로 만들어지는 여러 가지 구조 즉, 내화구조 · 내풍구조 · 내진(耐震)구조 · 방화구조 · 방수구조 · 방음구조 등이 있다.

흔히 사용하는 재료로 철근콘크리트와 벽돌이나 블록과 같은 재료를 사용한다.

그림7-14 외벽체공사중인 건물

4.3. 바닥

바닥은 일상적으로, 직접 인간이 접촉하는 부위로 성능적으로도 감촉, 보행성, 위생성, 내오염성 등 인간의 감각에 호소하는 항목이 많다.

바닥재료의 요구 성능은 사용목적 사용 장소 등에 따라 다양하다.

그림7-15 외부 바닥

①내용적 성능 : 외력이나 물, 습기, 불 등 외부로부터의 작용에 대하여 저항하는 성능

②기능적 성능 : 단열차음 등 인간의 생리에 영향을 주는 것으로 주로 거주성 관계하는 성능

③감각적 성능 : 색채질감 등 눈으로 보거나 몸에 닿았을 때의 느낌 등과 같이 인간의 감각에 관계하는 성능

④설계 및 시공성능 : 생산이나 시공에 관한 성능

⑤바닥재료의 종류와 선택 : 바닥재료는 목재류, 석재, 점토재, 금속재 등 무수히 많고 공법별로 구분하면 붙임재(합판류 석재류플라스틱류 등)와 바름재(도장재 미장재)로 대별할 수 있으며 일반적으로 붙임재는 공장에서 규격화 되어 나오고 바름재는 현장에서 배합하여 사용.

• 대표적인 바닥재료의 특징

ⓐ석재 : 내마모성 경도 흡수 및 흡습성 내화성 청결성 의장성 등의 요구성 능은 우수하지만 방음성단열성작업성보존성유지 보존성 등의 요구성능은 부족한 편임.

ⓑ목재 : 내마모성 경도 내유성 단열성 작업성 운반성 등의 요구 성능은 우수한 편이자만 흡수 및 흡습성 내열성 내화성 보존성 등의 요구성능은 아주 부족.

ⓒ비닐류 : 내유성 알칼리성 작업성 등의 일부 요구 성능만 우수한 편.

5 실내 건축재료

5.1. 천장

그림7-16 각가지 색상을 사용한 천장

천장은 벽이나 바닥과 함께 실내공간을 구성하는 수평적인 요소로 바닥이나 벽과는 달리 접촉빈도가 없어 마감재료에 요구되는 성능의 정도는 벽, 바닥에 비하여 낮다. 그러나 상부의 구조를 감추고 실내의 미관을 높이는 이외에 음, 빛, 열 및 습기환경을 조절하는 등의 중요한 역할을 하므로 쾌적한 실내공간을 조성하기 위해서는 이와 같은 천장의 역할은 매우 중요하다고 할 수 있다. 천장마감재료의 요구성능도 벽 마감 재료의 요구성능과 거의 같으나 재료를 선택할 때는 단열성, 차음성, 내화성, 내수성 등의 환경적인 요소를 함께 고려해야 한다.

천장재의 마감은 대부분 모르타르 위에 수성페인트를 칠하거나 모르타르 또는 합판 위에 도배지 바르기로 마감하는데, 이에 사용되는 도배지는 종이제품, 견직물이나 모직물을 이용한 포제품, 갈포제품, 비닐벽지류의 합성수지 제품, 특수가공 벽지 등 여러 종류가 있다.

또한 목재를 가공한 널천장, 준불연성 · 단열성 · 흡음 등의 성능이 좋은 석고플라스터와 공장생산품인 석고보드판 · 밤라이트천장판 등이 많이 사용되며, 펄라이트 · 버미큘라이트 등을 원료로 한 질석(蛭石)보드 등과 암면(岩綿) · 석면을 이용한 판형재료와 철재 · 알루미늄재로 된 천장재료 등이 있다.

일반적인 천장마감재료는 목재 및 목제 가공품, 플라스틱, 금속가공품, 각종 미장재나 도장재와 내지 등이 사용된다. 또한 사무실이나 대다수의 공공용 공간에는 시멘트와 석고로 만든 아미텍스와 같은 보드가 가장 많이 사용되고 있다.

5.2. 벽

실내에서의 벽의 재료는 벽의 보호 및 장식을 목적으로 외풍(外風)을 막고 실내의 분위기를 살리기 위하여 주로 모르타르 위에 벽지 또는 페인트 도장으로 마무리하고 있다.

무늬목합판 · 석고보드류 및 방수나 청결이 요구되는 장소에는 타일류 등이 사용되고 있으며, 앞으로는 합성수지 제품이나 알루미늄 또는 스테인리스강을 이용한 금속판류 등이 벽체용 재료로 많이 사용될 것이다. 또 붉은 벽돌이나 석재 등 자연 그대로의 소재를 실내에 사용하는 경우도 있다.

5.3. 바닥

그림7-17 실내에서의 바닥과 천장의 조화

바닥재료의 요구성능은 사용목적, 사용장소, 사용방법 등에 따라 다양하나 외력이나 물, 습기, 불 등 외부로부터의 작용에 대하여 저항하는 성능과 단열, 차음 등 인간의 생리적 작용에 영향을 주는 것으로 주로 거주성(居住性)과 관계가 깊은 기능적 성능, 색채, 질감 등 눈으로 보거나 몸에 닿았을 때의 느낌 등과 같이 인간의 감각에 관계하는 감각적 성능, 생산이나 시공에 관한 성능으로 분류할 수 있다.

바닥재료는 목재, 석재, 점토재, 금속재 등 무수히 많지만 이를 공법별로 구분해 보면 합판류, 석재류, 플라스틱류 등의 붙임재와 도장재, 미장재 등의 바름재로 대별할 수 있다.

일반적으로 붙임재는 공장에서 규격화하여 대량생산한 균질의 제품이고, 바름재는 사용목적에 따라 현장에서 배합하여 사용해야 하는 제품이다. 바닥재료의 선택은 사용목적에 맞게 요구성능을 충분히 고려한 후에 우선 순위를 붙여 선택하는 것이 합리적인 방법이다.

표1 바닥재료의 사용예

구분		사용예
종류	제품	
목재 및 목재 가공품	판재	습기가 차지 않는 바닥
	단층 플로링 보드	현관홀, 복도, 거실, 침실, 주방 등
석재 및 인조석	플로링 블록	현관홀, 복도, 거실, 침실, 주방 등
	대리석	현관, 욕실, 거실바닥 등의 실내
	화강암	현관 및 욕실, 기타 외부와 접하는 바닥
	테라조	현관 및 일반적인 바닥
점토제품	벽돌류	현관, 테라스
	타일	현관, 복도, 바닥 등 용도에 맞는 타일 선택
합성수지	비닐계 타일	물을 사용하지 않는 바닥
	고무계 타일	침실, 거실, 사무실
	비닐 시트류	보행량이 적은 공간의 바닥
카펫	일반카펫	물을 사용하지 않는 바닥
	타일카펫	업무공간 및 상업공간

① 목 재

천연소재의 가장 대표적인 것

변형을 보완하기 위해 마감처리를 해야 한다.(유색 불투명 마감, 투명마감, 무광택 마감, 광택마감, 특수 플라스틱 마감 등 다양하다. 이러한 마감 처리는 목리나 질감을 더욱 아름답게 하면서 목재의 기능성을 상화 시켜 준다.)

장점 : 촉감이 따뜻하고 가공이 쉬우며, 흡음성 · 절연성이 있으며, 아름다운 목리를 지녔다는 점

단점 : 습기에 민감하여 변형이 쉽게 되고 불에 잘 타며, 길이 · 폭 · 두께의 한계가 있으며, 썩거나 벌레의 침해를 받기도 한다

② 직 물

천연소재

- 식물계 : 면, 마
- 동물계 : 견, 모

인공소재 : 천연소재에 따라 직물의 특성과 장단점이 다르기 때문에 각각의 장점을 살리면서 단점들을 보완하기 이해 개발되었다.

- 반합성섬유 :천연소재에 화학약품을 합성하여 만든 것

• 합성섬유 : 순전히 화학약품으로만 합성하여 만든 것

장점 : 시각적으로나 촉각적으로 부드럽기 때문에 인체에 쾌적감을 주며, 보온성이 높고, 방음성이 있다.

단점 : 다른 재료에 비해 유지 관리가 어렵다. 즉, 다른 재료는 표면만 더러워지는 반면 직물은 섬유 내부까지 더러워진다. 또한 불에 타기 쉽고, 강도가 한정되어 있어 마모되기 쉽다

표2 일반가정용 바닥재인 목조 플로링 널의 종류

바닥재의 종류	명 칭	특 징
	OAK(참나무)	내추럴하면서도 클래식한 스타일, 나무색으로 대표되는 브라운톤이라 가장 대중적이면서도 유행을 타지않는 편. 특히 스크래치등의 표면손상이 있어도 눈에 잘 띄지 않아 실용성이 높고 표면강도도 높은 것이 장점.
	Cherry (벚나무)	화려한 붉은색. 체리목 가구와 함께 실내마감재로 많이 사용되는 수종. 시공후 원래의 색상보다 짙어지는 경향이 있다. 나무의 무늬결이 강한 편이라 현대적이고 세련된 감각을 강조할 수 있다는 것이 장점.
	Beech (너도밤나무)	강도가 무른 편이지만 마루제품은 다른 수종과 거의 같은 강도를 지닌다. 칼라가 부드럽고 온화하며 나뭇결이 강하지않아 단정한 느낌을 주며 쉽게 싫증이 나지 않는다. 특히 다른 가구들과의 매칭도 용이한 편.
	Maple (단풍나무)	자연스러운 나무결이 특징. 밝고 산뜻한 칼라로 모던한 공간에 잘 어울린다. 밝은톤의 색상이어서 공간을 넓어보이게 하는 장점이 있는 반면 연한색으로 인해 청소 및 유지관리에 주의를 요하는 단점도 있다.
	Red Birch (홍자작)	부드러운 내츄럴 칼라톤. 홍자작의 둥근 무늬결과 파스텔톤의 칼라는 실내 내부의 어떠한 배색과도 잘 어울리는 장점이 있다.
	Walnut (호도나무)	진한색의 바닥재로 무게감을 주는 경우 사용. 벽지나 가구등과의 매치가 중요. 일반적으로 넓은 거실에 더 잘 어울리며 대중적인 상업공간에 이용되고 있다. 독특하고 세련된 분위기를 연출할 수 있다.
	Afromosia (아프로모시아)	고급스럽고 고상한 칼라와 잔잔한 나무결로 차분함과 앤틱함이 느껴지는 수종. 짙은색 마루재를 원하지만 월넛이나 웬지같은 블랙계열이 부담스러운 경우 적합. 클래식한 느낌으로 중장년층이 선호하는 편
	Bubinga (부빙가)	진한 칼라를 가진 무척 단단한 수종. 무게감있는 칼라는 평온함과 안정감을 느끼게 해준다. 좀 더 세련된 공간을 만들고자하는 경우에는 오히려 색깔과 대조를 이루는 색상의 벽지를 권한다.
	Padouk (패덕)	짙은 자주색이 나는 수종. 나무이면서도 붉은색이 강하므로 화이트톤의 벽지와 대조를 이루어 깔끔하면서 강렬하고 세련된 느낌을 준다. 자외선에 오래 노출되면 탈색되는 경우가 있다. 화려한 실내에 잘 어울린다.
	Chestnut (체스트넛)	오크와 매우 비슷하지만 노란색이 더 짙은 밝고 환한 색상의 수종. 자연스러운 나무결이 장점. 아이들방이나 주방등은 물론이고 거실에 시공하면 내츄럴한 자연의 느낌이 더욱 강하게 들어 편안함을 느끼게 한다.
	Rosewood (장미나무)	갈색과 다크브라운의 나뭇결. 비비드한 컬러감각을 천연재인 목재에서도 느끼게 해주는 수종. 나뭇결의 선마다 짙은색 옅은색이 섞여있어 전체적으로 살아있는 무늬결을 느끼게 한다. 넓은 공간에 돋보이는 칼라다.
	White-Wash (화이트-워시)	오크를 화이트색으로 워싱처리한 색상. 오크의 나뭇결을 그대로 살리면서도 결마다 화이트칼라가 스며들어 전체적으로 부드럽고 깨끗한 인상을 준다. 편안하고 안정된 색감. 넓고 시원해보이는 장점이 있다.

③ 자연석

장점 : 색 · 질감 · 무늬가 다양하고, 압력에 잘 견디며, 부패하거나 부식하지 않아 변화가 없고, 물에 강하고, 불에 타지 않는다

단점 : 가격이 비싸고, 가공과 시공이 어려우며, 무겁고, 흡음성이 없어 소리의 반사가 심하고, 보온성이 약하다.

그림7-18 벽돌타일의 바닥

④ 벽돌과 타일

붙임 재료로서 벽돌과 타일은 가장 흔하게 쓰이는 바닥재료이다.

벽돌의 기원은 무척 오래된 것으로 알려져 있다. BC1만년 쯤에 제조된 것으로 추정되며 고대로부터 이어져 온 벽돌은 목재와 더불어 구조재 치장재의 양 기능을 수용하는 건축재료이다. 물을 이용하여 가마에서 구운 벽돌 제조법은 태양열에 말리던 방법에서 한단계 발전한 것으로 이때부터 소성벽돌의 역사가 시작되었다고 할 수 있다. 벽돌은 산화철을 많이 함유한 점토와 모래를 주 원료로 하여 고온에서 구운 건축재료로서 주택의 내벽 또는 외벽에 사용되는 특유의 장점과 특성을 지니고 있다.

타일은 표면적에 비해 매우 얇으며 시유 또는 무유로 제조공정 중에 직열 이상의 온도에서 소성하여 특별한 물리적 성질 및 특징을 가지게 한 것을 말한다.

6 기타

6.1. 목재

목재는 여러 가지 이용 목적으로 벌채한 수목을 말한다. 학술적인 개념은 수목이 생장함에 따라 형성층세포의 분열증식에 의해 형성층 내측에 형성되는 목질 부분이다. 그리고 리그닌화한 무수한 죽은 세포로 구성되어 있다. 목재는 수목의 뿌리, 줄기, 가지 등 나무 전체의 대부분을 구성하고 있지만, 특별한 경우를 제외하고는 보통 목재로 이용되는 부분은 수간(樹幹)이다.

① 개요

목재는 건축용 재료로서 오랜 세월을 중요한 구조재 및 수장재의 역할을 담당하여 왔지만, 근래에 철근 및 콘크리트 등의 구조재가 출현함으로써 구조재의 역할을 줄어들고 장식재 및 수장재 등으로 용도가 옮겨가는 추세이다.

목재는 강도 및 내구성이 크고, 건조와 습윤으로 인한 수축팽창이 작으며, 내부식성이 크고 충해에 대한 저항성이 큰 것을 사용해야하는 구조목공사용 재료와 무늬 및 결이 아름다우며 뒤틀림이 작고 내마모성이 큰 것을 사용해야 하는 수장목공사용 재료로 대별된다.

일반적으로 목재는 비중에 비해 인장가도, 휨강도, 압축강도가 크고 열전도율이 낮아 보온, 방한, 방서성이 뛰어나며 가공성이 우수하고, 외관이 아름답다.

목재는 침엽수재 · 활엽수재로 크게 구별한다. 침엽수재를 연재(軟材), 활엽수재를 경재(硬材)라 하기도 한다. 한대 · 온대산재는 나이테가 형성되어 있고, 수간(樹幹)의 중심부는 심재, 그 외부는 변재로 구성되어 있다. 침엽수재는 헛물관 · 유세포 · 수지구 · 방사조직으로, 활엽수재는 물관 · 목섬유 · 유세포 · 방사조직으로 구성되어 있다. 방사조직은 수간

> **목재의 구성방법에 따른 명칭**
>
> **· 구조재(構造在)**
>
> 건축물의 하중을 담당하는 재료
>
> **· 수장재(修粧材)**
>
> 건축물의 내부나 외부에 노출되어 집을 아름답게 꾸미는 재료
>
> **· 가구재(家具材)**
>
> 건물내부의 공간을 꾸며주는 가구의 재료
>
> **· 창호재(窓戶材)**
>
> 건물의 개구부를 구성하는 창과 호의 구성재료

의 종축에 직각방향으로, 기타 조직은 종축에 평행하게 배열되어 있다. 침엽수에서는 조직의 대부분을 헛물관이 차지하고, 활엽수에서는 물관이 10~20%, 목섬유가 40~70%를 차지한다.

미송

홍송

② 성질

목재는 셀룰로오스 · 헤미셀룰로오스 · 리그닌이 주성분이고, 소량의 회분 · 수지 · 유지 · 정유 · 타닌 · 색소 등이 함유되어 있다. 함유율에 있어서 셀룰로오스는 침엽수 · 활엽수 모두 50%, 헤미셀룰로오스는 침엽수 20%, 활엽수 30%, 리그닌은 침엽수 30%, 활엽수 20% 정도다. 목재의 원소조성은 침엽수 · 활엽수가 모두 탄소 50%, 수소 6%, 나머지는 대부분이 효소고 질소 · 회분은 1% 이하다.

너도밤나무

목재의 비중은 수종에 따라 다르지만 보통 침엽수는 0.3~0.5, 활엽수는 0.5~0.9 정도다. 일반적으로 침엽수보다 활엽수의 비중이 크다. 주요 수종별 비중은 삼나무 0.4, 소나무해송 0.5, 오동나무 0.3, 참나무류 0.65, 가시나무 0.9 정도다.

목재의 수축 정도는 접선방향이 가장 크고, 다음이 반지름방향. 섬유방향이 가장 작다. 대체적인 수축비는 10:5:1 정도고, 함수율 1%당 수축률은 접선방향이 0.2~0.4%, 반지름방향이 0.1~0.2% 정도다.

마호가니

월넛

목재의 착화점은 약 270℃, 자연발화점은 400℃ 정도다. 완전건조 목재 1g당 4500kcal의 발열량을 나타낸다. 목재의 강도는 대개 비중에 비례하며. 압축강도는 침엽수가 300~500kg/㎠, 활엽수가 400~700kg/㎠ 이며, 인장강도는 침엽수가 700~1000kg/㎠, 활엽수가 900~2000kg/㎠ 이다. 휨강도는 침엽수가 400~800kg/㎠, 활엽수가 500~1200kg/㎠이다. 하지만 전단강도는 침엽수가 30~80kg/㎠, 활엽수가 70~170kg/㎠ 이다.

흑단

목재의 단점은 부패 · 쏘개짐 · 변색 · 흡습 및 연소가 쉬운 점 등을 들 수 있다. 반면 장점은 가볍고 가공하기 쉽고, 비중에 비해 강도가 크다. 또한 열 및 전기의 전도가 잘 안 되며, 외관이 아름답고 음향적 성질이 우수한 점 등을 들 수 있다.

③ 용도

목재는 장점이 많은 반면 단점도 적지 않으며 장점을 살리고 단점을 보완하여 만든 합판, MDF, 파티클보드(PB), 집성목재 등의 목재 가공품은 실내건축공사에서 가장 흔하게 사용되는 재료가 되었고 구조재, 바탕구성재, 마감재 등 다용도로 활용된다.

수 종		재 질	용 도
국내산 침엽수	소나무	가공성, 탄력이 좋음, 뒤틀림심함.	구조재
	잣나무(홍송)	가볍고 연함, 나무결이 곧고, 수축성이 작음, 강도가 약함.	수장재, 창호재
	전나무	비중이 작고 강도가 매우 약함, 변형이 크고 내습성이 작음.	가구재, 수장재
	낙엽송	재질이 곧고 내구성이 큼, 강도가 약함, 탄력성이 큼.	구조재
	비자나무	재질이 치밀하고 탄성이 있음, 내수, 내습, 내구성이 큼	조각재, 수장재
외국산 침엽수	미국삼나무	결이 곧고, 재질이 연해 가공성이 우수함, 강도, 내구성 우수.	가구재, 수장재
	미송(더글라스 소나무)	결이 곧고 가벼우며 재질이 우수하고 내구성이 큼.	구조재, 수장재
	미국전나무	표면이 조밀하고 결이 곧으며 광택이 있고 가벼움	수장재 악기재
국내산 활엽수	밤나무	가볍고 연함, 강도는 약하나 내구성 및 내수성은 큼	가구재, 수장재
	너도밤나무	재질이 치밀, 단단하고 가벼움	수장재, 창호재
	느티나무	비중 및 강도가 크고 결이 아름다움, 내구성, 내습성 큼, 수축 변형이 작음	수장재, 가구재
외국산 활엽수	티크	결이 곧고, 수축성, 흡수율이 작음. 내구성 큼. 고급가구용, 조각용	수장재, 가구재
	마호가니	재질이 치밀하고 견경함. 색채, 광택이 미려함	수장재, 가구재
	오크	비중이 크고 견경함.	수장재, 가구재
	월넛	강인하며 결이 아름답고 광택이 있음. 가공이 쉽고 내구성이 큼.	수장재, 가구재
	흑단	강도, 내구성 매우 큼. 재질이 미려함. 조각재, 공예품재.	가구재, 수장재

6.2. 석재

①개요

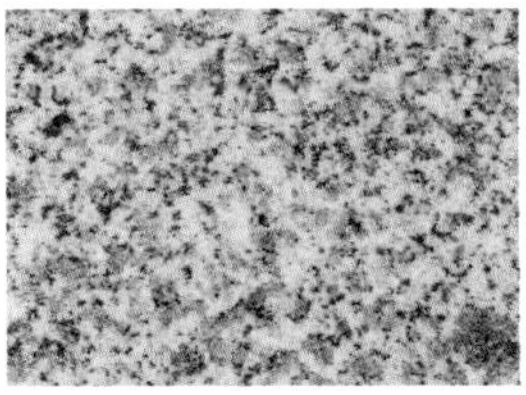
그림7-19 거창석

석재는 건축공사에서 주로 바닥 및 벽의 마감재로 사용되는 대표적인 천연산 마감재 중의 한가지로 그 종류로는 화강암, 대리석, 사암 등이 있다.

강도가 크고 외관이 다양한 화강암은 실내외의 마감재와 구조재로 사용되고, 외관과 색조가 아름다운 대리석은 내후성이 약해 실내 마감용으로 주로 사용된다. 실내건축용 석재의 중요한 요구조건으로는 강도, 경도, 시공성, 내구성, 재질 및 색감, 채석의 용이도, 가공성 등이 있으나 이들 조건을 만족시키는 석재는 그리 많지 않다.

그림7-20 고흥석

② 석재의 특성

일반적으로 석재는 불연성이고 내마모성 및 압축강도가 크며, 내수성, 내구성, 내화학성이 풍부하고 또한 종류가 다양하여 동일 종류의 석재라도 산지나 조직에 따라 각각 다른 외관과 색조를 나타내며 외관이 장중하고 조직이 치밀한 것은 연마하면 광택이 나는 장점이 있다. 반면에 거의 모든 석재가 비중이 크고 가공성이 나쁘며, 인장강도가 극히 작고 취도계수(脆度係數, fragility factor, 재료의 압축 강도에 대한 인장강도의 비율. 이 값이 작을수록 여린 성질을 나타낸다.)가 크다. 또한 화열에 닿으면 화강암 등은 석영분의 팽창으로 균열이 생기거나 파괴되며, 석회암이나 대리석 등은 강도가 저하되는 단점이 있다.

그림7-21 대천석

주요 석재의 매장지역으로는 경기 포천 • 가평 지역, 전북 익산지역, 경남 거창 지역 등이 있다.

그림7-22 마천석

• 장점

ⓐ 강도가 크다

ⓑ 풍화가 적고 내구성이 좋다.

그림7-23 문경석

ⓒ 매장량이 풍부하여 구입이 쉽다.

ⓓ 불연성 재료이다.

ⓔ 외관이 장엄하므로 건물의 내장재와 구조재 등의 용도가 다양하다.

• 단점

ⓐ 가공이 어렵다.

그림7-24 포천석

ⓑ 비중이 커서 운반 및 시공이 불편하다.

ⓒ 전단강도에 대한 저항이 부족하다.

ⓓ 석재의 종류에 따라 내화성이 약하다.

③ 종류

-화강석

화강석은 석영, 장석, 운모 또는 각섬석 등을 주성분으로 하는 검은 점이 있는 백색 또는 연홍색의 암석으로 어디서나 산출되므로 용도가 가장 넓다. 석질은 단단하고 내구성도 있으며 외관이 미려하나 내화성에 약한 것이 결점이다. 산지에 따라서 색채, 광택, 굳기, 미려함이 약간 다르다.

-대리석

대리석은 석회암의 변성작용에 의하여 결정질이 현저하게 된 암석으로 중국 운남성 대리부에서 산출되는 것이 유명하였기 때문에 이 이름이 붙여졌다.

강도는 크고 아름다운 색이나 무늬를 가진것도 있고 순백색의 것도 있다. 연마하면 매끄러운 광택이 난다. 산화공약품에는 약하고 내수성은 적다. 대리석이라 하는 것은 석회질 암석이나 퇴적암도 포함된다.

-인조석

인조석은 시멘트에 모래, 부순돌, 자갈 또는 안료 등을 혼합하여 성형하여 굳힌 것이다. 부순돌, 자갈 등의 잔 돌을 종석이라 하고 화상암, 대리석 및 흑백 기타 각종색의 부순 돌을 쓴다. 인조석의 종석으로는 백운석이 주로 쓰이며 보통 시멘트를 쓰고, 마무리는 씻기, 잔다듬, 물갈기 등으로 한다. 인조대리석은 백색 시멘트, 마그네샤시멘트 등에 대리석 종석과 안료 등을 써서 외관, 무늬, 색깔 등이 대리석과 흡사하게 만든 인조석이다. 이것을 연마한 것을 테라조라 한다.

6.3. 점토소성재

그림7-25 외벽을 벽돌로 치장한 건물

①개요

점토재는 점토를 주원료로 하고 물로 반죽하여 소용의 용도에 맞는 형상으로 성형시킨 뒤 소성한 제품을 말한다. 대표적인 점토제품으로는 점토벽돌, 테라코타, 타일, 위생도기 등이 있고 실내건축공사에 다용도로 사용되는 재료이다.

②벽돌

-보통벽돌

보통벽돌은 진흙을 빚어 소성하여 만든 벽돌로서 완전연소로 구운 적벽돌롸 불완전연소로 구운 검정벽돌이 있다. 적벽돌은 주로 외벽의 치장벽돌로 사용되며, 검정벽돌은 실내의 치장벽돌로 사용된다.

-경량벽돌

저급점토, 목탄가루, 톱밥 등을 혼합하여 성형한후 소성하여 만든 다공질 벽돌과 벽돌의 중량을 감소시킬 목적으루 벽돌내부에 구멍을 낸 유공벽돌이 있다. 주루 칸막이용벽돌로 사용된다.

-내화벽돌

내화도가 높은 내화점토로 만든 벽돌로 부뚜막, 굴뚝, 보일러실 안벽 쌓기에 사용된다.

-특수벽돌

특수한 용도를 가진 벽돌로 일반적으로 사용하는 보통벽돌보다 형상, 치수, 빛깔, 원료가 약간 다르다. 검정벽돌, 이형벽돌, 오지벽돌, 포도(鋪道)용 벽돌 등이 있다.

그림7-26 거실을 타일로 시공한 예

③타일

타일은 여러 가지 성능을 가지고 있으며 비교적 시공도 간단할 뿐 아니라 시공후에 균열을 일으키거나 변색하는 일이 거의 없고 특히 내구성이 있으므로 구조물의 표면을 피복 보호하는데 가장 좋은 재료이다. 위생적인 점이 요구되는 주방, 화장실, 목욕탕, 세면장 등에 없어서는 안될 재료이다.

표4 타일의 형상에 의한 분류

구 분	종 류
일반타일	정사각형, 직사각형, 정육각형 등.
표면처리타일	스크래치 타일, 태피스트리 타일, 클링커 타일
특수형상타일	보더 타일, 모자이크 타일, 둥근모 타일 등
특수용도타일	창인방용 타일, 창대용 타일, 논슬립

④테라코타

테라코타란 이탈리아어로 "구운 흙"이란 뜻으로, 도토(陶土), 자토(磁土) 등을 반죽하여 형틀에 넣고 성형하여 소성한 속이 빈 대형의 점토제품이다. 일반 석재보다 가벼우며, 압축강도는 화강암의 1/2정도이다. 또한 화강암보다 내화도가 높으며 대리석보다 풍화에 강하다. 구조용과 장식용으로 구분하며, 구조용은 바닥, 간막이 등에 사용되고, 장식용은 난간벽, 주두, 돌림대, 창대 등에 사용된다.

⑤위생도기

위생기구(Sanitary fixtures)란 건축물의 급수급탕 및 배수를 필요로 하는 모든 장소에 설치하는 기구의 총칭으로 급수관과 배수관의 중간에 설치아혀 사용한 물 또는 오물을 받아 배수관으로 흘려 보내는 역할을 하는 장치를 말하며, 대변기, 소변기, 세면기, 수세기, 청소수채, 식음료기 등이 있다. 위생기구는 청결을 요하는 곳에 설치되며, 또한 물을 사용하는 기구이므로 흡수성이 적어야 하고, 항상 청결을 유지할 수 있어야 하며, 내식성이 우수하고, 제작 및 설치가 간단해야 한다. 이상과 같은 조건을 만족하는 위생기구 재료로는 점토를 소성하여 만든 도기와 스테인레스가 주로 사용되며 일반적으로 도기가 많이 사용된다.

6.4. 금속재 및 금속제품

①개요

금속재료는 철, 비철금속 및 이를 사용한 가공품을 주재료로 하여 제조된 기성 금속과 가공 제작한 금속으로 분류할 수 있으며, 공사시 구조재 및 설비재료로 사용되고 실내건축공사에서는 주로 장식, 손상방지, 도난방지 등의 목적을 위해 사용한다.

②철금속

금속재료는 철금속과 비철금속으로 크게 분류되며 철금속은 탄소강과 합금강으로 다시 분류된다.

탄소강은 탄소함유량에 따라 철, 강철, 주철로 구분하며, 가장 광범위하게 사용된다.

합금강은 탄소강에 특수한 성질을 부여하기 위하여 다른 금속을 소량 첨가한 것으로 실내건축재료로는 스테인레스강(Stainless steel)이 가장 많이 사용된다. 스테인레스강은 탄소량을 적게하고 크롬, 니켈 등을 함유시킨 합금강으로 내식성이 우수한 특수강이다.

주철(鑄鐵)은 강보다 탄소 함유량을 높인 것으로 강보다 용융점이 낮아 복잡한 형상을 주조하기 쉬운 장점은 있으나 압연, 가단성이 없는 것이 결점이다.

③비철금속

비철금속은 철을 함유하지 않은 모든 금속의 총칭이며 동과 알루미늄 및 그 합금이 대표적이다. 주로 실내건축용 장식재로 사용된다.

가)동과 합금

동(銅, copper)은 열전도성, 전기전도성, 가공성, 합금성이 우수하고 외관이 아름다우며 내식성이 풍부하여, 장식철물, 창호철물, 냉•난방 등의 배관재료, 전기재료 등 다용도로 사용되는 재료이다.

황동(黃銅, brass)은 동(70%)과 아연(30%)의 합금으로 황금색을 띠며 주조성, 가공성, 내식성이 우수한 재료이다. 정첩, 창문의 레일, 장식 철물로 사용된다.

청동(靑銅, bronze)은 동과 주석의 합금으로 빛깔은 청록색을 띠며, 황동보다 내식성 및 강도, 경도가 크고 주조성도 좋다. 외관이 아름다워 장식철물 및 미술공예재료로 사용된다.

나)알루미늄

알루미늄(Aluminium)은 금속 중 가장 가벼운 경금속으로 전기 및 열의 전도율이 높고 전성 및 연성이 크며, 비중에 비해 강도가 커 실내건축 및 건축재료로 널리 사용되는 우수한 재료이다. 주로 창호재로 많이 사용된다.

④금속제품

금속제품은 용도 및 형상 등에 따라 구조용강재, 강판, 강관, 선재, 금속가공 성형품, 긴결 및 고정철물, 수장 및 장식용 제품, 금속 창호재, 창호철물 등으로 분류할 수 있다.

6.5. 미장재

①개요

미장재료는 건축물의 내벽 및 외벽, 바닥, 천장 등의 미화, 보호, 방습, 방음 등을 목적으로 적당한 두께로 발라 마무리하는 재료의 총칭으로 과거에는 마무리 두께로 도장재료와 구분하였으나 현재는 도장재료로 사용하는 퍼티(putty)를 개량한 제품이 미장재료와 유사한 효과를 내는 제품이 많아 미장재료 대용으로 사용하기도 한다. 미장공사는 건축물의 최종 마무리 또는 그 바탕이 된다. 공정상 최종단계의 작업으로 공기단축의 목표공정이 되며 시공부분이 모두 노출되므로 양질의 재료를 사용하여 시공해야 한다. 특히 실내건축공사에서는 미장공사가 최종 마무리 공사가 되는 경우가 많으므로 주의해야 한다.

②엷은 마무리용 벽 바름재

시멘트, 합성수지 등의 **결합재**와 골재, 무기질계 분체 및 섬유재료를 주원료로 하여 건축물의 내외벽을 뿜칠, 롤러칠, 흙손질 등으로 시공하는 재료로 원칙적으로 한 겹(두께 3mm이하)이고 표면을 요철모양으로 마무리하는 재료를 말한다.

③시멘트 모르타르(Cement mortar)

시멘트를 **고결재**로 하고 모래를 골재로 하여 물을 가한 후 반죽하여 사용하는 미장재료로 내구성 및 강도가 크고 작업성이 좋아 가장 일반적으로 사용하는 미장재료이다.

④인조석 및 테라조 현장바름재

-인조석바름재

보통 포틀랜드시멘트 또는 백색 포틀랜드시멘트에 종석과 안료, 석분 등을 배합하여 반죽한 것을 모르타르 바름 바탕위에 바르는 것으로 다른 미장재료로 마감한 면보다 수밀하고 내구성이 있으며 외관이 미려하고, 시공성이 좋아 바닥, 벽, 계단 등에 널리 사용된다.

- 테라조현장바름재

인조석 바름과는 달리 보통 포틀랜드시멘트는 사용하지 않고 백색 포틀랜드시멘트만을 사용한다. 인조석 바름보다는 고급바름으로 시공방법 및 용도는 인조석 바름과 같다.

⑤합성수지 바름재

합성수지 에멀젼에 탄산칼슘, 충진제, 골재, 안료 등을 주재료로 하

고결재와 결합재

1. 고결재

석회나 석고와 같이 그 자체가 물리적, 화학적으로 경화하여 미장바름의 주체가 되는 것

2. 결합재

고결재의 결점(수축균열, 점성, 보수성의 부족)을 보완하고 응결, 경화시간을 조절하기 위하여 쓰이는 재료

여 공장 생산한 제품으로 경량 콘크리트 패널 등의 내장공사에 사용된다. 쇠흙손 및 주걱을 사용하여 마감하며 마감두께는 3mm정도로 한다.

6.6. 유리

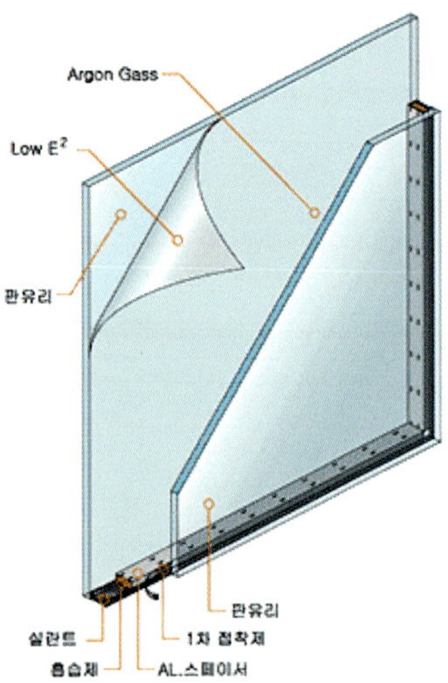

그림7-27 복층유리의 구조

①개요

유리는 일반적으로 규사, 소다회, 탄산석회 등의 혼합물을 고온에서 녹인 후 냉각하는 과정에서 결정화가 일어나지 않은 채 고체화 되면서생기는 투명도가 높은 물질이다.

유리는 다양한 형태의 제품을 만들 수 있다. 유리는 아무리 가열해도 물처럼 증발하지 않고 적당한 점성도를 가지기 때문에 얼마든지 다른 형태를 표현할 수 있을 뿐 아니라 예술적 측면에서도 상당한 위치를 차지하고 있다.

②특성

유리는 광선을 투과시키는 불연재료로 품질이 균일한 제품의 대량생산이 가능하고 내구성이 우수한 반영구적이 재료이지만, 충격강도가 약한 취성재료로 파손되기 쉽고 열에 약한 것이 결점이다. 실내건축 및 건축용으로 사용되는 유리는 대부분이 소다석회 유리이고 판유리와 유리블록으로 구분한다. 일반적으로 판유리가 사용되며 창호용 판유리의 두께는 2mm, 3mm, 5mm가 주로 쓰이고 두께 3mm이하의 유리를 박판유리, 그 이상을 후판 유리라 한다.

③종류

구 분	내용
마판유리 (Polished plate glass)	후판유리의 한 면 또는 양면을 연마가공 한 고급유리로 고급건축물의 유리창이나 거울의 원판으로 사용한다. 거울은 두께 5mm이상의 마판유리를 사용, 한 면을 은도금 한 후 보호막으로 동도금을 하여 만든다.
색유리 (Coloured glass)	유리를 제조시 유리의 원료에 산화금속류의 착색제를 넣어 각종 색채를 띠게 한 유리로서 실내장식용으로 사용한다.
무늬유리 (Embossed glass)	투명유리의 한 면에 주름, 다이아몬드, 구름 등의 무늬를 만든 것으로 실내장식용 및 투시방지용으로 사용한다. 형판유리라고도 한다.
강화유리 (Tempered glass)	판유리를 약 600℃정도로 가열, 냉각공기로 급냉시켜 파괴강도를 증가시킨 유리로 내충격, 내압, 휨강도가 크고 깨지더라도 파편이 둥근 입상이 되므로 파편에 의한 부상의 우려가 적어 안전유리로 분류된다. 고층건물의 창유리, 진열 창유리, 현관 무테문, 자동차 및 항공기용 유리로 사용한다.
망입유리 (Wire glass)	유리액을 로울러로 제판하여 그 내부에 금속망을 삽입하고 압착성형한 유리로 깨져도 파편이 비산되지 않고 균열만 생겨 안전유리로 분류된다. 유리의 파손방지, 도난 및 화재방지, 위험한 천장, 진동에 의해 파손되기 쉬운 곳에 사용한다.
복층유리 (Pair glass)	2장 사이의 유리에 둘레에는 틀을 끼우고 내부를 기밀하게 하여 공기를 넣은 유리로 방서, 방음, 결로방지를 필요로 하는 창호용 유리로 사용한다.
에칭유리 (Etching glass)	유리가 불화수소에 부식되는 성질을 이요하여 후판유리의 면에 그림이나 무늬, 글자 등을 화학적으로 조각한 유리로 실내 장식용으로 사용한다.
샌드블라스트유리 (Sand blast glass)	유리면에 오려낸 모양판을 붙이고 모래를 고압증기로 뿜어 오려낸 부분을 마모시켜 유리면에 그림이나 무늬, 글자 등의 모양을 만든 것으로 장식용 창이나 스크린에 사용한다.
스테인드글라스 (Stained glass)	여러 가지 색을 넣은 장식용 특수유리로 각종 색유리의 작은 조각을 도안에 맞게 절단해서 H자형 단면의 틀에 끼워 모양을 낸 것으로 장식용 창이나 천창에 사용한다.
유리블록 (Glass block)	속이 빈 두쪽의 상자모양의 유리에 건조된 저압공기를 넣고 녹여 붙인 것으로 열전도율이 벽돌의 1/4정도로 작고 보통 유리창보다 균일한 확산광을 얻을 수 있다. 실내의 냉난방 효과를 겸한 채광 및 장식용으로 사용한다.
유리타일 (Glass tile)	색유리를 작은 조각으로 잘라 타일형상으로 만든 것으로 색채가 다양하고 비흡수성이다. 절단 및 가공이 자유로우며 장식용으로 사용한다.

6.7. 합성수지제품

①개요

합성수지(合成樹脂, synthetic resins)는 석유, 석탄, 천연가스 등을 원료로 하여 화학반응으로서 고분자화 한 플라스틱 성형품을 만드는 원료를 말하며 일반적으로 플라스틱(plastic, 임의의 온도범위에서 가소성(可塑性)을 유지하는 물질)이라 부른다.

②특성

합성수지는 화열에 약하고 경도 및 내마모성이 작은 단점은 있으나 가공성이 우수하고 색채가 미려하며, 착색이 자유롭고 내수성, 내식성, 내화학성 등이 우수하여 건축물의 내외장재의 원료로 많이 사용되고 있고, 또한 새로운 제품의 개발속도가 빨라 상품의 다양성으로 인한 소비자 선택의 폭이 넓으며 이에 따라 그 사용량이 증가하는 추세이다.

③종류

구 분	플라스틱제품
지붕재	폴리에스테르 경화파형판, 아크릴 및 염화비닐 파형판 등
외벽재	폴리에스테르 경화평판, 염화비닐 평판, 페놀수지 합판 등
내벽재	염화비닐 치장판, 멜라민 치장판, 폴리에스테르 치장판 등
채광재	아크릴 투명판, 염화비닐 투명판, 셀룰로오스 투명판 등
천장재	포리에스테르 강화판, 염화비닐 적층판 등
바닥재	염화비닐 타일, 비닐 시트, 아스팔트 타일 등
설비재	염화비닐 파이프, 페놀수지 파이프, 폴리에스테르 욕조 및 세면기 등
단열재	폴리에스테르 발포제, 합성고무 스폰지, 염화비닐 스폰지 등
기밀재	염화비닐 방수판, 폴리에틸렌 패킹, 합성고무 제품 등
도장재	페놀 및 비닐계 수지 도료, 에폭시수지 및 합성수지 에멀젼 페인트 등
기타	비닐레저, 염화비닐 창호바퀴, 튜브, 폴리에스테르 필름 등

6.8. 도장재

①개요

도장재료란 물체의 표면에 유동상태의 물을 발라 표면에 부착한 상태로 물리적 또는 화학적으로 변화되어 고체화 되는 물즐을 말하며 연속적인 얇은 피막을 형성한다. 도장재료는 물체의 보호, 외관이나 형상의 변화, 열 및 전기 등의 전도성 조절, 생물의 부착방지, 살균, 음파의 반사 등의 성능 부여나 그 목적을 위하여 사용하며 실내건축 및 건축공사에서 최종 마무리에 속하는 중요한 공사이다. 도장재료에는 페인트, 바니쉬와 같이 불투명 또는 투명피막을 형성하는 것과 스테인, 실리콘 방수액과 같이 피막을 형성하지 않는 것이 있으며, 일반적으로 불투명피막을 형성하는 도장재료를 페인트, 광택이 있는 투명한 피막을 형성하는 도장재료를 바니쉬라 한다.

②페인트(Paint)

-유성페인트

비교적 두꺼운 도막을 만들며 값이 저렴한 장점은 있으나 건조가 늦고 내후성, 내약품성 등이 나쁜 결점이 있어 합성수지도료로 대체되고 있는 실정이다.

-수성페인트

용제로 물을 사용하는 페인트로 취급이 간단하고 건조가 빠르며 작업성과 내수성이 우수하다. 또한 칠한 면은 광택이 없어 부드러운 느낌이 나고 가격이 저렴한 장점이 있으나 교착제를 사용한 것은 곰팡이가 날 우려가 있고, 장기간 경과 후 분해 및 탈락의 우려가 있는 것이 그림 단점이다. 교착제(카제인)의 종류에 따라 실내용으로 사용되는 유기질 수성페인트, 실외용으로 사용되는 무기질 수성페인트로 분류되고, 수성페인트에 소량의 오일을 가한 에멀젼 페인트가 있다.

그림7-28 유성페인트

③에나멜 페인트(Enamel paint)

유성 바니쉬에 안료를 혼합하여 만든 것으로 유성페인트와 유성 바니쉬의 중간성질을 갖고 있는 페인트이다. 건조는 중간정도이고 광택이 우수하며 내수성, 내유성, 내약품성이 우수하다.

④바니쉬(Vanish)

속칭 니스라고 하며 광택, 작업성, 점착성은 우수하나 내약품성 및 내후성이 약해 실내 목부에 주로 사용하며 용제에 따라 유성 바니쉬, 휘발성 바니쉬, 물바니쉬로 대별한다.

유성 바니쉬는 담갈색의 투명피막으로 광택이 있고 강인하나 내후성이 약해 주로 실내의 목부에 사용하며 휘발성 바니쉬는 주정 바니쉬라고도 하며 피막은 유성 바니쉬보다 약하나 칠의 질은 우수하다.

⑤합성수지도료

합성수지를 주체로 하여 만든 도료로 유성페인트와 바니쉬에 비해 건조시간이 빠르고 도막이 단단하며, 방화성이 있고, 내산, 내알칼리성이 있어 콘크리트나 플라스터 바탕에 직접 칠할 수 있는 장점이 있다.

종류로는 페놀수지도료, 비닐계수지도료, 에폭시수지도료, 멜라민수지도료 등이 있다.

⑥특수도료

특수도료란 특수한 목적으로 사용하는 도료로서 금속이 녹이 슬지 않게할 목적으로 사용하는 광명단, 산화철녹막이도료, 징크로메이트도료, 아연분말도료, 역청질 도료와 같은 방청도료가 있고 가연성 물질에 도장하여 인화 및 연소를 방지 또는 지연시킬 목적으로 사용하는 방화도료, 광고용이나 어두운 곳에서의 식별이 필요한 계기류의 눈금, 지시판, 스위치 등의 표시에 사용하는 발광도료, 목재나 금속도장시 도료와 바탕과의 부착을 좋게하고 표면을 보호하는 역할을 하는 락카 프라이머, 우드실러, 오일프라이머, 오일 퍼티 등과 같은 바탕용 도료가 있다.

6.9. 창호재

①개요

창(窓, 창문)과 호(戶, 외짝문)를 총칭하여 창호(窓戶, fitting)라 하며 실내의 마무리 치장과 외관을 구성하는 주요부로서 울거미 재료에 따라 금속제 창호, 목재 창호, 플라스틱제 창호로 분류한다. 창호는 실내의 마무리 치장과 외관을 구성하는 주요부로서 채광, 환기, 출입을 목적으로 개구부에 설치하는 것이므로 사용빈도가 많아 고장 또는 파손의 우려가 크기 때문에 우수한 재료를 사용하여 제작해야 한다. 또한 창호는 실내에서 차지하는 면적이 크므로 창호를 선택할 때에는 실내의 분위기와 어울리는 마감재료 또는 마감방법을 고려해야 한다.

②목재문과 창의 종류

표7 목재문의 종류

구 분	종 류
여닫이문	정첩, 돌쩌귀, 자유정첩 등으로 문선틀에 달고 여닫는 문으로 개폐방향에 따라 안여닫이와 바깥여닫이로 구분한다.
자재문	자재문은 자유정첩이나 플로어 힌지를 사용하여 안팎으로 자유롭게 열리고 저절로 닫히게 된 문이다.
접문	여러 장의 문짝을 정첩으로 연결하고 윗 틀에 도어행거 및 레일을 설치하여 한쪽 옆벽으로 접혀서 열어붙이게 만든 문이다.
회전문	기밀하게 한 원통형의 중심축에 서로 직교하는 4짝문을 달아 회전시켜 사용하는 문으로 은행이나 호텔 등의 출입구에 통풍 및 기류를 방지하고 출입인원을 조절하는데 사용한다.
미닫이문	문짝을 상하문틀에 홈을 파서 끼우거나 또는 밑 틀에 레일을 대고, 옆벽에 밀어서 붙이거나 벽 중간에 밀어 넣는 식의 문으로 1짝 또는 2짝달이로 한다.
미서기문	미닫이문과 거의 유사한 구조로 두 줄의 홈을 파서 문 한 짝을 다른 한 짝 옆에 밀어서 붙이게 한 것이다. 2짝 또는 4짝 달이가 일반적이다.

표8 목재창의 종류	
구 분	종 류
여닫이창	정첩으로 창 짝을 문틀에 단 것으로 외여닫이와 쌍여닫이가 있고, 개폐방향에 따라 안여닫이와 바깥여닫이로 구분한다.
오르내리창	창에 추를 달아 문틀 상부에 댄 도르래에 걸어 내려 창이 상하로 오르내릴 수 있도록 만든 창으로 설치 및 수리가 곤란하여 잘 사용하지 않는다.
회전창	좌우선틀 중간에 회전지도리를 대고 창의 위는 안으로, 밑은 밖으로 돌려 여는 창으로 주로 고창(高窓)에 사용한다.
미닫이창	창짝을 상하문틀에 홈을 파서 끼우거나 또는 밑틀에 레일을 대고 옆벽에 밀어붙이거나 벽의 중간에 밀어 넣는 식의 창이다.
미서기창	미닫이창과 거의 유사한 구조로 두 줄의 홈을 파서 창 한짝을 다른 한 짝 옆에 밀어 붙이게 된 것이다.

③셔터(shutter)

폭이 좁고 긴 얇은 강판을 수평으로 대고 서로 물려 커튼처럼 면을 구성하고 문꼴 상부에 있는 축에 두루마리형으로 감아 올리고 닫을 때는 문꼴 양쪽에 댄 홈에 끼워 미끌어 내리게 한 것으로 사용목적에 따라 방화셔터, 방연셔터, 차음셔터, 방범셔터, 방폭셔터로 분류하고 조작방식에 따라 수동식, 전동식, 퓨즈장치식으로 구분한다.

④특수창호

아코디언 도어나 자동개폐문과 같이 특별한 용도를 갖고 사용하는 창호를 특수창호라 한다.

아코디언 도어는 넓은 방을 필요에 따라 나누어 막기 위하여 만들어진 커튼이나 병풍모양의 문으로 신축이 자유로운 아코디언의 주름처럼 생겨서 붙여진 이름이고, 자동개폐문은 센서 및 전동장치에 의해 문이 자동으로 개폐되는 문으로 오토도어라고도 한다. 이외에 주름문이나 무테문 등도 있다.

알아두면 유용한 치수들

mm	cm	m	m²
벽돌 190,90,57 줄눈 10 210,100,60 줄눈 10 230,114,65 줄눈 6 블록 290,190,190 (150,100) 390,190,190 (150,100) 6 : 띠철근(대근), 나선철근, 보의 늑근 지름. 12 : 회반죽 천장 바름두께 13 : 주근지름 15 : 회반죽 벽 바름두께	2 : 주근의 피복두께 2.5 : 큰힘제어장치 조절꼭지 직경, 주근간격 3 : 지붕 슬래브 철근피복두께 3-8 : 나선철근 간격 4 : 바닥슬래브, 비내력벽, 흙에접하는 기둥, 보, 내력벽 피복두께 7 : 흙에 접하는 기초, 옹벽 피복두께 8 : 콘크리트 블록의 슬럼프값. 16-17 : 주택계단높이 18 : 경량콘크리트 슬럼프값(보통8-10), 판매시설 계단높이 20 : 기둥의 최소단면치수, 철근콘크리트 스래브 단변의 배근간격 25-29 : 주택계단나비 26 : 판매시설계단나비 27-30 : 자리면 높이와 책상윗면 모서리 사이의 간격. 30 : 평면계획, 신발장 깊이, 띠철근간격, 보의늑근간격, 철근슬래브 장변방향 배근간격. 45 : 벽돌공간쌓기에서 연결재 수직거리, 마루바닥 높이, 반자틀 간격, 보의 늑근간격에서 별도계산없을때. 55-60 : 부엌조리대 폭 70 : 앞사람 책상과의 거리, 단위그룹간의 통로폭, 제어장치와 작업원어깨의 거리. 70-72 : 업무용책상높이 80-85 : 부엌조리대높이. 85-125 : 골든스페이스 90 : 주택복도폭, 반자틀 받이간격, 달대받이간격, 벽돌공간쌓기에서 연결재수평거리. 90*90 : 간이피팅룸. 90*120 : 주택현관최소크기 95 : 아동의류행거높이 120 : 재킷행거높이. 150 : 등을 맞댄 경우 책상사이 거리, 코트행거높이.	1 : 일반통로폭 1.2 : 기타복도폭, 공동주택 편복도폭 1.5 : 기타건축물의 중복도폭, 500m²미만 관람시설의 복도폭 1.8 : 보마루틀 보 간격, 문골나비에 철근콘크리트 인방보 설치, 교실 편복도, 공동주택 중복도, 500-1000m² 관람시설복도폭 2 : 주통로폭, 문골나비 철근콘크리트 인방보 아치구조 설치시, 2.1 : 거실의 반자높이 2.3-2.4 : 침실의 반자높이 2.4 : 홑마루틀 간사이, 교실중복도폭, 1000m²이상관람시설복도폭 2.5-6.4 : 보마루틀 간사이. 2.7 : 노대아랫부분의 반자높이. 2.7-3.6 : 짠마루틀 큰보간격. 3 : 조적식구조에서 홈길이. 3.6-4 : 전시공간 천장고 4 : 2,3층건물에서 최상층의 내력벽 높이, 200m²이상인 관람시설의 반자높이. 5.5 : 전시공간 최소실폭. 6.4 : 짠미루틀 간시이. 10 : 내력벽길이, 프리캐스트 콘크리트 바닥 1변길이. 30 : 계단보행거리 40 : 가운데 복도식 자연환기위해 외기에 접하는 거리간격 50 : 내화구조시 계단보행거리.	0.8-1 : 호텔로비면적(객실당) 1.5-2 : 회의실1인당소요면적 4-6 : 거실최소규모 4.8 : 사무공간에서 1인작업공간 6 : 1인용침실, 욕실,세면기,변기를 한공간에 설치시. 10 : 2인용침실 80 : 조적조에서 내력벽으로 둘러싸인 부분의 바닥면적

제 8 장

건축과 법

1. 건축법의 개요
2. 건축법의 체계
3. 건축법의 규정사항
4. 건축법과 관련된 사항

1 건축법의 개요

"사람도 건축도 법 없이 살 수는 없다."

1.1. 건축법의 목적

건축법에서 규정하는 이 법의 목적은 건축물의 대지 · 구조 및 설비의 기준과 건축물의 용도 등을 정하여 건축물의 안전 · 기능 및 미관을 향상시킴으로써 공공복리의 증진에 이바지하고자 하는 것이다.

건축법은 건축물과 대지에 관해 규정하는 기본법으로써 도시적 차원에서의 건축물군(建築物群)의 합리적인 관계설정과 개별건축물의 공간구성을 규율하기 위하여 행정기관과 건축주의 권리 및 의무조항을 규정하고 세부적으로 개별건축물의 대지조건 · 구조 · 설비 · 용도 등에 관한 기준을 제시함과 동시에 도시 계획적 차원의 지역 · 지구 · 구역의 특성을 고려한 건축물군(建築物群)에 관한 기준을 규정한 것이다.

1.2. 건축법의 연혁

(1) 시가지 건축규칙(1913~1934)

- 구한말 경무청령으로 시행하여오던 가로취체규칙, 가로관리규칙, 도로취체규칙 등을 일원화 한 것.
  * 근세 조선시대에는 "가사제한령"에 의하여 신분에 따라 토지의 배분규모와 주거의 규모를 제한

(2) 조선시가지 계획령(1934~1962)

- 건축법과 도시계획법의 효시로서 시가지계획과 건축물의 규제내용이 복합된 체계를 갖춘 근대적 의미의 건축법

(3) 건축법 · 도시계획법(1962~)

- 조선 시가지 계획령 중 시가지에 관한 부분은 도시계획법으로, 건축통제에 관한 부분은 건축법으로 분리하여 각각 개정
- 건축법은 1962년 제정된 이래 1998년까지 30차에 걸쳐 개정
- 도시계획법 · 국토이용관리법은 통합되어 국토의 계획 및 이용에 관한 법으로 개정

1.3. 건축법 개정의 역사

5.16 군사혁명정부는 일정시절에 제정된 법의 정비를 추진하도록 하여 1934년에 제정된 조선 시가지 계획령을 개편 건축법과 도시계획법으로 제정하였다.

전두환 대통령 시절인 1982년 제9차 개정에서는 건축 민원의 간소화를 위하여 타법에 의한 허가사항을 의제허가토록하고 건축법시행령에서 다루던 구조기준 등 기술기준은 시행규칙이나 기준으로 제정케 하였다.

노태우 대통령 시절인 1986년 제13차 개정에서는 건축신고 대상을 확대하여 시민 편의를 도모하고, 용적률은 지방자치단체의 실정에 맞게끔 조례로 정하도록 위임하였으며, 위반 건축물에 대해서는 위반면적에 상응하는 과세시가표준액의 상당량을 부과하는 과태료제도를 최초로 도입하게 되었다.

1991년 제16차 개정에서는 경제 · 사회 각 분야의 자율화 · 민주화 추세에 부응하기 위하여 규제위주와 경직된 운영을 탈피하고 절차간소화를 통한 국민편익의 증진과 창의적인 건축 활동과 도시의 효율적인 이용개발을 촉진하기 위하여 개정되었는데 사전결정제도의 도입과 허용오차제의 도입, 경미한 변경의 사용 승인시 일괄변경신고를 허용하고 위법건축물에 대한 집행벌(執行罰) 성격인 이행강제금 제도를 도입하게 되었다.

김영삼 대통령 시절인 1995년 제19차 개정에서는 건축민원의 해소를 위한 절차를 대폭 간소하여 중간검사 제도를 폐지하고 착공이후 사용승인시까지 공무원의 현장 출입을 금하였으며, 시공실명제를 도입 현장관리인의 선정을 의무화하고, 건축주와 건축 관계인간의 계약서 사본을 첨부하도록 하였다.

그동안 타법에 의한 개정을 포함하면 28차례의 개정이 있었으며, 시행령과 시행규칙, 그리고 지방자치단체의 조례까지 개정된 회수를 헤아린다면 몇 차례인지도 모른다. 이번에 개정될 건축법도 시행령과 시행규칙, 광역과 기초자치단체의 조례까지 개정되기 위해서는 최소 2년 정도의 기간이 소요될 것이다.

※ 참고 : Archforum 웹진 ▶ 윤혁경의 건축법 게임
(http://www.archforum.com/main/korea/practice/law/law.html)

1.4. 건축법 개정의 배경

건축법은 건축물의 안전 · 기능 및 미관을 향상시킴으로서 공공복리의 증진을 위해 1962년 제정 · 시행하였다. 과거의 건축법은 국민의 경제생활과 밀접하게 연결되어 있으면서도 건축규제에 대한 국민적 공감대를 형성하지 못하고 불필요한 규제로 인식하였다. 이유는 법령의 내용이 복잡하고 난해하며 이중의 검토절차, 유사한 심의, 중복규제가 될 부분이 있어국민의 신뢰를 저하시켰다.

이로서 선진 건축행정을 구현하고 국민이 공감할 수 있는 법령으로 개정하기 위해 이중의 행정절차 폐지하고 행정기관의 불필요한 간섭을 삭제하고 중복되거나 불필요한 규제는 폐지하거나 개선하여 국민이 공감할 수 있는 최소한의 범위에서 존치시키기 위해 노력하였으며 건축기준 중 자의적 해석 여지가 있는 것은 단순화하여객관성과 투명성을 확보하도록 노력하였다.

2 건축법의 체계

2.1. 건축법령의 체계

① 헌법

우리나라 최고의 법률로서 국가의 조직과 활동의 기본적인 사항을 정하는 기본법을 말한다.

② 법률

헌법에 의해 국회의 의결을 거쳐 제정되는 법이다. 일반적으로 국민의 권리를 제한하거나 의무를 과하는 경우는 법률에 의한다.

③ 행정기관이 제정하는 법규

• 시행령

일명 대통령령이라고도 하며, 법률의 시행을 위하여 발하는 집행명령과 위임명령이 있다.

• 시행규칙

넓은 의미의 명령의 일종으로 국가기관이 제정하는 성문법 중 규칙이라고 불리는 총리령, 부령을 말한다. 즉 법률과 대통령인 시행령에 따라 각부 장관이 발하는 명령이다. 그리고 헌법에서 특별한 기관에 규칙 제정권을 규정한 경우에 그 규칙은 법규의 성질은 가질 수 있다. 시행규칙의 내용으로는 주로 법령의 집행에 필요한 세부적 절차를 규정하는 것이 보통이지만, 법령의 위임에 의하여 규정되는 사항도 있다.

④ 지방자치법규

• 조례

법령에 따라 지방자치단체가 지방의회의 의결을 거쳐 그 사무에 관하여 제정하는 자주법이다. 법령과 상급행정기관의 조례에 위반 되서는 아니 될 뿐만 아니라 주민의 권리, 의무에 관한 사항이나 벌칙을 규정 할 때에는 법률의 위임이 있어야 한다.

• 규칙

지방자치 단체의 장이 법령 또는 조례가 위임한 범위 안에서 그 권한에 속하는 사무에 관하여 정립하는 법을 말한다. 부령의 시행규칙과의 혼돈을 피하기 위해 세칙이라는 명칭을 쓴다.

건축법의 체계 1

법률	대통령령	건설교통부령
건축법	건축법시행령	건축법시행규칙
		건축물의구조기준등에관한규칙
		건축물의설비기준등에관한규칙
		건축물피난및방화기준등에관한규칙
		건축물대장의기재및관리등에관한규칙
		표준설계도서등의운영에관한규칙
		지방자치단체조례 (특별시 · 광역시 · 도 · 시 · 군 · 구)

건축법의 체계 2

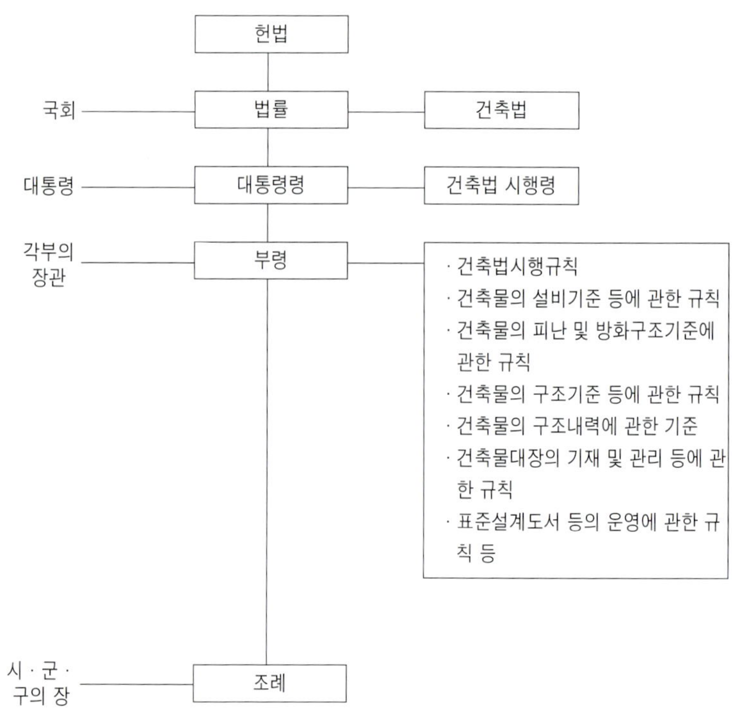

2.2. 법령의 효력

(1) 법의 효력발생시기

법령은 제정권자에 의하여 제정되면 그에 따라 일반국민을 구속하는 법규범으로써의 힘을 확정적으로 지니게 되지만, 그 법령이 규율하려는 사항에 대하여 현실적으로 효력을 발휘하기 위해서는 다시 시행할 것을 필요로 한다. 시행의 시기는 원칙적으로 각 법령마다 그 법령의 부칙에서 표시된다. 그러나 법령의 내용에 따라서는 시행의 기간을 결정하는 것만으로는 그 법령이 구체적으로 어떤 대상에게 어떻게 작용하는지 명확하지 않을 때가 있다. 이런 경우에는 시행기일에 관한 규정 이외에 그 법령이 어떤 대상에 대하여 어떤 경우에 규율하기 시작하는가를 특히 적용이라는 용어를 사용하여 부칙에 규정한다.

(2) 신법은 구법을 우선한다

법령의 제정, 개폐가 있는 경우 신(新) 규정이 효력을 발생하면 구(舊) 규정은 원칙적으로 효력을 상실한다. 그러나 구법과 신법의 적용에 관한 시간적 한계, 종전 법령의 효력에 관한 조치, 종전의 법령에 의한 행위의 효력에 관한 조치, 종전의 법령 아래서 생긴 상태를 일정한 체제하에 또는 긍정적으로 승인하는 것 그리고 신법의 최초 적용에 관한 특례조치 등의 경과규정이 있을 때는 이 규정에 따른다.

(3) 특별법은 일반법에 우선한다

일반법은 보통법이라고도 하는데 특별법에 비하여 보다 광범위한 지역 사람 또는 사항에 적용되는 법이며, 특별법은 좁은 범위에 적용되는 법이다. 이러한 구별은 상대적이긴 하나, 법에 특별한 규정이 없는한 통상적으로 특별법이 일반법을 우선하는 것이 실정법의 효력경합의 경우에 있어서의 원리이다. 또한 특별법의 규정이 없을 때에는 일반법이 보충적으로 적용된다.

2.3. 법령의 형식

(1) 제명 및 법령 번호

제명에는 법령의 종류를, 법령번호에는 그 법령을 공포한 날짜와 법령번호를 표시.

(2) 본칙

그 법령이 목적하는 기본적인 사항을 규정을 내용으로 한 것으로 조, 항, 호, 목으로 표시.

① 조 : 법령 내용의 기본적인 사항을 구분 규정한 것으로 각 조에는 괄호 안에 표제가 표시됨.

② 항 : 조에 있어서 규정되는 사항이 복잡할 때, 항으로 나눠 표시함.

③ 호 : 조 또는 호에 있어서 어떤, 어떤 사항의 명칭 등을 게기할 때는 호로 나누 어 표시함.

④ 목 : 호를 다시 구분할 때에는 목으로 나누어 표시함.

(3) 부 칙

법령의 시행일을 규정하고 당해 법령이 제정 또는 개정에 따른 신법과 구법의 관계를 규정한 경과 규정이 표시됨.

2.4. 건축법의 제정 · 개정 절차

(1) 건축법

① 정부 입법

정부에서 입안→각 부처 협의→각 위원회→국회→정부→대통령 재가→공포

② 의원 입법

국회 건설 교통위원회에서 입안→법제처 자문→국회→정부→대통령 재가→공포

(2) 건축법 시행령

정부에서 입안→각 부처 협의→각 위원회→국무회의→대통령 재가→공포

(3) 건축법 시행규칙

건설 교통부 내부입안→각 부처 협의→건설 교통부 장관 결재→법제처 심의→건설교통부→공포(총무처 관보)

2.5. 건축법과 관계가 밀접한 법규

건축법의 체계 3

<table>
<tr><th colspan="7">건축법</th></tr>
<tr><th colspan="2">운용 규정</th><th colspan="2">개체규정</th><th colspan="3">집단규정</th></tr>
<tr><td rowspan="6">총 칙</td><td rowspan="6">용어의정의, 법 적용대상 등</td><td rowspan="6">대지 및 도로 규정</td><td>내지안전, 조경</td><td rowspan="6">일반 규정</td><td>용도 제한</td><td></td></tr>
<tr><td rowspan="5">접도조건, 건축선</td><td rowspan="5">형태 제한</td><td>건폐율</td></tr>
<tr><td>용적율</td></tr>
<tr><td>대지안의 공지</td></tr>
<tr><td>건축물의 높이제한</td></tr>
<tr><td>공개공지확보</td></tr>
<tr><td rowspan="6">절차 및 재도규정</td><td rowspan="2">심의, 허가 사용검사 유지관리</td><td rowspan="3">구조 및 재료 규정</td><td>구조안전</td><td rowspan="6">특례 규정</td><td colspan="2" rowspan="3">특별완화 제도</td></tr>
<tr><td>사용상 안전 및 거주환경</td></tr>
<tr><td>삼녹, 소례개정</td><td>반재(내화, 방회, 내장) 및 방호</td></tr>
<tr><td>예망 및 소지(감시, 질서명령 및 강제)</td><td rowspan="3">건축설비 규정</td><td>설비일반 (피뢰, 배관) 등</td><td colspan="2">도시설계 기법</td></tr>
<tr><td rowspan="2">벌칙규정 (벌칙, 과태료, 강제금)</td><td>승강기, 비상급수</td><td colspan="2">계획단위 개발기법</td></tr>
<tr><td>온돌, 열손실 방지</td><td colspan="2">재해위험구역내 특례규정</td></tr>
</table>

① 주차장법

② 국토의 계획 및 이용에 관한 법률

③ 건축사법

④ 주택법

⑤ 건설기술 관리법

⑥ 건설산업 기본법

⑦ 소방법

⑧ 시설물의 안전관리에 관한 특별법

3 건축법의 규정사항

3.1. 용어의 정리

(1) 대지

건축물의 건축이 가능한 토지를 말하며, 지적법에 의하여 각 필지로 구획된 토지를 기본단위로 한다.

* 토지면적과 대지면적

토지면적-토지대장에 등재된 면적으로서 건축 유무에 관계없이 지적법상 1필지로 구획된 현황면적

대지면적-건축법상의 대지조건에 충족되어 대지면적 산정기준에 의거한 건축 가능면적으로서 건폐율, 용적률 등의 적용기준면적이 된다.(대지와 도로와의 관계에 의해 대지가 접하는 도로가 기준폭 4m에 미달된 경우에는 도로의 기준 폭을 먼저 확보한 뒤에 남은 면적을 대지면적으로 한다.)

(2) 건축물

토지에 정착하는 공작물 중에서 지붕과 기둥 또는 벽이 있는 것과 이에 부속되는

시설물, 지하 또는 고가의 공작물에 설치하는 사무소 · 공연장 · 점포 · 차고 · 창고, 기타 대통령령이 정하는 것

(3) 부속건축물

동일한 대지 안에서 주된 건축물과 분리된 부속용도의 건축물로서 주된 건축물의 이용 또는 관리에 필요한 건축물

(4) 건축설비

건축물에 설치하는 전기 · 전화 · 가스 · 급수 · 배수 · 환기 · 난방 · 소화 · 배연 및 오물처리의 설비와 굴뚝 · 승강기 · 피뢰침 · 국기게양대 · 공동시청안테나 · 유선방송 수신시설 · 우편물수취함 등의 설비

(5) 지하층

건축물의 바닥이 지표면 아래에 있는 층으로서 그 바닥으로부터 지표면까지의 높이(h)가 그 층의 층고(H)의 1/2이상인 것

(6) 거실

건축물 안에서 거주, 집무, 작업, 집회, 오락 기타 이와 유사한 목적을 위하여 사용되는 방

(7) 주요구조부

내력벽 · 기둥 · 바닥 · 보 · 지붕틀 및 주계단을 말함. 다만 사이기둥 · 최하층 바닥 · 작은보 · 차양 · 옥외계단 기타 이와 유사한 것으로 건축물의 구조상 중요하지 않은 부분은 제외됨.

(8) 건축

건축물을 신축 · 증축 · 개축 · 재축 또는 이전하는 것을 말함.

(9) 대수선

건축물의 주요구조부에 대한 수선 또는 변경이나 건축물의 외부형태를 변경하는 것 중 다음의 1에 해당하는 것으로서 증축 · 개축 또는 재축에 해당하지 아니하는 것

⑽ 도로

보행 및 자동차 통행이 가능한 너비 4m이상의 도로(지형적 조건으로 자동차의 통행이 불가능한 경우와 막다른 도로의 경우에는 대통령령이 정하는 구조 및 너비의 도로)

⑾ 관계전문기술자

건축물의 구조 · 설비 등 건축물과 관련된 전문기술자격을 보유하고 설계 및 공사감리에 참여하여 설계자 및 공사감리자와 협력하는 자.

⑿ 건축물의 용도

건축물의 종류를 유사한 구조 · 이용목적 및 형태별로 묶어서 분류한 것. 단독주택, 공동주택, 제1종 근린생활시설, 제2종 근린생활시설, 문화 및 집회시설, 판매 및 영업시설, 의료시설, 교육연구 및 복지시설, 운동시설, 업무시설, 숙박시설, 위락시설, 공장, 창고시설, 위험물저장 및 처리시설, 자동차관련시설, 동물 및 식물관련시설, 분뇨 · 쓰레기처리시설, 공공용시설, 묘지관련시설, 관광휴게시설 기타 대통령령이 정하는 시설

⒀ 부속용도

건축물의 주된 용도의 기능에 필수적인 용도

⒁ 다중이용건축물

① 문화 및 집회시설(전시장 및 동 · 식물원 제외), 판매 및 영업시설, 의료시설 중 종합병원 또는 숙박시설 중 관광숙박시설의 용도에 쓰이는 바닥면적의 합계가 5,000㎡이상인 건축물

② 16층 이상인 건축물

3.2 건축물 높이, 층수에 관한규정

(1) 높이

① 건축물의 높이

지표면으로부터 당해 건축물의 상단까지의 높이. 다만, 다음 각목의 1에 해당하는 경우에는 각목이 규정하는 바에 의함

※ **원칙** : 지표면으로부터 당해 건축물 상단까지의 높이로 한다.
다만, 건축물의 높이제한(법51조)과 공동주택에 대한 일조권 제한 규정 중 공동주택에 대한 일조권 제한(법53조)을 적용함에 있어 건축물에 피로티가 설치되어 있는 경우에는 피로티 상단을 지표면으로 본다.

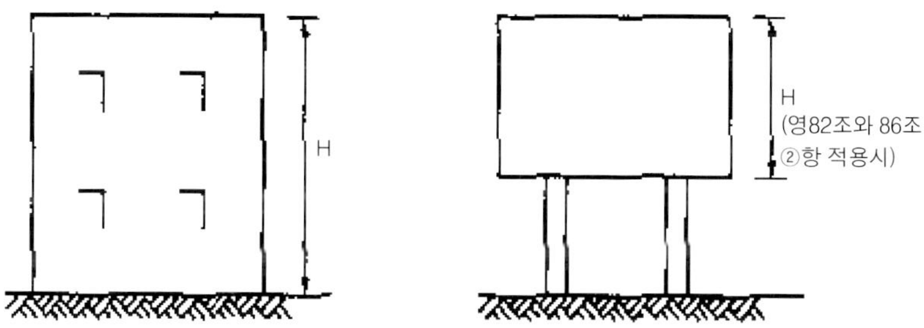

ㄱ. 건축물의 높이제한의 규정에 의한 건축물의 높이의 산정에 있어서는 전면도로의 중심선으로부터의 높이로 함. 다만, 전면도로가 다음에 해당하는 경우에는 그에 의하여 산정

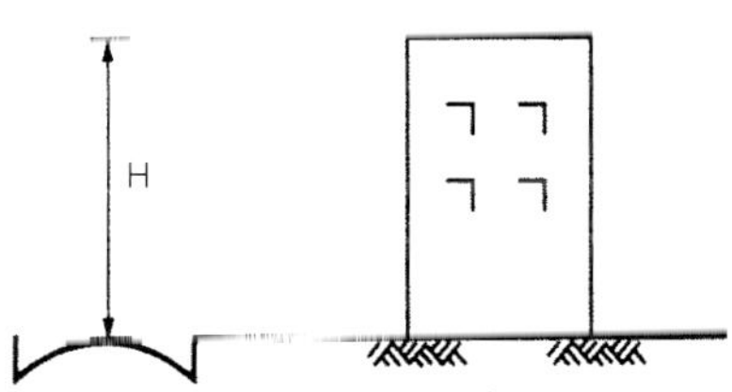

- 건축물의 대지에 접하는 전면도로의 노면에 고저차가 있는 경우에 당해 건축물이 접하는 범위의 전면도로부분의 수평거리에 따라 가중평균한 높이의 수평면을 전면도로면으로 봄

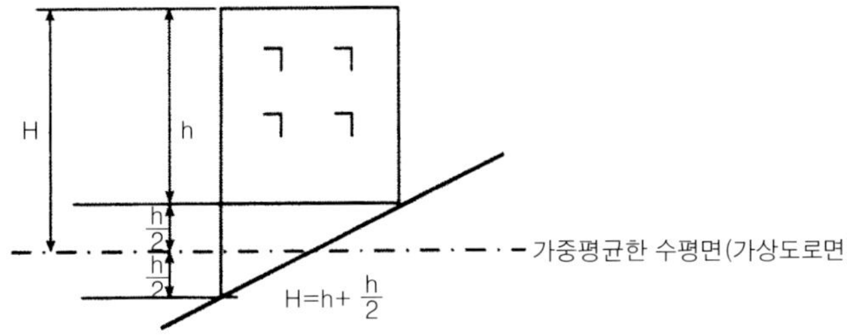

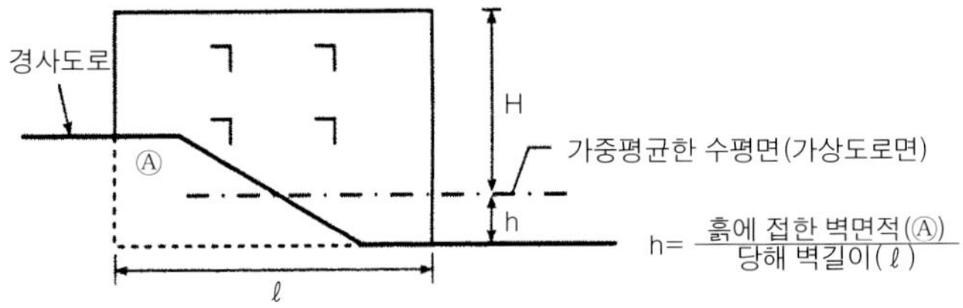

– 건축물의 대지에서 지표면이 전면도로보다 높은 경우에는 그 고저차의 2분의 1의 높이만큼 올라온 위치에 당해 전면도로의 면이 있는 것으로 봄.

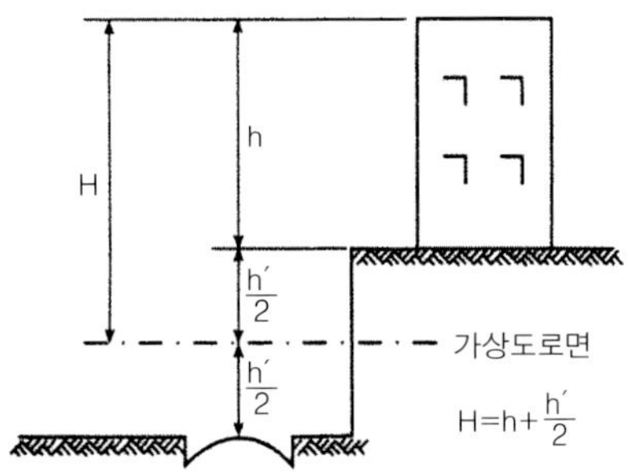

ㄴ. 일조 등의 확보를 위한 건축물의 높이제한(법 제53조)의 규정에 의한 건축물의 높이의 산정에 있어 건축물의 대지의 지표면과 인접대지의 지표면간에 고저차가 있는 경우에는 그 지표면의 평균수평면을 지표면으로 봄. 다만, 전용주거지역 및 일반주거지역을 제외한 지역에서 공동주택을 다른 용도와 복합하여 건축하는 경우에는 공동주택의 가장 낮은 부분을 당해 건축물의 지표면으로 봄.

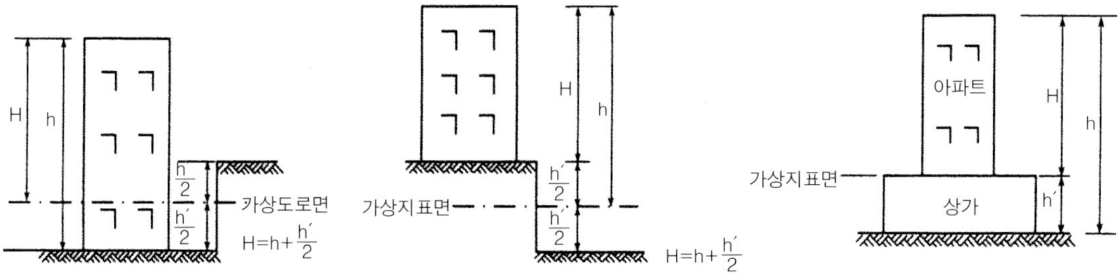

인접대지간 지표면에 고저차가 있는 경우

ㄷ. 건축물의 옥상에 설치되는 승강기탑 · 계단탑 · 망루 · 장식탑 · 옥탑 등으로서 그 수평투영면적의 합계가 당해 건축물의 건축면적의 1/8이하인 경우로서 그 부분의 높이가 12m를 넘는 경우에는 그 넘는 부분에 한하여 당해 건축물의 높이에 산입함.

※옥탑을 거실의 용도로 사용하는 경우에는 건축물 높이에 산입함

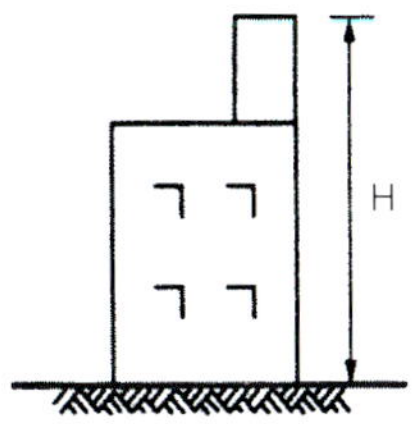

구 분		높이 산정의 기준
승강기탑 등의 수평투영면적의 합	건축면적의 1/8초과	높이에 산입
	건축면적의 1/8 이하(주택건설촉진법에 의한 사업계획승인 대상인 공동주택 중 세대별 전용면적이 85㎡이하인 경우에는 1/6)	12m를 넘는 부위만 높이에 산입

ㄹ. 지붕마루장식 · 굴뚝 · 방화벽의 옥상돌출부 기타 이와 유사한 옥상돌출물과 난간벽(그 벽면적의 1/2이상이 공간으로 되어 있는 것에 한한다)은 당해 건축물의 높이에 산입하지 아니함

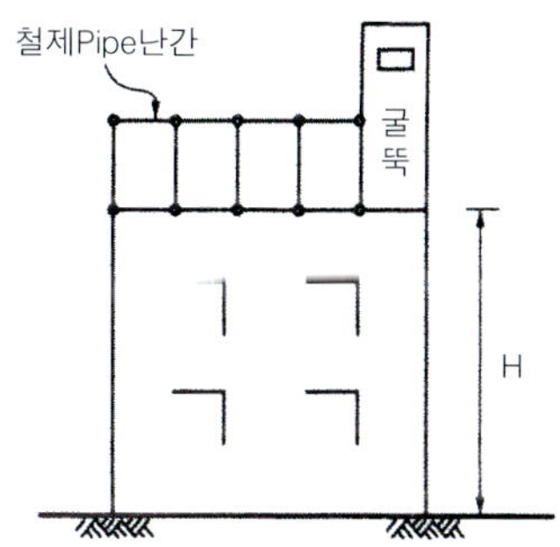

② 처마높이

지표면으로부터 건축물의 지붕틀 또는 이와 유사한 수평재를 지지하는 벽 · 깔도리 또는 기둥의 상단까지의 높이

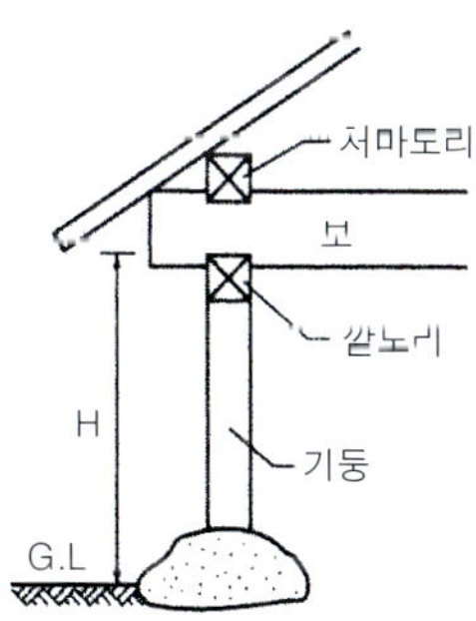

처마높이 : H=깔도리 상단까지

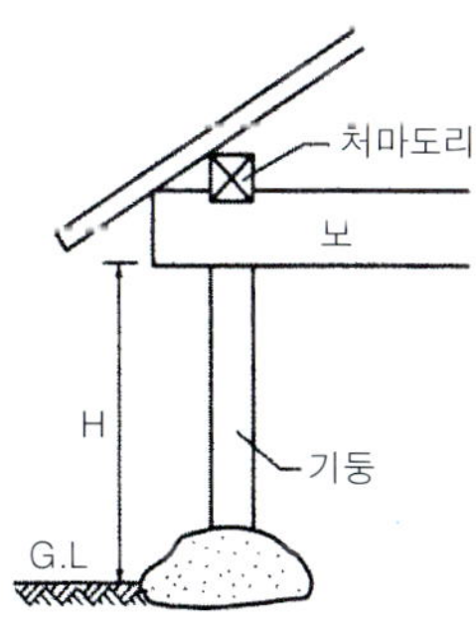

처마높이 : H=기둥 상단까지

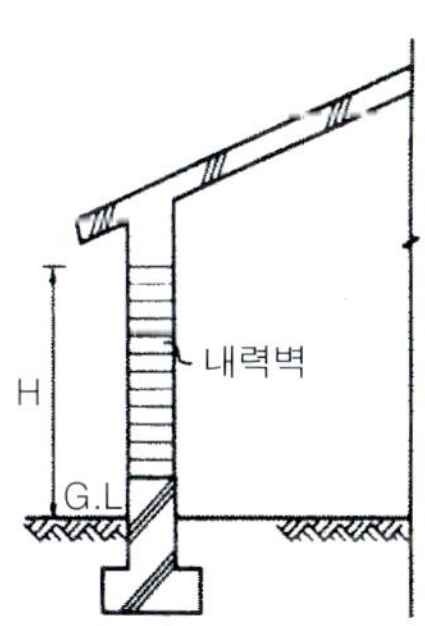

처마높이 : H=내력벽 상단까지

③ 반자높이

방의 바닥면으로부터 반자까지의 높이. 다만, 동일한 방에서 반자높이가 다른 부분이 있는 경우에는 그 각 부분의 반자의 면적에 따라 가중평균한 높이로 함

$$h = \frac{단면적}{밑변길이} = \frac{A}{\ell}$$

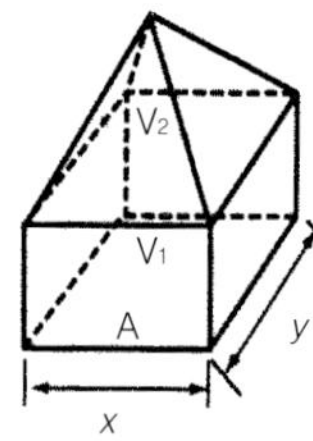

$$h = \frac{방의부피}{바닥면적} = \frac{V_1+V_2}{x \times y}$$

④ 층고

방의 바닥 구조체의 윗면으로부터 위층 바닥구조체의 윗면까지의 높이. 다만, 동일한 방에서 층의 높이가 다른 부분이 있는 경우에는 그 각 부분의 높이에 따른 면적에 따라 가중평균한 높이로 함

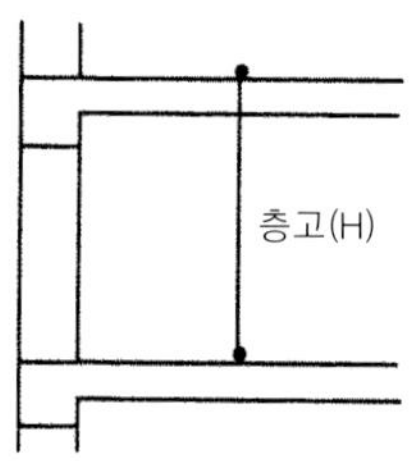

(2) 층수 등

① 층수

승강기탑 · 계단탑 · 망루 · 장식탑 · 옥탑 기타 이와 유사한 건축물의 옥상부분으로서 그 수평투영면적의 합계가 당해 건축물의 건축면적의 1/8이하인 것과 지하층은 건축물의 층수에 산입하지 아니하고, 층의 구분이 명확하지 아니한 건축물은 당해 건축물의 높이 4m마다 하나의 층으로 산정하며, 건축물의 부분에 따라 그 층수를 달리하는 경우에는 그중 가장 많은 층수로 함.

② 지표면에 고저차가 있는 경우의 기준

건축물의 주위가 접하는 각 지표면 부분의 높이를 당해 지표면부분의 수평거리에 따라 가중평균한 높이의 수평면을 지표면으로 봄. 이 경우 그 고저차가 3m를 넘는 경우에는 당해 고저차 3m이내의 부분마다 그 지표면을 정함

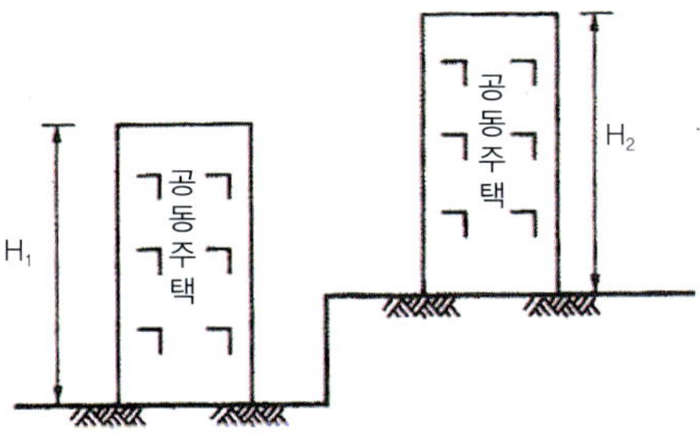

③ **지하층의 지표면 선정**

지하층은 층수산입에서 제외

3.3 건축법의 내용

건축법이란 건축물의 대지·구조 및 설비의 기준과 용도 등을 정하여 건축물의 안전·기능 및 미관을 향상시킴으로써 공공복리의 증진에 이바지함을 목적으로 하는 법률로서 총칙, 건축물의 건축, 건축물의 유지관리, 건축물의 대지 및 도로, 건축물의 구조 및 재료, 지역지구 안의 건축물, 설비, 벌칙 및 보칙 등에 관한 내용을 담고 있다.

건축법의 주요내용

총칙	건축물의 건축	건축물의 유지 · 관리
–목적 –정의 –적용제외 –건축위원회 –적용완화 기존건축물에 대한 특례 –통일성유지를 위한 도 조례 –리모델링에 대한 특례 –다른 법령 배제	–건축입지 규모의 사전 결정 –건축허가 · 신고 –건축협의 일괄협의회 –안전관리 예치금 –허가신고사항의 변경 –건축허가 등의 수수료 –건축허가제한 –용도변경 –가설건축물 –착공신고 –사용승인 –설계, 시공 –공사감리 –허용오차 –조사검사 업무대행 –공사현장 위해방지 –공용건축물에 대한 특례	–유지 · 관리 –철거 · 멸실 신고 –건축지도원 –건축물대장 –등기촉탁

건축법의 주요내용

건축물의 대지 및 도로	건축물의 구조 및 재료	지역 및 지구 안의 건축물
–대지의 안전 등 –토지굴착부분에 대한 조치 –대지 안의 조경 –공개공지 확보 –대지와 도로의 관계 –도로의 지정 또는 변경 –건축선의 지정 –건축선에 의한 건축제한	–구조 내력 등 –피난시설 등 –내화구조 · 방화벽 –방화지구안의 건축물 –건축물 내부 마감재료 –지하층	–대지가 지역 · 지구에 걸치는 경우 –건폐율 –용적률 –높이제한 –대지안의 공지 –일조확보를 위한 높이 제한
건축설비	**특별건축구역**	**벌칙 · 보칙**
–건축설비기준 등 –온돌 및 난방설비 등 –승강기 –친환경 건축물 인증 –건축물의 에너지 이용 –관계전문기술자	–특별건축구역지정 –특별건축구역 지정절차 –특별건축구역내 심의 –관계법령 적용 특례 –통합적용계획 수립 · 시행 –건축주 · 허가권자 등의 의무 –특별건축구역내 건축물의 검사	–감독 –위반건축물 조치, 이행강제금 –시정명령 –권한의 위임 · 위탁 –공작물 –면적 · 높이 · 층수 등 산정 –행정대집행 –청문 –보고 및 검사 –분쟁조정위원회 –벌칙적용 시 공무원의제 –벌칙, 과태료

4 건축법과 관련된 사항

그림 8-1. 하나의 건물을 짓기 위해서는 수 많은 과정이 필요하다. 법적인 첫순서는 건축허가이며 마지막은 준공이다.

4.1 건축허가에서 준공까지

(1) 건축허가

건축허가란 건축주의 의사를 건축사에게 의뢰하여 설계완성 후 각종서류와 설계도면을 시, 군, 구에 신청하여 신청한 위치에 건물을 지을 수 있도록 허락을 받아내는 과정이다. 건축허가 과정은 먼저 건축주가 소유한 대지의 증빙서류(토지 이용계획 확인원, 토지대장, 지적도, 소유권 증명서류)를 가지고 건축사에게 설계를 의뢰한다. 건축사는 대지의 조건을 살펴본뒤 건축주가 요구하는 조건을 최대한 수용하며 동시에 각종 건축법 및 기타법령을 검토, 적용하여 계획도면을 작성 후 건축주에게 제시하며 건축주가 만족하면 본설계에 착수한다. 본 설계가 완료되면 각종 허가 관련 서류를 취합하여 해당 시, 구청에 건축허가를 신청하게 된다.

(2) 건축허가시 준비서류

①건축허가 신청서(설계사무소 준비)
②도장(건축주 및 시공자)
③각종 동의서 (해당사항 있을시 -->지상권, 타인토지, 현행도로 등등)
④건축물 관리대장 (개발제한구역내 일 때)
⑤주민등록 초본 (개발재한구역내 일 때)
⑥축사나 개발제한 구역에서는 추가되는 서류가 있음.
⑦통상적으로 허가처리기간이 일주일정도 소요되나 미비된점이 있

을때에는 허가 처리기간이 지연될 수 있다.(개발제한구역에서는 더 연장될 수 있음)

⑧건축허가증 교부시 " 건축허가조건"은 꼭 확인한다. (준공시 허가조건의 이행여부를 확인)

(3) 착공신고 및 건축 착공신고에서 건축물 공정 90%까지

착공신고는 시, 군, 구청에서 건축허가를 득한 후 공사를 시작하겠다고 알리는 과정이다. 건축주는 건축허가를 득하면 지역개발공채, 주택채권을 매입(대행가능)한 영수증을 시,구(군)청에 제출 후 건축 허가증을 받는다.(개발제한구역은 농지조성 + 개발 부담금) 그후 대지 경계측량(대한 지적공사, 기타)을 신청하여 대지의 경계선을 명확히 하며 건축사와 협조하여 건축물 착공신고서를 제출한다. 착공신고서에는 설계계약서, 공사감리계약서, 공사도급계약서를 첨부하여야 하며, 반드시 건축주, 건축사, 공사시공자의 참석하에 작성하여야 한다. 이후의 건물공사는 토지굴토, 기초공사, 바닥SLAB공사, 기둥세우기, 각층 SLAB공사, 조적공사, 창호공사, 마감공사, 전기설비, 위생설비, 소방설비, 조경, 정화조공사 등 기타의 공정이 순서대로 혹은 동시에 이루어지며 건물이 세워지게 된다. 따라서 다소의 변경이 생길 경우 설계자 및 감리자와 상의하여야 하며 또한 설계자 및 감리자의 지시를 받아서 공사를 계속 하여야 한다.

건축주 주의사항

① 정화조는 시, 군, 구청의 정화조 준공이 있을 때 까지 절대로 사용하면 안된다.

② 공사도중 사소한 변경시라도 일단 설계사, 시공자에게 상의 해야 한다. (시공자 또는 단독으로 업무처리시 준공단계에서 사용승인지연 및 미준공이 될 수도있으며 또한 위법한 부분이 있으면 철거를 할 수도 있음) 착공신고는 건축주 사정으로 최대 2년동안

착공연기가 가능하며, 그 이후는 건축허가가 취소된다.

(4) 사용승인신청

사용승인 건축물 사용승인(이하 준공)은 정성을 들여 지어진 건물에 대한 검사를 시, 군, 구청에 적법한지 사용이 가능한지를 묻고 승인을 받는 것이다. 건축주는 설계사무소, 시공자와 협조하여 각종 사용승인에 필요한 서류를 준비하여 시,군,구청에 사용승인을 신청 한다.

신청서류

① 건축물 사용승인 서류 (설계사무소 준비)

② 하수 및 정화조 준공서류(시공정화조 업체 서류) 준공접수 전에 미리 준공을 받아야 함.-시공정화조업체에서 업무대행

③ 통신준공서류(통신필증)

④ 소방설비 준공서류 (해당사항 있을시)

⑤ 시공자 확인 도장 (해당사항 있을시)

⑥ 가스준공(체적거래방식)확인서 --> 가스를 설치 했을 경우

⑦ 하자 보증보험증권 (해당사항 있을시)

⑧ 현황측량성과도(해당사항 있을시) --> 개발제한구역에서는 필수임.

⑨ 폐기물 배출에 따른 관련서류 첨부 (멸실 신고시에도 필요함)

건축행정 절차와 관련법 현황

단계별		행정절차	관련법규정	
건축기획/ 입지단계	—	형질변경, 농지전용 허가 등	.국토의계획및이용에관한법률 .도시공원법 .농지법, 산림법, 초지법 .군사시설보호법 .문화재보호법 .자연공원법, 수도법 .자연환경보전법 .수도권정비계획법	.한강수계상수원수질개선및 주민지원등에관한법률 .택지개발촉진법 .해군기지법, 군용항공기지법 .개발제한구역의 지정및관리에관한특별조치법 .학교보건법 .습지보전법 .어항법 등
⇩				
계획설계	—	환경.교통 영향평가/ 사업승인, 건축심의	.국토의계획및이용에관한법률 .학교시설설비기준령 .건축법 .관광진흥법 .주차장법 .산업집적활성화및공장설립에 관한법률 등 사업 관련법령	.주택건설촉진법 .수도권정비계획법 .도시교통정비촉진법 .환경,교통,재해등에 관한영향평가법 .문화예술진흥법 등
⇩				
기본설계	—	건축 허가	.건축법, 국토의계획및이용에관한법 등 전단계에서 관련된 모든 법령 .건축용도에 따른 개별법상의 시설기준 적용	
⇩				
실시설계	—	착공 신고	.건축법 .주택건설촉진법 .주차장법 .도로법 .수도법 .하수도법	.건설기술관리법 .건설산업기본법 .환경 관련법령 .건축물의 용도별 시설기준 .전기, 통신, 가스, 소방, 위생 등 건축설비 관련법령 등
⇩				
건축공사 (시공)	—	공사 감리	.건축법,령,규칙,조례,기준 .건설산업기본법 .건설기술관리법, 전력기술관리법, 전기통신기본법, 가스안전관리법, 소방법 .소음.진동규제법 등 환경 관련법령 등	
⇩				
공사완료	—	사용 승인	.건축,통신,소방,정화조,상하수도,통신 등 준공검사 제도를 도입하고 있는 모든 법령	
⇩				
건물사용	—	유지.관리	.건축법 .시설물의안전관리에관한특별법 .환경 관련법령 .건축물의 용도기준 관련 모든 법령 .전기,가스,소방,정화조 등 설비점검 관련 모든 법령 등	

4.2 설계시 검토사항

[대지분석]

1. 진입로 - 차량의 진출입 용이성, 주차장 진출입 동선계획

2. 대지경사도 - 성토및 굴착,옹벽설치시 높이, 배수로및 부대토목

공사 계획

3.일조권 - 남향기준으로 건물 방향설정및 일조권확보 방안

4.토지이용계획 - 건물의 배치,담장,조경계획,우수및 오수관로

5.조망권 - 각 실의 조망권을 고려한 배치및 창문계획

6.주변여건 - 인근 교통,교육,의료시설,편의시설및 민원발생 요인 분석

[법규제검토]

1.토지이용계획확인서 검토 - 지목,대지면적,도시관리계획검토(용도지역,용도지구,도시계획시설, 지구단위계획시설등) , 기타 특별해당사항 해당 지역 건축과 세부문의

2.건폐율,용적율 - 해당지역,지구별 관련사항 확인

3.높이제한 사항 - 지역,지구별 해당사항 확인

4.기타 사항 - 환경관련규제및 기타사항 확인

[평면형태결정]

1.신축주택의 용도및 사용목적 - 본인 상시거주및 임대(외국인렌탈, 전세 , 월세) , 주말주택등 용도결정

2.사용목적에 맞은 평면구성 - 각실(침실,욕실,거실,주방,다용도실,파우더룸등)의 개수, 규모, 배치

[마감사양선택]

1.평면구성에따른 연면적 산정,기타 시설물결정(e/v,화단등)

2.주요 마감재 선정 - 외부마감재(예:스타코플렉스,벽돌,드라이비트,수입석및 화강석)결정

내부마감재(인테리어사양,목창호,창호,실내벽면,조명기구,

주방가구,붙박이장

계단마감재,화장실,바닥재,우물천정,아트월)결정

3.기타 사양결정으로 대략적인 공사비 산출

4.산출된 공사비와 당초 예산과 비교 검토후 설계안 확정

[실시설계]

1.평면,입면설계

각실별 동선의 원활함 , 실별 규모와 기능 적합여부, 건물의 입면(지붕모양,창호모양,각실별 동선의 원활함 , 실별 규모와 기능 적합여부, 건물의 입면(지붕모양,창호모양,발코니모양,외부 마감재로 입면효과)선택등을 효과적으로 설계에 반영

2.구조설계

구조계산에 따른 구조계획및 설계로 경제성,안정성 추구

3.설비,전기

난방,급수,배수,우오수 방식,수도인입,계량기등 검토 등기구,스위치및 콘센트위치,인입방식,계량기 위치

4.조경설계

법적조경면적파악, 해당지역에 맞는 조경수목 선정 및 배치 건물과 조화를 이루는 수종및 분위기연출

4.3 재개발과 재건축

(1) 재개발

1-1. 정의

재개발은 도시 및 주거환경정비법에 의한 정비사업의 하나로 정비기

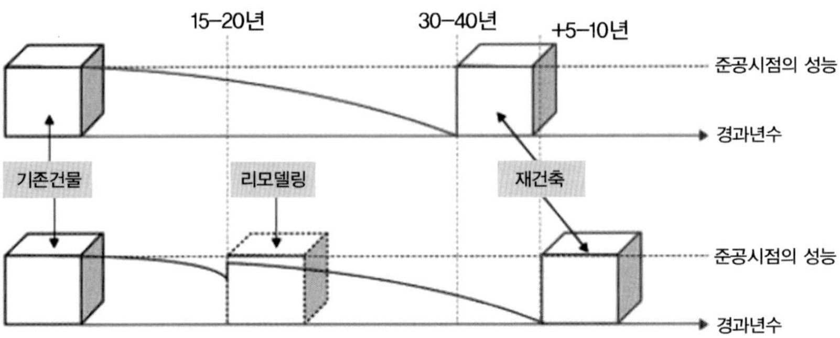

그림 8-2. 공동주택 재건축과 리모델링 차이점

반시설이 열악하거나 노후 또는 불량한 주택이 밀집되어 있는 곳, 공공시설 정비가 불안정한 지역에 주거환경 개선을 위해 시행하는 사업

그림 8-3. 재개발 조감도

1-2. 주택재개발 정비계획 수립대상 구역

- 정비기반시설의 정비에 따라서 토지가 대지로서의 효용을 다할 수 없게 되거나 과소토지로 되어서 도시의 환경이 현저히 불량하게 될 우려가 있는 지역
- 건축물이 노후 및 불량해서 그 기능을 다할 수 없거나 건축물이 과도하게 밀집되어 있어 그 구역안의 토지의 합리적인 이용과 가치의 증진을 도모하기 곤란한 지역
- 철거민이 50세대 이상 규모로 정착한 지역이거나 인구가 과도하게 밀집되어 있고 기반시설의 정비가 불량하여 주거환경이 열악하고 그 개선이 시급한 지역
- 정비기반시설이 현저히 부족해서 재해발생 시 피난 및 구조 활동이 곤란한 지역

(2) 재건축

2-1. 정의

재건축은 정비기반시설은 양호하나 노후, 불량 건축물이 밀집한 지역에서 주거환경을 개선하기 위해 시행하는 정비사업

2-2. 주택재건축 사업 대상지역

- 기존의 공동주택을 재건축하려는 경우는 아래의 어느 하나에 해당하는 지역

· 건축물의 일부가 멸실되엇 붕괴, 그 밖의 안전사고의 우려가 있는 지역

· 재해 등이 발생할 경우에 위해의 우려가 있어서 신속히 정비사업을 추진할 필요가 있는 지역

· 노후 및 불량건축물로서 기존 세대수 및 재건축사업 후의 예정세

대수가 300세대 이상이거나 그 부지면적이 1만제곱미터 이상인 경우

· 3이상의 아파트나 연립주택이 밀집되어 있는 지역으로서 안전진단 실시결과 3분의 2 이상의 주택 또는 주택단지가 재건축 판정을 받은 지역으로 시,도 조례로 정하는 면적 이상인 지역

4.4 위법건축물이란

(1) 위법건축물의 정의

위법건축물이란 건축허가 없이 건물을 신축하였거나, 건축허가를 득하고 공사완료 후 사용승인을 득하지 못하였거나, 사용 승인을 득하였으마 부적법하게 용도를 변경하여 건물주가 임의로 사용하는 건축물을 말한다.

건축물 대장상 허가받은 면적 이외에 위법으로 시공된 부분이 있는 건축물

- 다가구 다세대 건물의 베란다 증축
- 옥탑(계단실 및 물탱크실 등)을 주거나 창고로 사용하기 위한 증축
- 상가 및 토지 빈 공간에 신축 및 증축 등
- 컨테이너 무단설치 등

(2) 위법 건축물의 적발 경로

- 서울시의 항공사진 촬영(연1회)
- 주변의 민원제기
- 공무원의 주기적 순찰

(3) 위법 건축물 적발시 행정조치

- 건축물대장에 [위법건축물] 표기로 인허가 등 제한
- 시정될 때까지 매년 반복적으로 고액의 건축이행강제금 부과
- 건축주(건물소유지) 고발조치

- 이행강제금 체납시 소유재산 및 차량 등 압류

4.5 좋은 건축물이란

그림 8-4. 배산임수의 전형적인 마을

(1) 배산임수(背山臨水)와 주거

주거지는 남향(南向)에 북쪽에서 불어오는 찬바람을 막아주는 북쪽, 뒤쪽의 산과 앞쪽에서 쉽게 물을 구할 수 있는 배산임수(背山臨水)의 터는 좋은 자리이다.

배산임수의 의미는 '배산'은 산을 등지고 있어 바람을 산이 막아주어 춥지 않으며 '임수'는 물이 풍부하여 사람이 살기 좋고 교통도 편리하여 흔히 사람들이 살기 좋은 지형을 말한다.

즉 건물을 배치할 때 뒤로는 산을 등지도 앞으로는 물이 있는 낮은 곳을 향해서 건물을 배치하라는 것이다. 배산임수의 의미는 변하여 살기 좋은 지형은 평지로 대단지로 형성되고 지하철역세권에 있는 아파트 단지를 말한다.

(2) 홍만선의 〈산림경제〉에서 살림집을 꾸미는 법도 중에 5실(實)과 5허(虛)

사람들은 누구나 자기 자신 또는 자기가족만의 소유공간을 필요로 하게 된다. 그러므로 아파트는 한 가족구성원을 단위로 각 세대마다 점유하고 있는 크기는 모두 다르다. 가족 구성원에 맞는 크기를 선택하는 것이 중요하다.

집에 5실(實)이 갖추어지면 그 집에 사는 사람을 좋게 한다고 한다.

1실 - 집이 작고 사람이 많이 살 때

2실 - 집이 크고 문이 작을 때

3실 - 담벼이 두텁고 높을 때

4실 - 집이 작고 육축(六畜)이 많을 때

5실 - 하수구가 동남쪽으로 흐를 때

집에 5허(虛)가 있으면 그 집에 사는 사람을 나쁘게 한다고 한다.

1허 - 집이 크고 사는 사람이 적을 때

2허 - 집 문이 큰데 비해 집이 작을 때

3허 - 담벽이 허술할 때

4허 - 샘과 부엌이 적처(한자)에 있지 않을 때

5허 - 집터가 너른데 집이 작을 때

사람이 점유하고 사는 공간의 면적이 거주하는 사람의 수에 지나치게 크면 그 공간이 오히려 좋지 못하고 불행을 초래하게 된다. 집이 크면 그 집의 기운에 사람이 눌린다는 이야기이다.

부록

건축에 대한 명언

□ 건축에는 강함, 용도, 미의 세가지 중요성이 있다. – *Pollio Vitruvius(B.C.25)*

□ 내가 예술 문제에 있어서 열성적이라는 것은 알고 계시겠지요. 예술, 특히 건축은 사회 속에서 매우 중요한 질서라고 생각합니다. 건설된 건물이 그 니라의 문화적 가치를 반영하고 있다면, 또한 그 건물이 아름답다면, 그것은 그 나라의 이상을 높이고 시민의 기호를 향상시키며, 세계의 시선 속에서 존경을 받을 수 있게 하는 것이기 때문입니다. – *Thormas Jefferson(1743~1826)*

□ 건축이란 얼어붙은 음악이다. – *Johann Wolfgang von Goethe(1749~1832)*

□ 음악이란 움직이는 건축이라고 말하고 싶다. *–Jean Xenaks*

□ 모든 중요한 시대에는 그 시대의 양식이 건축에 나타난다. 따라서 우리들은 현대에 필연적인 양식을 발견하려고 노력하여야만 한다. 과연 우리들은 항상 다른 시대의 양식만을 모방한 건축만을 하여야 하는가? 각각의 시대에 나타난 양식의 순수한 성질을 이해했던 것이 하나의 성과라면, 각 시대의 최선의 성과에 모순되지 않는 보편적인 순수한 양식을 사유하는 것은, 더욱 큰 성과가 될 것이다.

–Karl Friedrich Schinkel(1781~1841)

□ 입체성(Solidirty)이라고 하는 것은 그 매스(Mass)에 의한다고 하기 보다는, 각 재료를 조립하는 방법에 달려있다. *–Pierre Francois Henri Labrouste(1801~1875)*

□ 좋은 건축가가 되기 위해서는, 정직한 직인인 동시에 독실한 크리스챤이 되어야 한다. *–Augustus Welby Northmore Pugin(1812~1852)*

□ 건축물의 복원이란, 그 건축물을 일찌기 과거의 어떤 시기에도 존재한 적이 없었던, 하나의 통합된 상태로 만드는 것이다.

–Eugene Emmanuel Viollet-le-duc(1814~1879

□ 12내지 13세기 건축가들이 우리들의 시대에 소생했다고 하자. 그리고 그가 이 근대 사상 속에 한 무리가 되어 근대공업의 기술을 마음껏 사용할 수가 있었다고 하더라도 필립 2세나 루이스 9세 시대의 대 건축은 만들수 없었을 것이다. 왜냐하면 이것은 '시대의 습관이나 요구에 순응할 것' 이라는 예술의 규칙 제 1조에 위배되기 때문이다. *-Eugene Emmanuel Viollet-le-duc(1814~1879)*

□ 우리들을 기쁘게 하는 것은 지어진 건물의 시각적인 아름다움보다도, 건축에서 접하게 되는 선택과 창안이다. 즉, 직인의 업무보다도 그의 사랑과 사상이 문제인 것이다. 그의 업무는 항상 불완전한 것이지만, 그의 사상과 애정은 진실되고 깊은 것이다. *-John Ruskin(1819~1900)*

□ 창은 건축물의 외관상 있으면 좋다. 그러나 오히려 실내장식의 부분으로서의 기능면이 보다 중요하다. *-Henry Hobson Richardson(1838~1866)*

□ 예술의 유일한 지배자는 '필요' 이다. *-Otto Wagner(1841~1918)*

□ 이제 건축에 대한 주된 견해의 근거는 모두 우리들의 예술창조에 유일한 출발점이 바로 근대적 생활이라는 인식으로 바뀌지 않으면 안된다.
-Otto Wagner(1841~1918)

□ 건물에 섬세한 장식을 더 첨가하는 일은 쓸데없다고 하기보다는 잘못된 일이다. 오히려, 건물에서는 Mass와 Proportion에 의해, 더욱 본질적으로 근대문명에 잠재해 있는 위대한 불변의 힘에 대한 생각을 전달하도록 해야 한다.
-John Wellborn Root(1850~1891)

□ 자연은 신이 만든 건축이며, 인간의 건축은 그것을 배워야 한다.
-Antonio Gaudi(1853~1926)

□ 건축가의 임무는 외관을 스케치하는 것이 아니라, 공간을 창조하는 것이다.
-Hendrik Petrus Berlage(1856~1934)

□ 우리들이 훌륭한 형태의, 그 위에 아름다운 무장식의 건축물을 만드는 일에만 정신을 집중시키기 위해 당분간 장식을 전혀 사용하지 않기로 한다면, 현대의 미에 크게 이바지하게 도리라고 생각한다. *-Louis Henry Sullivan(1856~1924)*

□ 현대건축은 저속하가까지 한 압도적인 프로포션, 디테일에 있어서의 현혹적인 극단성, 옆으로 누워 있는 듯한 창 따위의 잘못들이 한탄스러울 정도로 많이 산재해 있다. 바로 일관성 없는 어린 아이처럼 우리들은 전통을 파괴하였으며, 그것으로 부터 등을 돌려 버렸다. 이것은 잘못된 창작성이며, 진정한 창작성이란, 어느 시대에도, 개개의 예술가가 전통적인 형태를 발전시키기 위해 부여했던 어떤 정신적인 것이었다. *-Charles Francis Annesley Voysey(1857~1941)*

□ 건축 이외에서의 공작연맹 활동영역은, 규격화를 향해 나아가고 있다. 규격화에 의해 비로소, 그들의 영역은 예전의 조화로운 문화시대에 갖추어져 있던 포괄적이고 일반적인 의미를 되찾을 수 있을 것 같다. *-Hermann Muthesius(1861~1927)*

□ 수공예 운동이란 이 현대사회에 있어서의 간결성이나 성실성, 정직성이라는 우리들의 감각을 치료하기 위해 나타낸 것이다. 만약 이것이 완치되면 우리들의 문명생활 전체는 속속들이 영향을 받게 될 것이다. ……우리들이 운동의 최종목표는 단지 주택이나 집합주거의 외관을 바꾸려는 것이 아니고 한세대 전체의 성격에 직접 영향을 주는 것이다. ……만약 이 새로운 동향이 진실한 것이라면 거기에서 독자적으로 영속될 양식이 나타날 것이다. *-Hermann Muthesius(1861~1927)*

□ 건축은 창조되는 것이어야만 한다. 이 건축에서 언급되고 있는 모든 것-신비극에 나타나는 모든 것-이 모든 것들은 홀에 울려퍼지고, 묘사된 그림을 가진 형태있는 것과 같은 방법으로, 이 모든 것들을 사실로서 보여주어야만 한다. 그것에 의해 시각은, 그것에 내적으로 관여하는 상태와 같은 것들을 모두 이해할 수 있게 된다. 각각의 원형기둥은, 입으로 그것을 알리는 것과 똑같은 모습으로, 인지적 정신과학에 관해 언급되어야만 한다. 분명히 그것은 과학이며 예술인 동시에 종교이기 때문에, 인지적 태도를 취하는 철학은 일반적인 건축양식을 무시하고 그 자체의 고유한 건축양식을 만들어 내야만 하는 것이다. *-Rudolf Steiner(1861~1925)*

□ 건축을 생각이 있는 것으로서 생각하지 않으면 안된다. 또한 생명있는 것으로서 복잡성과 유기성을 갖추어야 한다. *-Victor Horta(1861~1947)*

□ 새로운 건축을 창조하는 것은 기술자들이다. *-Henry van de Velde(1863~1957)*

□ 바야흐로, 우리들의 진정한 건축이란 그것이 새로운 예술가와 가치있는 국민성에 의해 만들어진 순간에, 비로소 '우리들의 것' 이 된다고 생각하게 된 것이다.
-Ragnar Ostberg(1866~1945)

□ 위대한 건축은 인간이 위대하다는 가장 위대한 증거이다.
-Frank Lloyd Wright(1867~1959)

□ 서로 다른 나무의 기억에서 각각의 특성을 신념있게 묘사할 수 있는 사람이라면 훌륭한 건축가가 될 것이다. *-Frank Lloyd Wright(1867~1959)*

□ 가령 급진적이었다고 하더라도, 여기에 묘사된 작품은 단어의 최고 의무 안에서 보수적인 동기를 바쳐진 것이다. 모든 위대한 건축에 계승되어온 기본적인 법칙이나 질서부여를 부정하는 것이 아니고 오히려 그러한 법칙이나 질서부여의 정신에 애정을 분명히 하는 것이며 고대의 표현을 그 시대에 숨쉬는 어떤 아름다운 요소에 존경의 염을 모은 것으로 인식하는 것이다. *-Frank Loyd Wright(1867~1959)*

□ 구조는 수단이고 건축은 결과이다. 건축가가 구조 계획할 때에는 재료를 성질에 따라 써야한다. *-Frank Loyd Wright(1867~1959)*

□ 건축은 어떠한 디테일이라 하더라도 감성에 의해 만들어져야 하는 것이 아니라, 어디까지나 이성에 의해 지배되어야 한다. 완성된 건축에 풍부한 감성이 현저하게 나타나기 때문이다. *-그린 형제*

□ 우리는 건물을 만들고 그 다음에는 건물이 우리를 모양지어 갑니다.
-Winston Churchill(1871~1947)

□ 구조 기술가는 완전히 자유롭게 그리고 문제를 종합적으로 생각하는 것에 의해, 재료를 그 극한 상태까지 이용하는 것이 가능한 것처럼, 오래된 건축재료의 전통에 지배된 형태로부터 스스로를 해방시켜야 한다. 아마 그때 우리들은 자동차와 비행기의 경우와 같은 새로운 재료에 적합한 새로운 양식을 창안하게 될 것이 틀림없다.
-Robert Mailart(1872~1940)

□ 건물의 설계와 도시의 설계는 인간을 수용하는 공간으로 간주되어야 한다.
-Eliel Saarinen(1873~1950)

□ 양식이라는 것은, 복수를 갖지 않는 단어이다. *-Auguste Perret(1874~1954)*

□ 살아있는 건축이란 그 시대의 충실한 표현이다. 우리들은 그것을 건축의 분야에서 찾아낼 수 있을 것이다. 우리들은 소재의 현명한 사용으로 말미암아 그것들의 용도에 엄격하게 종속되고 현실화되며, 그것이 만들어진 필수 요소들의 배치와 조화된 비례에 의해 미를 얻어내는, 그러한 작품을 선택할 것이다.
-Auguste Perret(1874~1954)

□ 구조야말로 건축가의 모국어이고 구조를 통해서 생각하고 자기를 표현하는 시인이다. *-Auguste Perret(1874~1954)*

□ 우리들은 여기에 색채건축을 승인한다. 우리들은 이미 무채색의 건축을 세우고 싶지도 않으며 또한 세워지도록 하고 싶지도 않다. 이 선언에 의해, 건축주와 거주자가 건물의 내외에서 색채의 기쁨을 만끽할 수 있게 되기를 바라는 우리의 열망이 이루어 지기를 희망한다. 채색은 요란한 장식의 조각처럼 많은 비용이 드는 것은 아니다. 색채는 생의 기쁨이다. *-Bruno Taut(1880~1938)*

□ 오늘날 우리에게 있어서는 도표를 그리는 일과 마찬가지로 문장을 쓰는 일도 중요하다. '살기에 기분 좋은 형식' 만으로는 아무 것도 안된다. 우리는 예술가의 그룹이 아니다. '건축' 은 모든 예술의 위에 있다. 그것은 모든 것을 포용하는 거대한 궁형인 것이다. 그리고 그것으로 부터 자발적으로, 마치 그 자체로 부터 생겨나듯이 위대한 형식이 생겨날 것이다. -모든 사람에 대한 거대한 요청이다. 하지만 성실성은

무슨 쓸모가 있을까. 생동하는 기운만이 승리를 차지한다. 춤추며 건축하는 것이다!
-Bruno Taut(1880~1938)

□ 거대한 기계와 같은 근대건축을 발명하고, 재건하여야 한다.
-Antonio Sant' Elia(1880~1916)

□ 근대 건축의 과제란 각종 선들을 정리하고 재배열하는 것이 아니다. ……건전한 계획을 바탕으로 새로운 구법을 만드는 것이며 과학기술의 장점 모두를 합하여 우리들의 정신이나 관습의 모든 요구를 통합하여 우리들에게 무겁고 괴상하여 공감할 수 없는 모든 전통이나 양식, 미학, 비례 등을 거절하고 새로운 형태, 새로운 선, 새로운 존재 이유, 근대 생활 그 자체의 조건에서만 나타나는 것을 만들어 우리들의 감각속에 있는 그 미적 가치를 전달하는 것이다. *-Antonio Sant' Elia(1880~1916)*

□ 건축은 항상 국민적이며 또한, 개인적이다. 그러나 개인-민족-인류라는 세개의 동심원 중에서 최후의 그리고 최대의 원이 다른 두개를 동시에 포괄한다.
-Walter Gropius(1883~1969)

□ 새로운 건축은 반입방체적이다. 즉 그것은 다양한 공간세포를 하나의 닫힌 입방체 속에 통합하려는 것이 아니고 기능적인 공간세포를 중심에서 떼어내어 밖으로 향하여 개방하는 것이다. 높이, 넓이, 깊이 그리고 시간을 열린 공간 속에 전혀 새로운 조형적 표현을 지향한다. 이렇게 해서 건축은 자연의 중력에 거슬러서 작용하는 유동적인 관점을 필요로 한다. *-Theo van Doesburg(1883~1931)*

□ 예술이란 말은 이미 우리들에게 아무것도 의미하지 않는다. 그 대신에 우리들은 자신들의 환경을 일련의 원칙으로부터 이끌어지는 창조의 법칙에 따라 건설할 것을 요구한다. 경제, 수학, 공학, 위생학 등의 원칙과 관계를 갖는 이들 법칙은 새로운 조형적인 통일체를 가져온다. *-Theo van Doesburg(1883~1931)*

□ 공간의 분산과 변화, 건축의 매스의 분쇄, 외부와 내부의 밀접한 관계, 이 모든 것은 우리들의 건축적 공간 개념이 슈펭글러의 원형인 '무한의 공간'으로 접근하고 있는 것을 나타내고 있는 것처럼 생각되어진다. *-Erik Gunnar Asplund(1885~1940)*

□ 만약, 원리는 그 자체가 목적이라고 생각되어 진다면, 형태는 그 자체가 건축을 의미하는 것은 아니다. 이것은 표현주의나 구성주의에 대해서 뿐만 아니라 모든 시대에 있어서 타당한 법칙이다. *-Erich Mendelsohon(1887~1953)*

□ 건축은, 공간과 그 형태를 포착할 수 있는 아티스트에게 맡겨져야한다.
-Rudolph M. Schindler(1887~1953)

□ 집은 생활하기 위한 기계이다. *-Le Corbusier(1887~1965)*

□ 진지한 건축가라면 경멸할 만한 과거의 노예근성으로부터 자유로와짐을 증기선에서 발견하게 될 것이다. *-Le Corbusier(1887~1965)*

□ 우리들의 시대는 기술은 발달하고 있는데 건축은 쇠퇴하고 있다. 이 두개의 요소는 평형상태를 되돌려 오게 하지 않으면 않된다. *-Le Corbusier(1887~1965)*

□ 건축이란 빛 속에서 보여지는 Mass의 교묘하고 올바르고 장엄한 조각이다. 우리의 눈은 빛 속에서 형태를 볼 수 있게 만들어 졌다. 그래서 입방체, 원, 구, 원기둥, 또는 사면체등은 빛에 의해서 이익을 얻을 수 있는 가장 중요한 것들이다; 즉, 그것들은 단순히 아름다운 형태일 뿐만 아니라 가장 아름다운 형태이다.
-Le Corbusier(1887~1965)

□ 기능적 건축은 생활의 필요에 대응하는 것뿐만 아니라, 생활의 조건, 그것을 만들어야 한다. 또한 단순히 공간을 확립하는 것뿐만 아니라, 강렬한 체험을 할 수 있어야 한다. 이와 같은 전망을 갖고 있어야 만이 우리들은 새로운 구조와 새로운 재료가 가지고 있는 가능성을 활용할 수가 있다. 이것들은 지시된 공간을 명확하게 규정하는데 도움을 줄 것이다. *-Gerrit Thomas Rietveld(1888~1964)*

□ 건축이란 조직의 통합에 불과하다. 즉, 기술적, 경제적, 심리적 조직의 통합이다.
- Hannes Meyer(1889~1954)

□ 추상을 구하려는 욕구는 멜로디를 요구한다. 순수한 추상은 인간성이 결여된 종교

와 비슷하다. 인간성이란 하루하루의 생존의 흐름 중에서의 생활을 의미한다. 그리고 일상의 생존의 흐름과 리듬은 건축에 멜로디를 요구한다.
-Jacobus Johannes Pieter Oud(1890~1963)

□ 건축은 꿈에 속한다. 인생은 꿈이다. 예술은 이처럼 꿈 속의 환상이다. 환상이야 말로 우리들의 진리이다. *-Gio Ponti(1891~1979)*

□ 항상 인간적인 공간에 차 있는 건축, 명쾌하고 본질적인 순수한 상상력에 차 있는 건축을 그대들에게 요구하시오. 결정같이 순수한 예술을. *-Gio Ponti(1891~1979)*

□ 구조물, 물리적인 법칙이라는 것과 우리들 인간의 생명감각과의 사이에는 신비한 교감, 공통성이 있다. *-Pier Luigi Nervi(1891~1979)*

□ 당신은 극대파인가? 전통파인가? 라는 질문을 자주 받는다. 그러나 건축에서 중요한 것은 무엇보다도 인간적이어야 하는 것이고 인간을 위한 건축이지 않으면 않된다. *-Handrik Hugo Alvar Aalto(1898~1976)*

□ 소형예술의 완성은, 그림이나 조각이 건축 공간과 총합될 필요성, 색과 볼륨등의 요소가 공백 상태의 건축공간에 구성되어 복귀할 필요성등을 넘어서, 긴 과정을 지나 정련된 가장 위대한 예술이라는 말로 표현될 수 있다.
-Carlos Raul Villanueva(1900~)

□ 위대한 건축은, 측정할 수 없는 것에서 시작하며, 설계과정에서는 측정할 수 있는 것을 통하여 진행되지만, 마지막에는 다시 측정할 수 없는 것으로 끝나야 한다.
-Louis I.Kahn(1901~1974)

□ 가령 오늘날 건축에서 고전적 특질을 발견했다고 해도 혹은 실제로 그것을 기대했다고 하더라도 놀랄만한 일이 아니다. 왜냐하면 참된 건축은 예술표현의 모든 양식을 단지 시도하는 것일 뿐이며, 사회가 건축가에게 준 새로운 일련의 문제를 시초로 하여 점차로 성장하여 가고 있기 때문인 것이다. *-Louis I.Kahn(1901~1974)*

□ 우리들이 정형의, 또한 일반적인 것을 취하지 않고 해결법의 탐구를 시작할 때, 건물내에서 실제로 일어나는 것의 정직한 반영이 될 수 있는 표현의 다양성을 얻을 수 있다. 그것이 많은 경우, 구조 표현보다도 흥미가 있다.

-Josep Lluis Sert(1902~1983)

□ 건축이란, 흔히 무의미하게 마구 건설되고 있는 것을 말하는 것이 아니라, 설계하는 사람의 개성 · 인격이 표현되어야만 진정한 건축물이라고 할 수 있다. 건축은 자신의 두뇌에서 나오는 것, 그리고 표현 기법, 나아가 마음으로부터 우러나오는 것, 이 3가지가 하나로 되어야만 가능한 것으로, 그 중에서 어느 한 가지가 부족해도 건축이라고 말할 수 없다. *-Bruce Goff(1904~1982)*

□ 건축은 그림이나 음악의 감각을 배우는 것과 같은 방법으로 공부해야 한다. 여러분은 예술에 관해서 말만 해서는 않된다. 예술은 실천해야 하는 것이기 때문이다.

-Philip Johnson(1906~2005)

□ 전통 기능주의의 단계를 극복해 나가는 브라질의 건축은 바야흐로 조형표현의 탐구에 돌입해 있다. 새롭고 경이로운 조형표현의 탐구에 돌입해 있다. 새롭고 경이로운 조형 언어의 자유로운 형태가 암시하는 것은 현재의 구조방법이 갖는 극도의 순응성이며, 또한 곡선-우리나라의 식민지 시대의 바크로와 같은 종류의 것-에 대한 우리들의 본능적인 사랑이다. *-Oscar Niemeyer(1907~)*

□ 두려울 정도로 효율적으로 되면 우리들의 건축은 메말라 버린다. 그러므로 우리들의 조직은 가능한한 루즈하게 하려고 생각하고 있다. *-Gordon Bunshaft(1909~)*

□ 당신은 나의 제 1의 연인이 건축이라고 하는 것을 이해해주므로 나와 결혼할 자격이 있다. *-Eero Saarinen(1910~1961)*

□ 기념비적인 것을 세우려는 하는 노력은 바람직한 일이라고 할 수 없다. 무엇보다도 더 중후하고 강력한 인상적인 것을 지향한 결과는 조잡한 것을 넘어서 황폐한 지경에 까지 이른다. 이러한 예는 세계 도처에서 볼 수 있는데, 섬세하고 친밀감있는 건축의 전통을 갖고 있는 일본에 까지 그와 같은 특징을 갖는 새로운 건물이 많은 것

은 놀랄만한 일이다. 그와 같은 건물은 뭇솔리니와 히틀러 당시의 전체주의 사회에서 만이 필요로 했을 것이며, 민주주의 사회의 쾌적한 환경의 일부가 될 수가 없다. *-Minoru Yamasaki(1912~1986)*

□ 우리들은 자연으로부터 많은 것을 배울 수 있다. 그러나, 요즈음 그것들을 그다지 적극적으로 탐구하지는 않는다. 예를 들면 인체속에는 심장이나 기타 다른 기관들이 자신들의 장소에 있다. 건물속에서 물건들이 알맞은 장소에 위치해 있다는 것은 기분 좋은 일이다. 그 곳에는 공간와 형과의 배치에 관한 설비와 마찬가지로 우언가 진실한 것이 존재한다. 현재 미국의 건축에는 많은 혼란와 허위가 있으며 건축물속에서 본질적인 특징을 탐구해야만 한다. 우리들은 건축물에 대한 극단적인 이론에 반대하지는 않는다. 그러나, 그것은 좋은 기반, 기본적 진리를 갖는 어떤 것으로부터 발전한 것이어야만 한다. *-John MacL Johansen(1916~)*

□ 활동과 활동이 연출해 내는 복잡한 상관 관계야말로 도시생활의 본질적인 부분이기 때문에, 예술디자인은 활동을 바탕으로 하여 즉, 활동을 계획의 본질적 요소로서, 활동을 생각하는 것으로부터 시작하도록 하여야 한다. 그리고 활동이 행해지는 장소인 환경의 디자인으로 이용되어야 할 것이다. 환경은 움직임이라고 하는 목적 때문에 존재하는 것이다. *-Lawrence Halprin(1916~)*

□ 우리들은 점점 일시적인 사회를 위해 건물을 세우게 되고있다. 우리들의 지역사회의 대부분의 건물은 비 개인적 성질이다. 그렇기 때문에 일반적인 모습으로 표현되어야 한다고 생각한다. 이것은 교회, 박물관 혹은 시청사가 모두 똑같이 보여져야 한다고 하는 것은 아니다. 반대로, 기능의 독자성을 위해 요구된 독자적인 설계가 독특한 아파트, 독특한 오피스텔, 독특한 갤러리 등등 도처의 특이한 건물과 경쟁하지 않음으로써 보다 한층 의의가 생기는 것이다. *-Ioh Ming Pei(1917~)*

□ 우리들은 여러가지 종류의 공간을 만들기 위해 건축의 태도를 힘 닿는 한 바르게 배울 필요가 있다. 우리들은 인간의 호기심을 유발 시키는 것과 같은 공간 관계를 필요로 한다. 지배적으로 고조감과 자석적 효과를 느끼게 하여, 일정한 방향성을 규정한 공간의 힘은 그것을 해소하는 방향으로 우리를 움직여 몰아 가는 듯한 공간 관계를 필요로 한다. 그리고 가장 중요한 것은 사회적 접촉을 용기있게 할 수 있는 외부

공간의 창조이다. *-Paul M.Rudolph(1918~)*

□ 요구되는 형태가 분명히 작도 될 수 있기 위해서는 100%의 오리엔테이션이 필요하다. *-John Utzon(1918~)*

□ 공간은 인간을 위한 '여지(room)'를 갖고 있지 않습니다. 시간은 인간을 위한 '순간(moment)'을 갖고 있지 않습니다. 인간을 소외로부터 돌아오게 하는-즉 인간의 회귀를 구하기에는-인간을 시간과 공간이 갖고 있는 의미로 접근시켜야 합니다. 공간과 시간이 어떤 커다란 의미를 갖고 있다 하더라도, 작은 의미에서의 장소와 때는 또한 나름데로 커다란 의미를 갖습니다. 그것은, 즉 인간의 개념속에서 공간이 '장소'이고 인간의 개념속에서 시간이 '때'이기 때문 입니다.

□ 오늘날, 공간, 그리고 공간이 '진정한 공간'이 되기위한 것은 모두 일어버렸습니다.

□ '장소'를 우리들에게! *-Aldo van Eijck(1918~)*

□ 단지 상상력이 기본이 되는 것과 그렇지 않은 것은 확인할 수가 있다. 건축과 관련되는(혹은 관련되어야만 할)가치는 기본이 되는 가치인 것이다.
-Aldo van Eijck(1918~)

□ 인간은, 그 자신의 환경의 건설 책임자이고, 자신의 발생학적 구조에 불가피하게 영향을 미치는 존재이다. *-Paolo Soleri(1920~)*

□ 건축은 이미지이고 현실이다. 과거와 미래에의 염원을 구현한다고 하는 점에서 건축은 이미지이며, 우리 시대의 사상, 의지, 사회구조, 그리고 기술에 의해 이루어 진다고 하는 점에서 건축은 현실이다. *-Romaldo Giurgola(1920~)*

□ 건축 설계에 있어서 건물에 내재되는 조직은 나에게 있어 이용 가능한 도구이며, 기술적 문제, 기능적 문제는 필요한 조건이다. *-Angelo Mangialotti(1921~)*

□ 건축은 첫째로 누군가의 요구를 만족시키는 것이며, 그 요구가 무엇인가를 완전히

이해하도록 노력하는 것이고 그리고 그것을 해결하도록 노력하는 것이다.
-Kevin Roche(1922~)

□ 건축가는 항상 새로운 건축기술과 도시계획 기술에 눈을 돌여야만 일반 주민 각각의 주장에 응할 수 있는 주거 방법과 생활 양식의 변화에 대응시킬 수 있다. 바꾸어 말하면 건축가는 건축의 이용자가 그 자신의 사회와 함께 움식이고, 자신의 사회를 형성하기 위한 가능성을 부여해 줄수 있는 것과 같이 탄력성있게 움직이는 건축을 만들어 내어야 한다. *-Yona Friedman(1923~)*

□ 독단에 빠지는 일 없이, 조직화된 공간을 창조하는 것은 설계자의 기본적인 직업적 능력이다. *-Peter Smithson(1923~)*

□ 어떠한 기법을 선택하건 건축가의 역할이란 생활양식을 제안하는 것이다.
-Peter Smithson(1923~)

□ 건축도 또한 자연과 예술의 경계이다. 건축 구조는 어떠한 특수한 용도도 갖지 않지만 인간에게 있어서 가치있는 존재이며, 또한 실현되지 않는 정신적인 희망, 즉 구성적인 선망도 존재한다. 이 두가지는 모두 예술세계에 속한다. *-Frei Otto(1925~)*

□ 나의 활동의 일부인 예술사상 탐구의 그 질의 근원에는 아름다움이 있다. 예술 사상 탐구에 있어 질이란 미적인 직관의 결과이다. 나는 철학자도 아니고 지성파도 아니다. 나는 한 사람의 예술가이다. *-Robert Venturi(1925~)*

□ 나는 건축에 있어서 다양성과 대립성을 좋아한다. 그것은 예술에서 빠뜨릴 수 없는 경험을 포함하고 있고, 현내의 풍요롭고 다양한 경험에 토대를 두고 있다. 건축가는 이제 더 이상 정당한 근대 건축이라는 엄격한 표현언어를 겁낼 일은 없다고 생각한다. *-Robert Venturi(1925~)*

□ 건축은 생활, 형태, 색채, 주변의 세계와 그 주택에 관한 기억 등을 '배재하는' 으로서가 아니라 '포함하' 는 것으로서 보아야 할 것이다. *-Charles Moore(1925~)*

□ 나는 건물의 형태는 생활하는 사람의 사용방법과 생활방법을 암시, 혹은 다분히 명시해야 하는 것으로서, 그런 까닭에 외관은 풍요롭고 다양한 것이 되어야 하며, 그 표현은 단조로운 것이 되면 안된다고 믿는 것입니다. *-James Stirling(1926~)*

□ 어느 누구라도 건축가이다. 모두가 건축이다. *-Hans Hollein(1934~)*

□ 우리가 환경을 지각할 때 우리 자신이 그 환경을 발명하고 있는 것이다.
-Heinz von Foerster

□ 도시야말로 미래의 건축 창조의 영웅이다. *-Peter Blake*

□ 과학과 예술. 이 두가지는 건축의 양면으로서 단독으로는 그 일면에 지나지 않는다. 로마시대의 건축가 Vitruvius는 한 사람이 이 양면을 다 하였다. 그는 과학자임과 동시에 우수한 예술가 이기도 하였다. *-Herman Sorgel*

□ 건축은 Mass의 예술은 아니며, 또 빛이나 색깔의 예술도 아니다. 3차원의 예술, 즉 공간 예술이다. *-Herman Sorgel*

□ 너는 이 거리를 질주할 때 거리에 즐비한 건물 속에서 어느 것은 아무 말없이 있고 또 어느 것은 말하고 또 어느 것은 이것이 제일 드물기는 하나 노래한다고 하는 것을 느끼지는 못하였는가. *-Paul Valery*

□ 건축이란 말과 건물이란 말의 구별에 있어서 건축이란 표현을 갖는 공간이다.
-Nikolaus Pevsner

□ 자동차고도 건물이고 링컨 대회당도 하나의 건축이다. 사람이 들어가는데 충분한 넓이를 갖춘 것은 거의 모두 건물(Building)이나 (Architecture)이란 말은 미적감동을 몰적으로 설계된 건물에만 사용된다. *-Nikolaus Pevsner*

□ 건축은 목적이나 구조에 따라서 제약을 받으나, 그것은 리듬 균제라고 하는 형식의 상징화에 따라 극복한다. *-F. Vischer*

□ 소비에트 건축의 새로운 형태는 과거 건축 형태의 모방이 아닌, 비판적인 사고를 기본으로 발견될 수 있을 것이라고 우리는 확신하고 있다. 즉, 생활과 정을 깊이 이해하고 그것을 건축형태로 옮기는 방법으로. *-A. and V. Vesnin*

□ 새로운 건축, 즉 자유로운 인민을 위한 자유로운 건축을 창조하려고하는 사람들은 새로운 사회질서의 창조에 예상하고 있다. *-K. Teige*

□ 건축을 발전시켜온, 어떤 민족도 독자적 언어, 복장, 민족이 있는 것처럼 그들이 좋아하는 형채를 발전시켜 왔다. 19세기에 문화의 국경이 붕괴될 때까지는 온 세계의 건축에는 지역 고유의 형채와 디테일이 있었다. 그리고 어떠한 지역특유의 건물도 사람들의 창조력과 그 지역의 필요성의 결합에 의해서 태어난 아름다운 산물이었다. *-H. Fathy*

□ 건축가가 건축에 대해 글을 쓰는 것은 한 언어에 대해 다른 언어를 부가하는 것과 같다. 건축적 아이디어에 대한 연구 및 해석 과정은 드로잉을 말로서 표현하려고 시도할 때보다 제도판 위에서의 연필의 움직임을 조사할 때 훨씬 쉽고 자연스럽다.
-마리오 보타

□ 가장 핵심을 이루는 곳에서 건축은 일종의 변화의 동인자로 존재한다. 내일을 위해 가장 중요한 기능을 할 것은 바로 건축이다. *-챠알스 코레아*

□ 건축 이외에서의 공작연맹 활동영역은, 규격화를 향해 나아가고 있다. 규격화에 의해 비로소, 그들의 영역은 예전의 조화로운 문화시대에 갖추어져 있던 포괄적이고 일반석인 의미를 되찾을 수 있을 것 같다. *-Hermann Muthesius(1861~1927)*

□ 수공에 운동이란 이 현대사회에 있어서의 간결성이나 성실성, 정직성이라는 우리들의 감각을 치료하기 위해 나타낸 것이다. 만약 이것이 완치되면 우리들의 문명생활 전체는 속속들이 영향을 받게 될 것이다. 우리들이 운동의 최종목표는 단지 주택이나 집합주거의 외관을 바꾸려는 것이 아니고 한세대 전체의 성격에 직접 영향을 주는 것이다. 만약 이 새로운 동향이 진실한 것이라면 거기에서 독자적으로 영속될 양식이 나타날 것이다. *-Hermann Muthesius(1861~1927)*

□ 건축은 창조되는 것 이어야만 한다. 이 건축에서 언급되고 있는 모든 것(신비극에 나타나는 모든 것)이 모든 것들은 홀에 울려퍼지고, 묘사된 그림을 가진 형태있는 것과 같은 방법으로, 이 모든 것들을 사실로서 보여주어야만 한다. 그것에 의해 시각은, 그것에 내적으로 관여하는 상태와 같은 것들을 모두 이해할 수 있게 된다. 각각의 원형기둥은, 입으로 그것을 알리는 것과 똑같은 모습으로, 인지적 정신과학에 관해 언급되어야만 한다. 분명히 그것은 과학이며 예술인 동시에 종교이기 때문에, 인지적 태도를 취하는 철학은 일반적인 건축양식을 무시하고 그 자체의 고유한 건축양식을 만들어 내야만 하는 것이다. *-Rudolf Steiner(1861~1925)*

□ 건축을 생각이 있는 것으로서 생각하지 않으면 안된다. 또한 생명있는 것으로서 복잡성과 유기성을 갖추어야 한다. *-Victor Horta(1861~1947)*

□ 새로운 건축을 창조하는 것은 기술자들이다. *-Henry van de Velde(1863~1957)*

□ 바야흐로, 우리들의 진정한 건축이란 그것이 새로운 예술가와 가치있는 국민성에 의해 만들어진 순간에, 비로소 '우리들의 것' 이 된다고 생각하게 된 것이다.
-Ragnar Ostberg(1866~1945)

□ 위대한 건축은 인간이 위대하다는 가장 위대한 증거이다.
-Frank Lloyd Wright(1867~1959)

□ 서로 다른 나무의 기억에서 각각의 특성을 신념있게 묘사할 수 있는 사람이라면 훌륭한 건축가가 될 것이다. *-Frank Lloyd Wright(1867~1959)*

□ 가령 급진적이었다고 하더라도, 여기에 묘사된 작품은 단어의 최고 의무 안에서 보수적인 동기를 바쳐진 것이다. 모든 위대한 건축에 계승되어온 기본적인 법칙이나 질서부여를 부정하는 것이 아니고 오히려 그러한 법칙이나 질서부여의 정신에 애정을 분명히 하는 것이며 고대의 표현을 그 시대에 숨쉬는 어떤 아름다운 요소에 존경의염을 모은 것으로 인식하는 것이다. *-Frank Lloyd Wright(1867~1959)*

□ 구조는 수단이고 건축은 결과이다. 건축가가 구조 계획할 때에는 재료를 성질에 따

라 써야한다. *-Frank Lloyd Wright(1867~1959)*

□ 건축은 어떠한 디테일이라 하더라도 감성에 의해 만들어져야 하는것이 아니라, 어디까지나 이성에 의해 지배되어야 한다. 완성된 건축에 풍부한 감성이 현저하게 나타나기 때문이다. *-그린 형제*

□ 우리는 건물을 만들고 그 다음에는 건물이 우리를 모양지어 갑니다.
-Winston Churchill(1871~1945)

□ 구조 기술가는 완전히 자유롭게 그리고 문제를 종합적으로 생각하는 것에 의해, 재료를 그 극한 상태까지 이용하는 것이 가능한 것처럼, 오래된 건축재료의 전통에 지배된 때로부터 스스로를 해방시켜야 한다. 아마 그때 우리들은 자동차와 비행기의 경우와 같은 새로운 재료에 적합한 새로운 양식을 창안하게 될 것이 틀림없다.
-Robert Mailart(1872~1940)

□ 건물의 설계와 도시의 설계는 인간을 수용하는 공간으로 간주되어야 한다.
-Eliel Saarinen(1873~1950)

□ 양식이라는 것은, 복수를 갖지 않는 단어이다. *-Auguste Perret(1874~1954)*

□ 살아있는 건축이란 그 시대의 충실한 표현이다. 우리들은 그것을 건축의 분야에서 찾아낼 수 있을 것이다. 우리들은 소재의 현명한 사용으로 말미암아 그것들의 용도에 입각하게 종속되고 현실화되며, 그것이 만들어진 필수 요소들의 배치와 조화된 비례에 의해 미를 얻어내는, 그러한 작품을 선택할 것이다.
Auguste Perret(1874~1954)

□ 구조야말로 건축가의 모국어이고 구조를 통해서 생각하고 자기를 표현하는 시인이다. *-Auguste Perret(1874~1954)*

현대 건축 주요 건축가와 대표작품

오토 와그너 (1841~1918, 오스트리아)
- 칼스 플라츠 역 (1899)
- 마졸리카 하우스 (1899)
- 빈 우편 저금국 (1904)
- 슈타인 호프의 교회 (1907)

아돌프 로스(1870~1933, 오스트리아)
- 로스 하우스 (1910)
- 슈타이너 저택 (1910)
- 시카고 트리뷴 설계 경기 (1922)

부르노 타우트(1890~1938, 독일)
- 코트부서 주택 (1911)
- 유리 파빌리온 (1914)
- 알프스 건축 (1919)

안토니오 샹텔리아(1888~1916, 이탈리아)
- 신도시 (1914)
- 전몰자 기념비 (1933)

쥬세페 테라니(1904~1942, 이탈리아)
- 노보 코문 집합주택 (1928)
- 카사 델 파쇼 (1933)
- 샹텔리아 유치원 (1937)

피터 베렌스(1868~1940, 독일)
- 하겐의 화장터 (1907)
- AEG 터빈 공장 (1910)
- 쿠노 저택 (1911)

C.R. 매킨토시(1868~1928, 스코트랜드)
- 글래스고 미술대학 (1899)

힐 하우스 (1903)

프랭크 로이드 라이트 (1867~1959, 미국)

유기적 건축
- 탈라이신 웨스트 (1939)
- 프레리 주택 (1910)
- 윈슬로우저택 (1894)
- 유니티 탬플 (1906)
- 낙수장 (1936)
- 존슨왁스회사의 사무실 건축 (1939)
- 구겐 하임 미술관 (1959)
- 로비하우스 (1909)
- 모리스 상점 (1949) 외

리트벨트(1888~1964, 네델란드)
- 슈뢰더 주택 (1924)

월터 그루피우스(1883~1969, 독일)
- 좀페르 펠트 저택 (1921)
- 시카고 트리뷴 설계경기안 (1922)
- 바우하우스 교장실 (1923)
- 바우하우스 교사(데사우) (1926)
- 펜암 빌딩 (1958)
- *시스템 디자이너
- *바우하우스 (건축학교)

안토니오 가우디(1892~1926, 스페인)
- 콜로니아 구엘 교회 (1914)
- 구엘 공원 (1914)
- 카사 바틀로 (1906)
- 카사 밀라 (1910)
- 사그라다 파미리아 대성당 (1926)

미스 반 데어 로에(1886~1969, 독일)

- 프리드리히가의 오피스 빌딩 (1919)
- 유리의 스카이스크레이퍼
- 벽돌조의 컨트리 하우스안
- 바르셀로나 파빌리온 (1926)
- 판스워즈 저택 (1950)
- 레이크 쇼어 드라이브 아파트 (1951)
- IIT캠퍼스(1956)
- 시그램 빌딩 (1958) 외
- *유니버설스페이스

알바 알토(1898~1976, 핀란드)

- 비이푸리 도서관 (1935)
- 파이미오 시나트리움 (1933)
  M.I.T학생 기숙사 (1948)
- 세이타차로 마을 사무소 (1952)
- 수닐라 공장 (1939)
- 마이레아 저택 (1939)
- 헬싱키 문화회관 (1958)
  유비 스콜라의 노동자 회관 (1971)
- 오타니에미 공과대학 (1964)
- 아미트라교회 (1959) 외

스카르파(1906~1978, 이탈리아)

- 브리온 가족묘 (1972)
- 베네치아 비엔날레 베네수엘라관 (1956)
- 발보니 저택 (1964)
  카스텔 벨끼오 박물관 (1964)
- 꾸에리니 스딴빨리아 재단 (1956)
- 가비나 전시관 (1963)
- 베로나 국민은행 (1973)

르 꼬르뷔제(1887~1965, 프랑스)

- 도미노 시스템 (1914)
- 사보이 저택(1931)
- 위니테 다바타시옹 (1952)
- 샹디가르 계획 (1951)
- 롱상 순교자 교회당 (1950)
- 라롯슈 잔느레 저택 (1923)
- 라투레트 수도원 (1959)
- 빛나는 도시 (1935)
- 국립 서양 미술관 (1959) 외
- *근대 건축의 5원칙

루이스칸(1901~1974, 미국)

- 소크 생물학연구소 (1965)
- 리차즈 의료 연구동 (1964)
- 킴벨 미술관 (1972)
- 예일 대학교 미술관 (1953)
- 필립 엑서터 아카데미 (1972)
- *침묵과 빛

필립 존슨(1906, 미국)

- 글래스 하우스 (1949)
- 록펠러 게스트 하우스 (1950)
- Crystal Cathedral (1979)
- AT&T 빌딩
- PPG 플레이스 외

알도 로시(1931, 이탈리아)

- 갈라리테세 하우징 (1973)
- 산 칼탈로의 공동묘지 (1984)
- IBA 수택 (1988)
- 페루지아 도심 센타 건물의 시역 광상
- 시청사 광장과 기념비 (1965)
- 일 팔라토 호텔 외

한스 홀라인(1934 오스트리아)

- 항공 모함 도시 (1964)

- 레티 전기 스탠트 가게 (1956)
- 프랑크 푸르트 근대 미술관 (1991)
- 슐린 보석 가게 (1974)
- 양초 가게

제임스 스털링(1926, 영국)
- 라체스트 대학교공학부 건물 (1963)
- 캠브리지 대학교 역사학부 건물 (1967)
- 성앤드류 대학교 기숙사 증축 (1968)
- 퀸즈 대학교 (1966)
- 세인트 앤드류스 대학 예술 센터계획 (1971)
- 하버드 대학 서클러 미술관 증축 (1984)
- 스튜트 가르트 뮤즘 (1984)

I.M 페이(1917, 미국)
- 콜로라도 국립 대기 연구소 (1967)
- 존 핸코크 타워 (1973)
- 댈라스 시청사 (1977)
- 루브르 미술관 피라밋 (1989)
- 중국은행 홍콩 지점 빌딩 (1990) 외

오스카 니마이어(1907, 브라질)
- 브라질리아 신도시 계획 (1956)
- 리오데자네이로 탁아소 설계 (1937)
- 댄스 파빌리온

로버트 벤츄리(1925, 미국)
- 어머니의 집 (1963)
- 길드 하우스 (1965)
- 필라델피아과학정보연구소 (1976)
- 벤자민 프랭클린 광장 (1976) 외
- *복합성과 대립성의 건축
- 에밀리오 암바즈 브뤼셀 람메즈 은행 로잔 지점 (1981)

겐조 단께(1913, 일본)
- 동경계획 (1960)
- 요요기수영장-1964년 동경올림픽 (1964)
- 파리의 이태리궁 마스터 플랜
- 사우디아라비아의 킹사우드 대학교 캠퍼스
- 아마하시 프레스 문화회관 (1966)

후미꼬 마키(1928, 일본)
- SPIRAL (1984)
- 일본 Convention Center (1988)
- TEPIA (1989) 외

아라타 이소자키(1931, 미국)
- 나기 현대 미술관 (1992)
- 토요노쿠니 정보라이브러리 (1995)
- 오이타 컨벤션 센홀 (1994)
- 라 꼬리나야 인간 과학관 (1995)
- 쿄토 콘서트 홀 (1992)
- 츠쿠바 센터 (1983)
- 바르셀로나 올림픽 경기장
- L.A 현대미술관 외

프랑크 게리(1929, 미국)
- 게리 자택 (1979)
- Fish Dance (1896)
- 캘리포니아 항공 우주 박물관 (1984)
- Bilbao 구겐하임 미술관
- 프라하 ING부동산 사옥 외

렌조 피아노(1937, 프랑스)
- 퐁피두 센터 (1977)

- 리용 국제 센터
- 렌쪼 피아노 빌딩 워크샵 외

마이클 그레이브스(1934, 미국)
- 포틀랜드 빌딩 (1982)
- 스완 호텔, 돌핀 호텔 (1991)
- 덴버 중앙 도서관 (1991)
- 헬무트 얀 (1940, 미국)
- 퍼스트 소스 센터 (1982)
- 일리노주 센터 (1984)
- 유나이티드 항공 터미널 (1987) 외

모포시스(1975)
- 크로포드 주택
- 루스엔젤레스 예술공원 파빌리온
- 시더시이나이 종합 암 센터
- 시바현 골프 클럽

장 누벨(1945, 프랑스)
- 아랍 세계 연구소 (1987)
- 리용 오페라 하우스
- 유랄의 센터

안도 다다오(1941, 일본)
- 기도사키 하우스
- 빛, 바람의 교회
- 유리블록집(이하라 하우스)
- 코시노 하우스
- 카고시마 대학 아오모리회관
- 산토리 박물관
- 록코 연립 주택 외

피터 아이젠만(1932, 미국)
- 주택1호 (1968)
- 주택10호 (1980)
- 오하이오 주립 대학교 시각 미술센터 (1989)
- 콜롬버스 콘벤션 센트 (1991)
- 신시내티 대학교 신축, 개축, 디자인
- 카네기 멜론 대학교 연구 센터
- 피츠버그 기술센터 외

자하 하디드(1950, 이라크)
- 홍콩 피크 설계 경기안 (1983)
- IBA 집합 주택 (1983)
- 몬순 레스토랑 바 (1990)
- 비트라 소방서 (1993)

참고문헌

건축운동연구회, 한국근대건축개론, 대건사, 1995

김홍기, 건축조형디자인론, 기문당, 2001

건축개론편찬회, 건축개론, 기문당, 1991

주남철, 한국주택건축, 일지사, 1997

박언곤, 한국건축사강론, 문운당, 1988

박영순 외 7인, 우리 옛집 이야기, 열화당, 1999

윤장섭, 한국건축연구, 동명사, 1984

주거학 연구회, 새로 쓰는 주거문화, 교문사, 1999

진경돈편저, 서양건축양식사, 도서출판국제, 2000

이영재, 실내건축과 색채, 기문당, 1999

임석재, 형태주의 건축운동, 시공사, 1999

김석철, 김석철의 세계건축기행, 창작과 비평사, 1997

Burward Rodolfsky, 심우석 역, 건축가 없는 건축, 시공문화사, 1999

Luis Hellman, 임종엽 역, 재미있는 건축이야기, 국제, 1991

Watanabe Tacenobu, 임창복 역, 주거공간의 의미, 국제, 1997

옥선호, 건축개론, 세진사. 1997

＊ 참고사이트

http://www.plusid.com/school/s-13.html

한국환경생태학회 http://society.kordic.re.kr/~ecology

한국생태환경건축학회 http://www.kieae.org/

저자약력

이재국

- 동국대학교 건축공학과 박사 졸업
- 현, 서일대 교수
- 현, 구리시 건축위원회 도시계획심의의원

조남두

- 동국대학교 건축공학과 박사 수료
- 현, 서일대 강사

박덕규

- 한국미술협회 회원
- 대한 건축학회 회원
- 한국농촌 건축학회 이사
- 현 조선 이공대학 건축과 교수

이용범

- 전남대학교 건축공학과 졸업
(공학사/ 석/박사)
- 동강대학교 건축과 교수

건축학개론

인쇄 2019년 1월 25일
발행 2019년 1월 30일

공　　저 | 이재국, 박덕규, 조남두, 이용범
펴 낸 곳 | 도서출판 서우
발 행 인 | 이석환
주　　소 | 서울시 은평구 대조동 188-8
전　　화 | (02) 383-1096, 1097
팩　　스 | (02) 387-9578
출판등록 | 제 8-159호

ISBN 978-89-97153-67-1

정가:22,000원